"十二五"普通高等教育本科国家级规划教材

普通高等院校计算机基础教育规划教材·精品系列

U0316542

数据库技术与应用新概念教程

（第三版）

杜　菁◆主　编

陈　卉　周　震　王　洪◆副主编

中国铁道出版社有限公司

CHINA RAILWAY PUBLISHING HOUSE CO., LTD.

内 容 简 介

本书主讲数据库原理及 Access 2016 的应用，书中内容结合医学特点，以医学数据为案例驱动教学。全书共分 9 章，内容从数据库基础知识开始，系统介绍了数据库系统理论、数据表的创建和使用、应用外部数据、数据库查询、窗体设计、报表操作、宏命令及 VBA 编程，以及简单的医院信息系统的案例设计。本书从实际教学出发，完整地讲解了数据库最常用的理论知识及其操作方法，便于读者循序渐进地掌握数据库技术及其应用。

本书适合作为医学院校本科数据库应用技术课程教材，也可作为培训机构 Access 数据库应用教材，以及全国计算机等级考试（二级 Access）的参考书。

图书在版编目（CIP）数据

数据库技术与应用新概念教程/杜菁主编. —3版. —
北京：中国铁道出版社有限公司，2021.8
"十二五"普通高等教育本科国家级规划教材
普通高等院校计算机基础教育规划教材. 精品系列
ISBN 978-7-113-28197-7

Ⅰ.①数… Ⅱ.①杜… Ⅲ.①数据库系统-高等学校-
教材 Ⅳ.①TP311.13

中国版本图书馆CIP数据核字（2021）第150756号

书　　名：数据库技术与应用新概念教程
作　　者：杜　菁

策　　划：刘丽丽		编辑部电话：（010）51873202
责任编辑：刘丽丽　彭立辉		
封面设计：刘　颖		
责任校对：孙　玫		
责任印制：樊启鹏		

出版发行：中国铁道出版社有限公司（100054，北京市西城区右安门西街8号）
网　　址：http://www.tdpress.com/51eds/
印　　刷：三河市兴达印务有限公司
版　　次：2011年8月第1版　2016年8月第2版　2021年8月第3版　2021年8月第1次印刷
开　　本：787 mm×1 092 mm 1/16　印张：20　字数：484 千
书　　号：ISBN 978-7-113-28197-7
定　　价：55.00 元

数据库的应用广度、深度及建设规模已经成为衡量一个国家信息化程度的一项重要标志。数据库技术是计算机学科的一个重要分支，反映了数据管理的最新技术。数据库技术与计算机网络、人工智能一起被称为计算机三大热门技术，是现代信息化管理的重要工具。在现代信息化社会，所有与数据信息有关的业务及应用系统都需要数据库技术的支持。

本书作为"十二五"普通高等教育本科国家级规划教材，面向非计算机专业的数据库基础课程，从实际教学出发，以案例阐述理论，循序渐进地引导读者掌握数据库、操作与应用。本书从数据库基础知识开始，系统介绍了数据库系统理论、数据表的创建和使用、应用外部数据、数据查询、窗体设计、报表操作、宏命令及 VBA 编程。

在前两版的基础上，本次改版主要是 Access 的版本升级，以 Access 2016 为基础，除增加部分新功能外，还增加了 SQL 语句查询的难度与深度，新增了使用 SQL 语句进行查询的综合实例，以及 VBA 与数据库结合的内容，更换了样例数据库，数据内容更贴近医学的实际数据。

本书完整地讲解了数据库最常用的理论知识，同时也对未来可持续性发展所必须深化和拓展的知识进行了讲解。本书理论内容的广度和深度非常适合非计算机专业，特别是医学专业学生对信息技术掌握和学习的需要，便于学生自主学习。本书适合作为医学院校本科生数据库应用技术课程教材，也可作为各培训机构 Access 数据库应用教材，以及全国计算机等级考试（二级 Access）的参考书。

本书由杜菁任主编，陈卉、周震、王洪任副主编，参与编写的还有杨秋英、武文芳、刘红蕾、夏翙、杨淼。编写分工为：第 1、2 章由王洪编写，第 3 章由杨秋英编写，第 4 章由周震编写，第 5 章由武文芳编写，第 6 章由刘红蕾编写，第 7 章由杜菁编写，第 8 章由夏翙编写，第 9 章由夏翙、杨淼编写。视频操作由王妮、黄艳群、马墨轩、张志强、郑智民、王牧雨、郜斌宇完成。

书中的任务案例大多配有操作视频，可扫描书中二维码，或者访问中国铁道出版社有限公司网站（http://www.tdpress.com/51eds/）进行查看，便于读者学习和操作。

由于时间仓促，编者水平有限，书中疏漏和不妥之处在所难免，欢迎广大读者和同行批评指正。

编　者

2021 年 3 月

目 录

第1章

数据库技术基础

【本章内容】

　　本章介绍了数据库系统的基本概念、相比文件系统的优点，以及当今大数据时代的数据库技术。针对数据库系统的核心和基础，重点介绍了数据库系统的三级结构、概念模型和关系数据模型。简要介绍了关系型数据库的基本概念及小型关系数据库 Microsoft Access。

【学习要点】

- 数据库技术的基本概念、数据库系统及其组成、数据库系统的三级模式结构。
- 概念模型及其 E-R 图表示。
- 关系模型、关系运算、关系的完整性约束，概念模型到关系模型的转换。
- 关系型数据库的特点、常见的关系型数据库。

▌1.1　数据库系统概述

　　尽管计算机在诞生之初主要用于科学计算，但随着科学技术的发展，计算机开始用于数据的管理。数据管理是指利用计算机软硬件技术对数据进行有效的收集、编码、分类、存储、处理和应用，以便充分、有效地发挥数据的作用。随着计算机硬件和软件技术的不断发展，在各种应用需求的推动下，数据管理经历了人工管理、文件系统和数据库系统三个发展阶段。尽管与人工管理阶段相比，文件系统阶段的数据管理水平和效率有了很大提高，但它仍存在着数据共享性差、冗余度高及其导致的数据不一致、独立性差，以及数据间联系弱等根本性问题。在内外环境和应用需求的推动下，数据库技术应运而生。

　　数据管理从 20 世纪 60 年代后期进入数据库时代以来，数据库技术和系统得到了迅速发展。随着计算机系统软硬件技术、网络和互联网技术、通信技术的迅猛发展，数据库技术和系统已经成为现代信息科学与技术的重要组成部分，成为计算机数据处理与信息管理系统的核心。

1.1.1　数据库技术相关的基本概念

　　数据、数据库、数据库管理系统和数据库系统是与数据库技术密切相关的 4 个相互联系的基本概念。

1. 数据

数据（Data）是描述和记录事物或观察结果的符号。根据所描述事物的不同，数据有很多类型。例如，各种科学计算涉及的数值型数据、医学成像系统提供的图像数据、网络博客中的文本数据、各种音乐和电影的音频数据和视频数据等。

孤立的数据还不能完全表达它所描述的事物，必须对数据进行解释，使其具有明确的含义（称为数据的语义），数据及其语义是密不可分的。例如，数值48作为一个数据可以有多个语义，如一个人48岁、一个部门48个人、一件衣服48元、一个疗程48周等。只有当语义"年龄（单位：岁）"和数据"48"结合起来，才能完整地描述一个事物"一个人48岁"。

2. 数据库

数据库（Database，DB）是可以在计算机内长期存储、有组织、可共享的数据集合，因此数据库的概念实际上包括两层含义：存储数据和管理数据。数据库按照一定的数据模型或数据结构存储大量数据，同时提供了适当的方法和技术来组织、维护、控制和使用数据。数据库具有集成性和共享性。

3. 数据库管理系统

数据库管理系统（Database Management System，DBMS）是位于用户和操作系统之间、操纵和管理数据库的大型软件。DBMS提供了多种功能，包括数据定义功能、数据组织、存储和管理功能、数据操纵功能、数据库事务管理和运行管理功能、数据库建立和维护功能，以及数据通信和转换等其他功能。用户借助一个简明的应用接口，可以用不同的方法同时建立、修改和查询数据库，方便地定义和操纵数据，维护数据的安全性和完整性，以及并发控制和恢复数据库。

4. 数据库系统

数据库系统（Database System，DBS）是一个由数据库、数据库管理系统、数据库管理员（Database Administrator，DBA）和数据库应用程序构成的系统，用于存储、管理、组织、维护和使用数据。数据库管理系统是数据库系统的基础和核心部件。数据库管理员负责对数据库和数据库管理系统进行全面管理，保证数据库系统的正常运行。

从上述对4个基本概念的描述可以看出，数据库强调的是数据，数据库管理系统强调的是软件，而数据库系统强调的则是系统。在不至引起混淆的情况下，通常将数据库系统简称为数据库。

1.1.2　数据库系统的组成

数据库系统一般由数据库、数据库管理系统、数据库应用程序和数据库管理员构成。具体地说，数据库系统的组成如图1-1所示。

1. 数据库

数据库是存储在计算机内的、有组织、可共享的相关数据的集合，是数据库系统处理的对象。

2. 硬件

硬件是构成计算机系统的各种物理设备以及存储所需的外

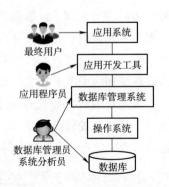

图1-1　数据库系统的组成

围设备。为了存储大量数据、实现数据库管理系统的功能，硬件的配置应满足整个数据库系统的需要，包括以下几方面：

（1）足够大的内存用来支持调用数据时高速读取和存放数据，以及提供数据缓存服务。

（2）足够大的硬盘或磁盘阵列用来存放数据，另有足够大的磁带等设备为重要数据做备份。

（3）较高的CPU处理能力，即较高的CPU主频和较大缓存。

（4）具有良好的输入/输出性能。

此外，对于数据库服务器，除了要满足以上高性能要求外，还要具备冗余技术，扩展性好、安全性和稳定性高、可管理性强。

3. 软件

数据库系统主要涉及以下软件：

（1）操作系统：支持数据库管理系统的正常运行。

（2）数据库管理系统：是数据库系统的核心软件，是能够科学地组织和存储数据、使用和维护数据的系统软件。

（3）应用开发工具：为应用开发人员提供高效率的、功能丰富的应用程序生成器及其他软件工具，为数据库系统的开发和应用提供良好的环境。

（4）针对具体应用的数据库应用系统。

4. 人员

数据库系统涉及的人员主要有以下四大类：

（1）最终用户：利用应用系统的应用接口（如浏览器、菜单、报表）或查询语言访问数据库。

（2）应用程序员：负责为最终用户设计和编写使用数据库（如检索、添加、修改、删除数据等）的应用程序或应用系统程序模块，并负责调试和安装。

（3）系统分析员：系统分析员负责应用系统的需求分析和规范说明，与最终用户和数据库管理员共同确定应用系统的硬件配置。

（4）数据库管理员：负责全面管理和控制数据库系统，包括决定数据库的内容和结构，决定数据库的存储结构和存取策略，定义数据库的安全性要求和完整性约束，监控数据库的使用和运行，改进数据库的性能，对数据库进行重组和重构等。

1.1.3　数据库系统的内部结构

虽然不同数据库系统的实现方式存在差异，但是从数据库管理系统的角度看，它们采用的都是基本相同的内部系统结构，即三级模式结构。

1. 数据库系统中模式的概念

在数据库中，数据是按照一定的数据模型或数据结构组织起来的。数据模型中有"型"（Type）和"值"（Value）的概念，"型"是对某一类数据的结构和属性的说明，"值"则是"型"的一个具体赋值。例如，在描述患者的基本情况时，可以定义患者的型为（病历号，姓名，性别，年龄），而（02358，张值，男，49）则是该患者型的一个值。

所谓模式（Scheme）就是对数据库中全体数据的逻辑结构和特征的描述，它仅涉及对型的描述，不涉及具体的值。模式的一个具体值称为一个实例（Instance），同一个模式可以有很多实例。例如，在患者就医数据库模式中包含了患者基本情况和就医情况，这是基本固定或稳定的。而患者就医数据库模式对应的2020年第一季度和第二季度的实例则是不同的，这两个实例在不同日期也存在着很大的不同。由此可以看出，模式是相对稳定的，而实例由于数据库中数据的不断更新是频繁变动的。

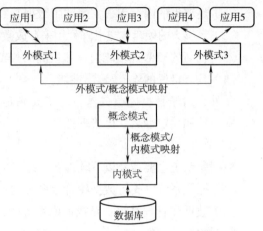

图1-2　数据库系统的三级模式结构

2．数据库系统的三级模式结构

1975年，美国国家标准委员会（ANSI）所属的标准计划和要求委员会（Standards Planning and Requirements Committee，SPARC）提出了数据库系统内部的三级模式结构，称为SPARC分级结构。它将数据库内部从逻辑上分为内模式、概念模式和外模式，如图1-2所示。

1）内模式

内模式（Internal Scheme）也称为存储模式，位于数据库系统三级模式结构的最底层。它是对数据物理结构和存储方式的描述，是数据在数据库内部的表示方法。例如，存储记录的方式是顺序存储还是堆存储，数据是否为压缩存储以及是否加密，按照什么方式组织索引等。一个数据库只有一种内模式。

2）概念模式

概念模式也称为逻辑模式，位于数据库系统三级模式结构的中间层。概念模式是对数据库中全体数据的逻辑结构和特征的描述，既不涉及数据库存储方面的细节和硬件环境，也不涉及具体的应用程序、所使用的应用开发工具和高级程序设计语言。数据库系统的概念模式除了包含数据的逻辑结构外，通常还包含数据之间的联系、数据的安全性和完整性要求等。

由于概念模式是对数据库所有数据结构和特征的描述，因此一个数据库只有一种概念模式。在定义概念模式时，要以某种数据模型为基础，综合考虑用户的需求，将所有信息按用户需求有机地结合成一个逻辑整体。

3）外模式

外模式（External Scheme）也称为子模式或用户模式，位于数据库系统三级模式结构的最顶层。外模式是数据库用户能够看到和使用的、与特定应用有关的那部分数据的逻辑结构和特征的描述，因此，外模式通常是概念模式的一个子集。一个数据库可以有多个不同的外模式，对应同一用户或不同用户的不同需求，以及看待数据的不同方式和不同的安全性要求等。同一外模式可以被多个应用系统使用，但一个应用系统只能使用一个外模式。

由于每个用户只能根据数据库系统所给的外模式看到和访问相应外模式中的数据，数据库中的其他数据对其是不可见的，因此，外模式成为保证数据库安全的一个有力措施。

从上述数据库系库统的三级模式结构可以看出，一个数据库系统中只有一个概念模式和一个内模式，内模式是整个数据库实际存储的表示，概念模式是整个数据库实际存储的抽象表示。外模式可以有多个，对应概念模式的某一部分。三级模式之间有着密切联系：概念模式是数据库的核心，内模式依赖于概念模式而独立于外模式和存储设备，外模式面向具体的应用、独立于内模式和存储设备，应用程序依赖于外模式而独立于概念模式和内模式。

3. 数据库系统的二级映射

数据库系统的三级模式是数据库在三个级别上的抽象，这样用户在使用数据库时就不用关心数据在计算机中的具体表示方式和存储方式。为了能够在数据库系统内部实现这三个抽象层次的联系和转换，数据库管理系统在三级模式之间提供了两级映射，即外模式/概念模式映射和概念模式/内模式映射（见图1-2）。

1）外模式/概念模式映射

概念模式描述了数据的全局逻辑结构，外模式描述了数据的局部逻辑结构。同一个概念模式可以有多个外模式，每个外模式均通过一个外模式/概念模式映射与这个概念模式对应起来，确定它们之间逻辑与全局的对应关系。这些映射通常在相应的外模式中给出定义。

外模式/概念模式映射的作用是实现数据的逻辑独立性。当数据的全局逻辑结构即概念模式改变时（如增加新的属性），数据库管理员只需对所涉及的外模式/概念模式映射做出相应的改变，而不必改变外模式。这样，依赖这些外模式编写的应用程序就无须进行修改，从而保证了数据与程序之间的逻辑独立性。

2）概念模式/内模式映射

数据库中只有一个概念模式描述数据的全局逻辑结构，也只有一个内模式描述数据的存储结构，因此概念模式与内模式是一一对应的，概念模式/内模式映射是唯一的。这一映射通常在概念模式的描述中进行定义。

概念模式/内模式映射的作用是实现数据的物理独立性。当数据库的物理存储结构发生变化时，由数据库管理员对概念模式/内模式映射做出相应改变，使存储结构的改变不影响数据的全局逻辑结构（即概念模式），进而保证与之关联的外模式保持不变，因此应用程序就不需要改变。这样就确保了数据与程序之间的物理独立性。

4. 数据库系统三级模式结构的优点

数据库系统的三级模式和二级映射使数据库系统具有以下优点：

（1）确保数据独立性：将概念模式与内模式分开，保证数据的物理独立性；将外模式与概念模式分开，保证数据的逻辑独立性。

（2）简化用户接口：用户不需要了解数据库内部的存储结构，只需按照外模式编写应用程序或输入命令就可以访问数据库，方便用户使用数据库。

（3）有利于数据共享：所有用户都通过与同一个概念模式连接的外模式使用数据库中的数据，减少了数据冗余，有利于多个应用程序之间共享数据。

（4）有利于数据安全：外模式限定了用户可以操作的数据，用户不能对数据库其他部分进行修改，保证了数据的安全性。

1.1.4 数据库系统的数据模型

应用数据库技术的最终目标是利用计算机处理和管理现实世界中的具体事物及其联系。由于计算机并不能直接处理这些具体事物和联系，因此必须将现实世界中的具体事物和联系转化为计算机能够处理的数据。数据模型（Data Model）就是抽取、表示和处理现实世界中具体事物和联系的工具，它实现了现实世界的模拟。目前的数据库管理系统都是以某种数据模型为基础的。数据模型描述了数据及其联系的组织方式、表达方式和存取方式，是数据库系统的核心。

图1-3　数据模型的三个世界和两级抽象与转换

1. 数据模型的概念和分类

将现实世界的具体事物和联系最终转化为数据库管理系统支持的数据模型经历了三个世界和两级抽象与转换，如图1-3所示。

现实世界的事物和联系首先被抽象为信息世界的概念模型（Conceptual Model），即第一级抽象。概念模型也称为信息模型，它按照用户的观点对数据和信息建模，不依赖于具体的计算机系统，也不涉及信息在计算机内的存储、表示和处理方式。因此，概念模型是信息世界的、概念级的模型，不是数据库管理系统支持的数据模型。这一级抽象由数据库设计人员完成。

概念模型再经过抽象并转换成计算机世界的数据模型，即第二级抽象。经过这一级抽象得到的模型是数据库管理系统支持的数据模型，又分为逻辑模型和物理模型。逻辑模型（Logical Model）按照计算机的观点对数据建模，有着严格的形式化定义。概念模型到逻辑模型的抽象由数据库设计人员完成。

物理模型（Physical Model）是对数据最底层的抽象。它是描述数据在计算机系统内部的表示和存取方式，以及在存储介质上的存储和访问方式，因此是面向计算机系统的。逻辑模型到物理模型的转换由数据库管理系统完成。

2. 数据模型的组成要素

逻辑模型又称数据模型（在不致引起混淆的情况下，后面章节中的数据模型均指逻辑模型），是对现实世界中事物及其联系的形式化抽象和描述。它通常由数据结构、数据操作和数据的完整性约束三个要素组成，分别描述系统的静态特性、动态特性和完整性约束条件。

1）数据结构

数据结构是所描述的对象类型的集合。它既描述了数据库对象的类型和内容（如关系型数据模型中的关系、属性、域）等，又描述了数据对象之间的联系。因此，可以认为数据结构从语法的角度表述了客观世界中数据对象本身的结构以及数据对象之间的关联关系。

2）数据操作

数据操作是对各种对象的实例允许执行的操作的集合，包括操作以及有关操作的规则。数据操作主要分为查询操作和更新操作两大类。在数据模型中为这些操作定义确切的含义、操作符号、操作规则（如优先级）以及实现操作的语言（如关系型数据模型中的结构化查询语言）。

3）数据的完整性约束

数据的完整性约束（Integrity Constraint）是一组完整性规则的集合。完整性规则规定了数据模型中的数据相互依存和制约的规则，以及数据库状态及状态变化所应遵守的规则（如学生退修一门选修课后，学生选课数据库中选课记录、选课成绩表中涉及该生的记录均应删除），以保证数据的正确性、有效性和相容性。

3. 常用的数据模型

目前，数据库领域中最常用的数据模型有层次模型、网状模型、关系模型和面向对象数据模型，以及对象关系数据模型和半结构化数据模型。其中层次模型、网状模型和关系模型是三种基本的数据模型，它们都是按其数据结构来命名的。

1）层次模型

层次模型（Hierarchical Model）用树状结构来组织数据。它将数据组织成一对多关系的结构，采用关键字来访问层次结构中每一层次的每一部分。图1-4所示为一个教师-学生数据库的层次模型及其实例。

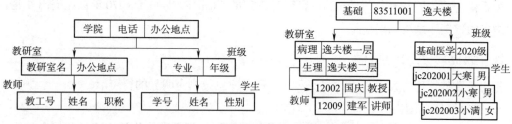

图1-4　一个层次数据模型及其实例

层次模型具有存取方便且速度快、结构清晰易理解、数据修改和数据库扩展易实现、查询效率高等优点。其缺点主要是对插入和删除操作的限制多、数据冗余大、应用程序的编写比较复杂、不易表示结点间的多对多联系。

基于层次模型的数据库系统的典型代表是IBM公司在1968年推出的大型商用数据库管理系统IMS（Information Management System）。

2）网状模型

网状模型（Network Model）采用网状结构表示各类实体及实体间的联系，网络中的每一个结点代表一个记录类型（实体），联系用链接指针来实现。网状模型可以表示多个从属关系的联系，也可以表示数据间的多对多联系。图1-5所示为一个学生选课数据库的网状模型及其实例。

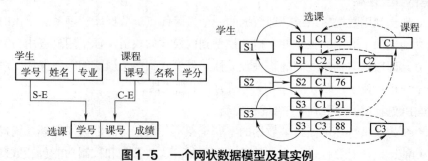

图1-5　一个网状数据模型及其实例

网状模型能够直接地描述现实世界中很多复杂的关系，数据库的执行操作效率高。它的缺点主要是数据结构比较复杂，而且随着应用的扩大，结构变得越来越复杂。此外，数据独立性差，应用程序在访问数据时要指定存取路径来获得记录之间的联系。

网状模型的典型代表是DBTG系统，也称CODASYL系统。它是20世纪70年代美国数据系统语言研究会（Conference On Data System Language，COADSYL）下属的数据库任务组（Date

Base Task Group，DBTG）提出的一个网状模型系统方案。

3）关系模型

关系模型（Relational Model）的数据结构是一张规范化的二维表，实体及实体间联系均用二维表的形式表示。图1-6所示为一个学生选课数据库的关系模型及其实例。

关系模型建立在严格的数学理论基础上，数据结构简单、明了、易于理解和使用，而且数据和程序具有很高的独立性和安全性。关系模型最大的缺点是查询效率相对低。

关系模型由美国IBM公司San Jose研究室研究员Edgar F. Codd于1970年首先提出，是目前应用最多的数据库系统数据模型。

学生

学号	姓名	专业
S1		
S2		
S3		

课程

课号	名称	学分
C1		
C2		
C3		

选课

学号	课号	成绩
S1	C1	95
S1	C2	87
S2	C1	76
S3	C1	91
S3	C3	88

图1-6　一个关系数据模型及其实例

1.1.5　数据库系统的特点

相比于数据管理的人工方式和文件系统，数据库系统具有明显的特点。

1. 数据整体结构化

数据库系统实现了数据的整体结构化，即不仅数据内部是结构化的，而且整体也是结构化的，数据和数据之间具有联系。例如，一个医院的患者信息管理系统，不仅要考虑门诊、急诊、住院的患者就诊管理，还需要考虑放射检查、实验室检验的患者管理，因此患者数据要面向多个临床和医技科室的应用，而不能仅仅是门诊的一个挂号应用。

2. 数据的共享性高，冗余度低且易于扩充

由于数据库系统内的数据是面向整个系统而非具体应用的，因此数据可以被多个用户、多个应用程序共享使用，从而大大减少了数据冗余。这样不仅节省了存储空间，而且避免了数据的不相容和不一致（即同一数据被不同应用修改导致的数据副本不一样）。此外，由于数据是面向整体且具有结构的，使得数据库系统弹性大，易于扩充，可以选取整体数据的各种子集用于不同的应用系统。

3. 数据的独立性高

数据独立性是利用数据库系统管理数据的一个显著优点。数据库管理系统提供的三级模式和二级映射功能确保了数据的独立性。概念模型到内模式的映射保证了用户应用与数据的物理存储相互独立，即数据与程序之间的物理独立性。外模式到概念模式的映射保证了用户应用与数据的逻辑结构相互独立，即数据与程序之间的逻辑独立性。

4. 数据由数据库管理系统统一管理和控制

数据库系统的共享特性可能带来数据的不安全和不一致，为此数据库管理系统提供了相应的数据控制功能，以便对数据进行统一的管理和控制。这些管理和控制功能包括数据的安全性保护、数据的完整性检查、多用户的并发控制，以及故障后的数据库恢复。

▌1.2　概念模型及其表示

将现实世界的具体事物和联系最终转化为数据库管理系统支持的数据模型的过程中，概念模型是一个中间过程，是现实世界到信息世界的抽象。

1.2.1　信息世界中的基本概念

信息世界是现实世界在人们头脑中的反映。人们对信息进行记录、整理、归纳和格式化后，就构成了信息世界，它主要涉及以下概念。

1. 实体

客观存在并且可以相互区别的事物称为实体（Entity）。实体既可以是具体的人、事和物，如一名学生、一门课、一种疾病，也可以是抽象的事件或联系，如学生选课、购买商品。

2. 属性

实体所具有的某一特性称为属性（Attribute）。一个实体可以有多个属性，即一个实体可以由多个属性来描述。例如，学生实体可以由学号、姓名、性别、出生日期、所在院系等属性来描述。各属性取值的一个组合就代表一个实体，如属性组合（21010001，方草，女，20031230，护理）就表示一个学生。

3. 码

能够唯一标识一个实体的属性或属性组称为码（Key），也称为键。例如，上述学生实体的属性学号可以唯一地标识每一个学生，因此是学生实体的码。

4. 域

属性的取值范围称为该属性的域（Domain）。例如，上述学生实体中属性性别的域为男或女，属性所在院系的域为该校的所有院系名称。

5. 实体型

用实体名及其属性名集合来抽象和描述的同类实体，称为实体型（Entity Type）。例如，上述学生实体和它的属性学号、姓名、出生日期和所在院系就构成一个实体型"学生（学号、姓名、性别、出生日期、所在院系）"，该实体型描述学生这一类实体。

6. 实体集

同一类型实体的集合称为实体集（Entity Set），如全体学生、全体课程都是实体集。

7. 联系

现实世界中事物内部和事物之间的联系反映在信息世界中就是实体（型）内部以及实体（型）之间的联系（Relationship）。例如，学生实体与教师实体之间存在称为师生关系的联系，学生实体与课程实体之间存在称为选课的联系。

1.2.2　概念模型中联系的类型

概念模型中既包括对现实世界具体事物的抽象（即实体），也包括对事物之间联系的抽象。概念模型中的联系分为实体内部的联系和实体之间的联系。实体内部的联系通常指组成实体的各属性之间的联系，实体之间的联系则通常指不同实体型之间的联系。

1. 两个实体型之间的联系

两个实体之间的联系是实体之间最基本的联系，主要有三种类型：

1）一对一联系

如果对于实体集 A 中的每一个实体，在实体集 B 中至多有一个实体与之联系，反之，实体

集 B 中的一个实体至多与实体集 A 的一个实体相联系，则称这两个实体集所对应的实体型 A 与实体型 B 具有一对一联系，记为 $1:1$ 联系。例如，观众与影院座位之间具有一对一联系，即一名观众只能坐在一个座位上，一个座位也只能提供给一名观众。

2）一对多联系

如果对于实体集 A 中的每一个实体，在实体集 B 中可以有 n（$n \geq 0$）个实体与之联系，反之，实体集 B 中的一个实体至多与实体集 A 中的一个实体相联系，则称相应的实体型 A 与实体型 B 具有一对多联系，记为 $1:n$ 联系。例如，宿舍与学生之间具有一对多联系，即一间宿舍可以住多名学生，而一名学生只能住一间宿舍。

3）多对多联系

如果对于实体集 A 中的每一个实体，在实体集 B 中可以有 n（$n \geq 0$）个实体与之联系，反之，实体集 B 中的每一个实体也可以与实体集 A 中的 m（$m \geq 0$）个实体相联系，则称相应的实体型 A 与实体型 B 具有多对多联系，记为 $m:n$ 联系。例如，患者与医生之间具有多对多联系，即一名患者可以有多名医生为其诊治，一名医生也可以为多名患者诊治。

由此可见，一对一联系是一对多联系的特例，一对多联系又是多对多联系的特例。

2. 两个以上实体型之间的联系

通常两个以上实体型之间也存在着一对一、一对多和多对多的联系。例如，对于学生、课程和教师三个实体型，由于学生与课程之间具有多对多联系，学生与教师之间也具有多对多联系，则学生、课程和教师三个实体型之间具有多对多联系。

3. 单个实体型内部的联系

同一个实体型内的各个实体之间也可以存在一对一、一对多和多对多的联系。例如，职工实体型内部职工之间具有领导与被领导的联系，即一名职工（干部）"领导"多名普通职工，而一名普通职工仅被另外一名职工（干部）直接领导，他们之间就是一对多的联系。又如，课程实体型内部，一门课程可以是多门课程的先修课，同时多门课程也可以作为一门课程的先修课，则课程实体型内部的课程之间就具有"先修"这一多对多联系。

1.2.3　概念模型的表示方法

概念模型中最著名的是 P. P. Chen 于 1976 年提出的实体 – 联系模型（Entity Relationship Model），简称 E-R 模型。E-R 模型用 E-R 图来描述概念模型，用图形表示实体型、属性和联系。它们的表示方法如下：

1. 实体型

实体型用矩形表示，矩形框内写明实体名。

2. 属性

属性用椭圆形表示，椭圆形内写明属性名称，并用无向边将其与相应实体型连接。通常在主码下面加下画线以示与其他属性的区别。表示具有学号、姓名、性别、出生日期、所在院系属性的学生实体型的 E-R 图如图 1-7 所示。

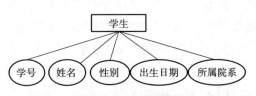

图1-7　学生实体及其属性的E-R图

3. 联系

联系用菱形表示，菱形框内写明联系名称，用无向边与有关实体型连接起来，并在无向边上注明联系的类型，即 1∶1、1∶n 或 m∶n。如果联系具有属性，则联系的属性也用椭圆形表示，并用无向边与该联系连接起来。例如，表示观众与座位之间的 1∶1 联系"观影"的 E-R 图如图 1-8 所示，该联系有一个属性"影片"。表示宿舍与学生之间的 1∶n 联系"住宿"的 E-R 图如图 1-9 所示，该联系有一个属性"宿舍长"。表示患者与医生之间的 m∶n 联系"诊治"的 E-R 图如图 1-10 所示，该联系有一个属性"日期"。

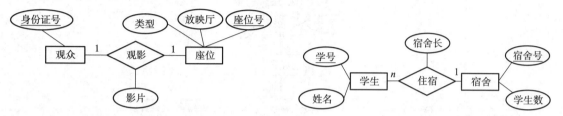

图1-8　观众-影院座位联系的E-R图　　　　图1-9　宿舍-学生联系的E-R图

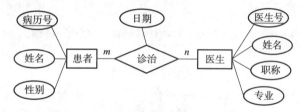

图1-10　患者-医生联系的E-R图

任务 1-1　用 E-R 图表示导师与研究生、导师与科研项目联系的概念模型。

分析：实体型导师的属性包括导师编号（主码，也称为主键）、姓名、职称和研究方向；研究生的属性包括学号（主码）、姓名和专业；科研项目的属性包括项目编号（主码）、名称和经费。

一名导师可以带多名学生，而一名学生只能选择一名导师，即导师与学生之间具有一对多的联系，该联系有一个属性为学期。一名导师可以主持多个科研项目，而一个科研项目只能由一名导师主持，即导师与科研项目之间具有一对多联系，该联系无附加属性。

结果：完整的 E-R 图如图 1-11 所示。

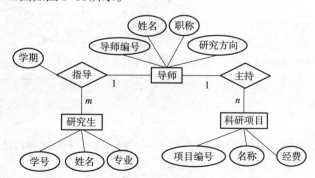

图1-11　导师、研究生和科研项目联系E-R图

任务 1-2 用E-R图表示学生、课程和教师之间多元联系的概念模型。

分析：实体型学生的属性包括学号（主码）、姓名和专业；课程的属性包括课程编号（主码）、课程名称和学时；教师的属性包括教工号（主码）、姓名和职称。学生、课程、教师的联系"教学"是一个多元多对多联系，它有两个属性"成绩"和"学期"。

结果：完整的E-R图如图1-12所示。

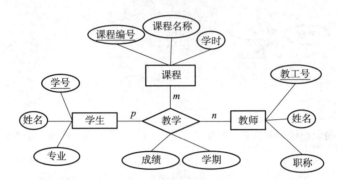

图1-12　学生、课程和教师多元联系E-R图

任务 1-3 用E-R图表示企业内职工关系的概念模型。

分析：实体型职工的属性包括职工号（主码）、姓名和部门。职工内部有"领导"联系，一个职工只有一个直接领导，一个领导可以对应多个职工，即"领导"联系是一个单个实体型内部的$1:n$联系。

结果：完整的E-R图如图1-13所示。

任务 1-4 用E-R图表示课程内部关系的概念模型。

分析：实体型课程的属性包括课程编号（主码）、名称和学时。课程内部有"先修"联系，一门课程可以有多门先修课，它也可以成为多门课程的先修课，即"先修"联系是一个单个实体型内部的$m:n$联系。

结果：完整的E-R图如图1-14所示。

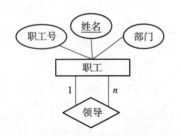

图1-13　同一实体内部$1:n$联系E-R图

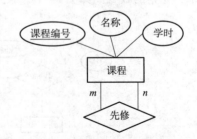

图1-14　同一实体内部$m:n$联系E-R图

‖ 1.3　关系数据模型

关系数据模型是数据库系统最重要的一种逻辑数据模型，目前的数据库管理系统几乎都支持关系模型。按照数据模型的三个组成要素，关系模型包括关系数据结构、关系操作和关系的完整性约束三部分。

1.3.1　关系数据结构

在关系模型中，信息世界的实体以及实体间的各种联系均用关系来表示，每个关系都是一张规范化的二维表（Table）。图 1-15 所示为二维表表示的名为"学生"实体的关系模型。

学生

学号	姓名	年龄	性别	专业
20200101	袁旦	19	男	康复
20200419	古雨	18	女	护理
20200208	经喆	20	女	口腔
...	...	...	...	...

图 1-15　关系模型的二维表示例

1. 关系模型中的基本概念

在关系模型中，通常涉及以下一些基本术语和概念。

1）关系

关系就是一张二维表，一个关系通常对应一张二维表，二维表名即关系字。

2）元组

元组（Tuple）是二维表中的一行，在图 1-15 所示的二维表中就是一条学生记录。

3）属性

属性（Attribute）是二维表的一列，每个属性都有一个属性名，对应二维表中的列名。图 1-15 所示二维表共有 5 列对应关系的 5 个属性（学号、姓名、年龄、性别和专业）。

4）域

域（Domain）是属性的取值范围，是类型相同的数据值的集合。例如，图 1-15 所示二维表中年龄属性的域可以规定为 14~30 岁。

5）分量

分量就是每一行元组对应的列的属性值，即元组中的一个属性值。例如，学生二维表中"袁旦"就是第一行元组的姓名列的分量。

6）码、候选码与主码

在关系中能唯一确定一个元组的属性或属性组称为该关系的一个码。如果除去一个码中的任何一个属性都会使该码不再成为码，则称这个码为候选码（Candidate Key）。如果一个关系有多个候选码，通常将属性数量最少的候选码指定为主码（Primary Key）。如果一个关系只有一个候选码，则该候选码即为主码。例如，在学生关系中，属性学号及属性组 {学号，姓名} 都是码，但后者不是候选码（因为该码在去除属性姓名后仍然是一个码），属性学号是该关系的唯一候选码，因此也是主码。

7）关系模式

关系模式是对关系的描述，其格式一般为：关系名（属性 1，属性 2，…，属性 n），通常在主码下加下画线。例如，学生关系的关系模式为：学生（<u>学号</u>，姓名，性别，专业）。

2．关系的性质

虽然在关系模型中用二维表表示关系，但关系与普通的二维表有着明显的不同，对关系有诸多限制，或者说关系具有一些性质。

（1）关系中每个分量必须都是不可分数据项，即所有的属性值都是原子的，不能是值的集合。

（2）关系中同一属性的各个分量必须是同一类型的数据，必须来自同一个域。

（3）关系中各个属性必须有不同的属性名，不同的属性可以来自同一个域。

（4）关系中不允许出现相同的元组，也不能出现候选码相同的元组。

（5）关系中元组的顺序无所谓，即行的次序是可以任意交换的。

（6）关系中属性的顺序无所谓，即列的次序是可以任意交换的。

1.3.2 关系操作

在关系数据库中要访问所需要的数据时就要进行关系运算。关系运算的对象是关系，运算结果也是关系。关系运算分为两类：一类是传统的集合运算；另一类是专门的关系运算。

1．传统的集合运算

传统的集合运算包括并、交、差和广义笛卡儿积四种二目运算。对于关系 R 和关系 S，进行并、交和差运算时要求它们拥有 n 个相同的属性[图1-16（a）和图1-16（b）所示为均有3个属性的关系 R 和 S]，且相应的属性必须来自同一个域。进行广义笛卡儿积运算时没有这个要求。

1）并（Union）

关系 R 和关系 S 的并运算记为 $R \cup S$。$R \cup S$ 仍然是一个具有 n 个属性的关系，它由属于关系 R 或属于关系 S 的元组组成，如图1-16（c）所示。

2）交（Intersection）

关系 R 和关系 S 的交运算记为 $R \cap S$。$R \cap S$ 仍然是一个具有 n 个属性的关系，它由既属于关系 R 又属于关系 S 的元组组成，如图1-16（d）所示。

3）差（Difference）

关系 R 与关系 S 的差运算记为 $R-S$。$R-S$ 仍然是一个具有 n 个属性的关系，它由属于关系 R 但不属于关系 S 的元组组成，如图1-16（e）所示。

图1-16 传统的集合运算示例

4）广义笛卡儿积（Extended Cartesian Product）

假设关系 R 有 m 个属性、i 个元组，关系 S 有 n 个属性、j 个元组。关系 R 和 S 的广义笛卡儿积运算记为 $R \times S$。$R \times S$ 是一个有 $m+n$ 个属性、$i \times j$ 个元组的关系。关系 $R \times S$ 的元组的前 m 列是关系R的元组，后n列是关系S的元组。

　　图1-17举例说明了广义笛卡儿积的运算。图1-17（a）和图1-17（b）分别是具有3个属性、3个元组的关系R和具有2个属性、2个元组的关系T，图1-17（c）为关系R和T的广义笛卡儿积。

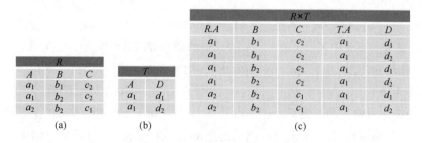

图1-17　广义笛卡儿积运算示例

2. 专门的关系运算

专门的关系运算包括选择、投影、连接和除四种运算。

1）选择（Selection）

　　选择运算的操作对象只有一个关系（即单目运算），它从关系R中选择满足指定条件F的所有元组，记为$\sigma_F(R)$。该运算从元组（二维表的行）的角度对关系R进行操作，其结果是关系R的子集。条件F可以包含基本的比较运算符（>、>=、<、<=、=、≠），也可以包含逻辑运算符（与∧、或∨、非~）。例如，对于图1-16中关系R，要查询属性A取值为a_1的元组，即执行选择运算$\sigma_{A=a_1}(R)$，其结果如图1-18（a）所示。

图1-18　关系运算选择、投影和连接示例

2）投影（Projection）

　　投影运算的操作对象只有一个关系（即单目运算），它从关系R中选出若干属性（记为属性组A）组成新的关系，记为$\Pi_A(R)$。该运算从二维表列的角度对关系R进行操作。例如，对于图1-16中的关系R，要查询出属性A和C，即执行投影运算$\Pi_{A,C}(R)$，其结果如图1-18（b）所示。关系R中原来有3个元组，而投影结果中去掉了一个重复的元组$\{a_1,c_2\}$。

3）连接（Join）

　　连接运算的操作对象是两个关系（即二目运算），它从关系R和S的笛卡儿积中选取关系R的属性X和关系S的属性Y满足一定条件θ（称为连接条件）的元组并生成新的关系，记为$R\underset{X\theta Y}{\bowtie}S$。连接条件$\theta$有很多种，$\theta$为"="时的连接运算称为等值连接，它从关系$R$和$S$的广义笛卡儿积运算结果中选择$X$和$Y$属性值相等的元组，即$R\underset{X=Y}{\bowtie}S=\sigma_{X=Y}(R\times S)$。例如，对于图1-17中的关系$R$和$T$，它们的等值连接（$R.A=T.A$）的结果如图1-18（c）所示。这个运算结果就是在

图1-17（c）的广义笛卡儿积结果的基础上删除关系R和关系T在属性A上不相等的元组。

自然连接是一种特殊的等值连接，它要求在等值连接结果中删除重复的属性列。图1-18（d）中的关系即为关系R与T自然连接的结果。

4）除（Division）

首先定义像集（Image Set）的概念。对于拥有属性A和B的关系$R(A,B)$，属性A的分量a在R中的像集定义为关系R中属性A取值为a的元组的属性B的分量的集合。例如，关系R有5个元组$\{a_1, b_1\}$、$\{a_1, b_2\}$、$\{a_2, b_1\}$、$\{a_2, b_3\}$、$\{a_3, b_1\}$，则a_1在R中的像集为$\{b_1, b_2\}$，a_2的像集为$\{b_1, b_3\}$，a_3的像集为$\{b_1\}$。

除运算的操作对象是两个关系（即二目运算）。对于拥有属性组X和Y的关系$R(X,Y)$和拥有属性组Y和Z的关系$S(Y, Z)$，R除以S的结果记为$R \div S$，它是关系R中满足下列条件的元组在属性组X上的投影：该元组在属性组X上的分量x的像集包含关系S在属性组Y上投影。

例如，对于图1-19（a）和图1-19（b）中的关系R"选课（学号，姓名，课程名称）"和关系S"课程（课程编号，课程名称）"，属性组X为$\{$学号，姓名$\}$，属性组Y为$\{$课程名称$\}$，属性组Z为$\{$课程编号$\}$。除运算$R \div S$的结果如图1-19（c）所示，它表示选修了所有课程（即关系S在属性组Y上投影）的学生是$\{20200101$，袁旦$\}$。

选课		
学号	姓名	课程名称
20200101	袁旦	多媒体技术
20200419	古雨	多媒体技术
20200101	袁旦	计算机网络
20200208	经喆	计算机网络

(a)

课程	
课程编号	课程名称
X-001	多媒体技术
X-002	计算机网络

(b)

选课÷课程	
学号	姓名
20200101	袁旦

(c)

图1-19　除法关系运算示例

1.3.3　关系的完整性约束

关系模型的完整性规则是对关系的某种约束条件，在对数据进行了插入、删除、修改等操作时保证数据与现实世界的一致性。关系模型中有三类完整性约束：实体完整性（Entity Integrity）、参照完整性（Referential Integrity）和用户定义的完整性（User-Defined Integrity）。其中，实体完整性和参照完整性是关系模型必须满足的完整性约束规则，由关系数据库系统自动支持。

1. 实体完整性

实体完整性是指关系的主码取值不能为空（Null）或部分为空。所谓空值就是指无输入或无意义的值。例如，在图1-15所示的学生关系中，关系的主码为学号，则所有元组的学号属性的值均不能为空。实体完整性规则保证了关系中每个元组是唯一可区分的。

2. 参照完整性

由于现实世界中的实体之间通常存在某种联系，而现实世界中实体间的联系在关系模型中都是用关系描述的，因此，在关系模型中就存在着关系与关系之间引用的问题。例如，表示学生实体和社团实体的关系分别为"学生（<u>学号</u>，姓名，性别，社团号）"和"社团（<u>社团号</u>，社团名称）"，此处规定一个学生最多只能参加一个社团。其中带下画线的属性为相应关系的主码。学生关系的社团号属性与社团关系的社团号属性相对应，它引用了社团关系的主码社团号，此时称社团号为学生关系的外码（Foreign Key）。外码可以定义为：如果关系 R 的属性或属性组 F 不是关系 R 的主码，而它与关系 S 的主码相对应，则称 F 是关系 R 的外码。

参照完整性对主码和外码之间的引用进行了约定。如果属性或属性组 F 是关系 R 的外码，它与关系 S 的主码相对应，则关系 R 中每个元组在 F 上的值或者为空值，或者等于关系 S 中某个元组的主码值。因此，在上面的例子中，学生关系中每个元组的社团号只能是社团关系中某个元组的社团号值（表示该学生不可能参加不存在的社团），或者是空值（表示该学生未参加任何社团）。

3. 用户定义的完整性

用户定义的完整性是用户针对某一具体关系数据库指定的约束条件，它反映某一具体应用所涉及的数据必须满足的语义要求。例如，在图 1-15 所示的学生关系中，可以定义姓名属性不能取空值。

1.3.4　概念模型转换为关系模型

概念模型是对现实世界的具体事物和联系进行抽象得到的、独立于具体数据库管理系统的数据模型，它还需要被进一步抽象为由具体数据库管理系统支持的逻辑模型。E-R 模型是最常用的概念模型，它用 E-R 图表示实体型、属性和联系。因此，在进行关系数据库设计时，需要把 E-R 图转换为关系模型，即将 E-R 图中的实体、属性和联系转换为关系模式。这个转换过程需要遵守以下基本原则。

（1）一个实体转换为一个关系模式，实体的属性就是关系的属性，实体的主码即关系的主码。

例如，对于表示学生实体的 E-R 图（见图 1-7），转换为关系模式即"学生（<u>学号</u>，姓名，性别，出生日期，所属院系）"。

（2）一个 1∶1 联系可以转换为一个独立的关系模式，也可与任意一端实体对应的关系模式合并。如果转换为一个独立的关系模式，则与该联系相连的各实体的主码以及联系本身的属性均转换为关系的属性，每个实体的主码均是该关系的候选码。如果与关系的某一端实体对应的关系模式合并，则在该关系模式的属性中加入另一端实体对应的关系模式的主码以及联系本身的属性。

例如，对于表示观众实体和座位实体之间 1∶1 联系的 E-R 图（见图 1-8），转换为一个独立的关系模式即"观影（<u>身份证号</u>，座位号，影片）"，与观众实体的关系模式合并即"观众（<u>身份证号</u>，座位号，影片）"，与座位实体的关系模式合并即"座位（<u>座位号</u>，类型，放映厅，身份证号，影片）"。

（3）一个 1∶n 联系可以转换为一个独立的关系模式，也可以将其与 n 端实体对应的关系模式合并。如果转换为一个独立的关系模式，则与该联系相连的各实体的主码以及联系本身的属性均转换为关系的属性，关系的主码为 n 端实体的主码。如果与关系的 n 端实体对应的关系模式合并，则在该关系模式的属性中加入另一端实体对应的关系模式的主码以及联系本身的属性。

例如，对于表示宿舍实体与学生实体 1∶n 联系（E-R 图见图 1-9），转换为一个独立的关系模式即"住宿（<u>学号</u>，宿舍号，宿舍长）"，与学生实体的关系模式合并即"学生（<u>学号</u>，姓名，宿舍号，宿舍长）"。

> **任务 1-5** 将任务1-1中的E-R图转换为关系模式。

任务1-1涉及三个实体、两个1∶n联系。三个实体的关系模式分别为"研究生（<u>学号</u>，姓名，专业）"、"导师（<u>导师编号</u>，姓名，职称，研究方向）"和"科研项目（<u>项目编号</u>，名称，经费）"。

如果联系转换为独立的关系模式，则两个联系的关系模式分别为"指导（<u>学号</u>，导师编号，学期）"和"主持（<u>项目编号</u>，导师编号）"。如果采用合并的方式转换联系，则合并后n端实体的关系模式分别为"研究生（<u>学号</u>，姓名，专业，导师编号，学期）"和"科研项目（<u>项目编号</u>，名称，经费，导师编号）"。

（4）一个m∶n联系转换为一个独立的关系模式，与该联系相连的两实体的主码以及联系本身的属性均转换为关系的属性，关系的主码到少包括两实体主码的组合。

> **任务 1-6** 将图1-10中的E-R图转换为关系模式。

两个实体的关系模式分别为"医生（<u>医生号</u>，姓名，专业，职称）"和"患者（<u>病历号</u>，姓名，性别）"。

联系"诊治"转换为一个独立关系模式，与该联系相连的两个实体的主码分别为医生号和病历号，则转换后的关系模式为"诊治（<u>医生号</u>，<u>病历号</u>，日期）"。

（5）三个及以上实体间的多元联系转换为一个独立的关系模式，该联系相连的各实体的主码以及联系本身的属性均转换为关系的属性，关系的主码至少包括各实体主码的组合。

> **任务 1-7** 将任务1-2中的E-R图转换为关系模式。

任务1-2涉及三个实体，它们的关系模式分别为"学生（<u>学号</u>，姓名，专业）"、"课程（<u>课程编号</u>，课程名称，学时）"和"教师（<u>教工号</u>，姓名，职称）"。

多元联系"教学"转换为一个独立的关系模式，即"教学（<u>学号</u>，<u>教工号</u>，<u>课程编号</u>，学期，成绩）"。

（6）单个实体型内部的1∶1联系和1∶n联系通常不转换为独立的关系模式，而是与实体相应的关系模式合并，即在该实体的关系模式的属性中增加一个新属性，即与该实体有联系的实体的主码。对于单个实体型内部的m∶n联系，则转换为一个独立的关系模式，原实体的主码、与该实体有联系的实体的主码以及联系本身的属性均转换为关系的属性，关系的主码是两个主码的组合。

> **任务 1-8** 将任务1-3中的E-R图转换为关系模式。

任务1-3涉及一个实体，其关系模式为"职工（<u>职工号</u>，姓名，部门）"，实体内联系为1∶n联系，因此在实体职工的关系模式中增加新属性，表示职工的领导。转换后的关系模式为"职工（<u>职工号</u>，姓名，部门，领导工号）"。

> **任务 1-9** 将任务1-4中的E-R图转换为关系模式。

任务1-4涉及单个实体，其关系模式为"课程（<u>课程编号</u>，名称，学时）"。实体内联系为

$m：n$ 联系，因此转换为一个独立的关系模式，即"先修（课程编号，先修课编号）"。

1.4　关系型数据库及 Access 数据库简介

关系型数据库是指采用了关系模型来组织数据的数据库，它以行和列的形式存储数据。关系模型的概念在 1970 年被首次提出，在之后的几十年中，关系模型的概念得到了充分的发展并逐渐成为数据库架构的主流模型。

1.4.1　关系型数据库概述

1. 关系型数据库的发展

1970 年，IBM 公司研究员 Edgar Frank Codd 博士发表了第一篇关于关系数据库理论的论文 *A Relational Model of Data for Large Shared Data Banks*《用于大型共享数据库的关系数据模型》，奠定了关系型数据库的理论基础。

1974 年，Codd 的同事 Don. Chamberlin 和 R. F. Boyce 根据 Codd 论文中的关系准则（Relational Algebra）研制出一套规范语言 SEQUEL（StrucTrued English Query Language）。1980 年改名为 StrucTrued Query Language（结构化查询语言，SQL），成为之后所有关系型数据库的标准。

1979 年，Oracle 公司发布了第一个商用大型关系型数据库 Oracle，1983 年 IBM 公司正式发布了支持 SQL 的 DB2 数据库系统，从此关系型数据库逐渐成为整个社会的信息基础设施。随着互联网的崛起、开源社区的发展，20 世纪 90 年代开源代码的 MySQL 关系型数据库正式发布，标志着关系型数据库从商业走向开源，人们有了更多的选择方案。

关系型数据库发展到现在已经有 40 余年的时间，目前仍然是主流的数据库技术。但是，随着互联网、移动通信技术的发展，数据库的并发访问量骤增到百万至千万级别，达到了传统关系型数据库难以容纳和处理的数据量和访问量。今后可将对象和多维处理与关系型数据库相结合，借助网络技术使关系型数据库从集中式走向分布式，克服关系型数据库在数据模型、性能、可伸缩性方面的局限性。

2. 关系型数据库的特点

与层次型、网状型等其他模型的数据库相比，关系型数据库具有以下优点：

（1）易于理解：关系型数据库采用二维表存储数据，二维表结构非常贴近人们的逻辑世界，因此更容易被理解。

（2）使用方便：关系型数据库采用标准的结构化查询语言（SQL），从而使关系型数据库的操作非常方便，特别是可在逻辑层面很方便地操作数据库，而完全不必理解底层是如何实现的。

（3）支持 SQL：关系型数据库支持 SQL，可用于复杂的查询。

（4）易于维护：关系型数据库具有丰富的完整性规则（实体完整性、参照完整性和用户定义的完整性），从而大大降低了数据冗余和数据不一致的可能性。

尽管关系型数据库是目前应用最为广泛的数据库，但也存在明显不足，包括：

（1）为了维护数据的一致性，导致其读/写性能比较差，尤其是海量数据的高效率读/写。

（2）固定的二维表结构使得数据存储的灵活性不足。

（3）硬盘的输入/输出是一个很大的瓶颈，因此无法满足高并发读/写的需求。

3. 常见的关系型数据库管理系统

主流的关系型数据库管理系统有 Oracle、DB2、MySQL、Microsoft SQL Server、Microsoft Access 等，每个数据库的语法和功能各具特色。

1）Oracle 数据库

Oracle 数据库由甲骨文公司开发，1979 年面市，1989 年正式进入中国市场。Oracle 数据库管理系统是在数据库领域一直处于领先地位的产品，是目前世界上最流行的关系型数据库管理系统，在集群技术、高可用性、安全性、系统管理等方面都取得了较好的成绩。系统的可移植性好、使用方便、功能强，可在各类大、中、小、微机环境的所有主流平台上运行。在历年 DB-Engines（https://db-engines.com/en/ranking）全球数据库流行度排行榜中始终名列第一。

2）MySQL 数据库

MySQL 数据库是一种开放源代码的关系型数据库管理系统，可以使用最常用的 SQL 进行数据库管理和操作。由于数据库是开源的，因此任何人都可以在 General Public License 许可下下载使用并根据个性化的需要对其进行修改。MySQL 数据库的优点是体积小、速度快、总体成本低；缺点是功能的多样性和性能的稳定性略差。因此，在不需要大规模事务化处理的情况下，MySQL 是管理数据内容的最佳选择。MySQL 是当今最流行的开源关系型数据库，在历年 DB-Engines 全球数据库流行度排行中均仅次于 Oracle 位居第二，在所有开源数据库产品中排名第一。

3）Microsoft SQL Server 数据库

Microsoft SQL Server 是一个可扩展、高性能、适用于分布式客户机/服务器模式的数据库管理系统。由 Microsoft、Sybase 和 Ashton-Tate 三家公司共同开发，于 1988 年推出了第一个 OS/2 操作系统版本。在 Windows NT 操作系统推出后，它与 Windows NT 有机结合，提供了基于事务的企业级信息管理系统方案。在历年 DB-Engines 全球数据库流行度排行中稳居第三。

4）Microsoft Access 数据库

Microsoft Access 是 Microsoft 公司发布的中小型关系数据库管理系统，它将数据库引擎的图形用户界面和软件开发工具结合在一起，是 Microsoft Office 的系统程序之一。Microsoft Access 是一个面向对象、采用事件驱动的关系数据库管理系统，提供了表生成器、查询生成器、宏生成器、报表生成器等多种可视化的操作工具，同时提供了多个向导，可以更方便地创建数据库、完善数据库功能。在历年 DB-Engines 全球数据库流行度排行中位居关系型数据库第七名。本书将以 Microsoft Access 2016 为例介绍关系型数据库的应用。

1.4.2　Access 数据库结构对象

Access 数据库包括六种对象：表、查询、窗体、报表、宏和模块。利用这些对象可以设计一个完整的数据库及其应用。它们之间的关系可以用图 1-20 描述。

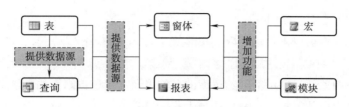

图1-20 Access数据库的六种对象及其关系

1. 表

表（Table）是Access数据库的基本对象，也是创建其他对象的基础。表由记录组成，记录又由字段组成。表用于存储数据库中的数据，因此又称为数据表。一个数据库可以包含一个或多个表，用于存储不同类别的数据。

2. 查询

查询（Query）是数据库中应用最多的对象之一，最常用的功能是根据事先设定的条件从一个或多个数据表中快速查找到需要的记录，按要求筛选记录并能连接若干表的字段组成新表。

查询有两种基本类型：选择查询和操作查询。选择查询仅检索符合条件的数据，查询结果可以作为窗体、报表的数据源；操作查询对数据进行操作，如创建新表、删除现有表中的记录、追加或更新数据等。

3. 窗体

窗体（Form）提供了一种方便的浏览、输入及更改数据的窗口。用户可以利用窗体以自定义的格式输入和显示数据，还可以创建子窗体显示与当前表相关联的内容。使用窗体输入数据时可以限制只能访问表的某些字段，并能通过数据验证规则或VBA代码验证数据的有效性，保护了数据库的完整性、准确性和安全性。

4. 报表

报表（Report）用于将原始数据或查询得到的数据以特定的格式显示和输出，还可以对数据进行分组和汇总计算并加以输出。

5. 宏

宏（Macro）是由一个或多个操作组成的命令集合，其中每个命令都可以实现特定的功能。将这些命令组合起来就可以自动完成复杂的或重复性的功能，如打开/关闭数据表和窗体，筛选和查找数据记录，实现数据输入和输出，弹出提示和警告消息框等。

6. 模块

模块（Module）包含使用Visual Basic for Application（VBA）语言所编写的程序集合，用于实现数据库中比较复杂的操作。模块的功能与宏类似，但是利用模块可以根据自己的需要编写程序，因此操作更精细和复杂。

1.4.3 Access 2016的工作窗口

在不打开数据库的情况下启动Access 2016时，将显示程序的启动界面。在启动界面中可以创建新数据库或打开现有数据库，数据库将在程序的工作窗口中显示，如图1-21所示。Access程序的工作窗口包含了创建数据库对象、输入数据和操作数据需要的所有工具。

1. Access 2016工作窗口

Access 2016的工作窗口主要包括以下几部分：

1）标题栏

位于工作窗口的顶部，显示活动数据库的名称以及存储该数据库的默认文件夹。它还提供了管理程序和程序窗口的工具，如窗口的最大化、最小化、还原、移动等。标题栏的左侧是快速访问工具栏，默认情况下显示"保存"、"撤销"和"重做"三个按钮。

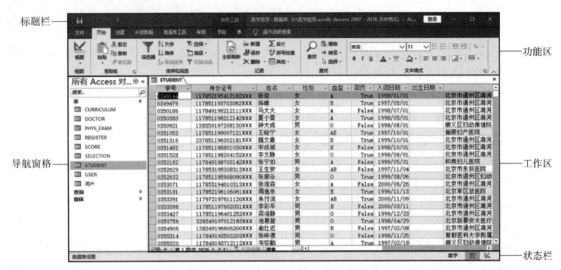

图1-21　Access 2016工作窗口

2）功能区

位于标题栏下方，所有处理Access数据库的命令都以按钮的形式集中显示在功能区中，以便用户可以利用Access高效地工作。功能区又分为若干选项卡，每个选项卡中包括某一类别的命令，如图1-22所示。

图1-22　Access 2016的功能区

在功能区的顶部是一组选项卡，选项卡中的按钮表示与处理数据库内容相关的命令。当在数据库中选择某个对象时，功能区的右端可能会出现一个或多个工具选项卡，集中了与该特定对象相关的命令。当与工具选项卡关联的对象不再被选中或当前视图不支持使用该对象时，工具选项卡将消失。

单击功能区最左端的"文件"选项卡将打开Backstage视图（见图1-23），其中集合了管理Access和Access数据库相关的命令，如打开或创建数据库、查看当前数据库信息等。

3）导航窗格

位于工作窗口左侧，默认情况下按对象类型显示数据库中的所有对象。单击导航窗格右上角的"百叶窗开/关"按钮"<<"将其最小化,再次单击"百叶窗开/关"按钮可以重新显示导航窗格。

4)状态栏

位于工作窗口的底部,显示有关当前数据库的信息,以及用于快速切换当前数据库对象视图的按钮。

除了以上各部分外,工作窗口的大部分区域为选项卡式工作区域。Access 2016默认将打开的数据库对象显示为选项卡式文档。

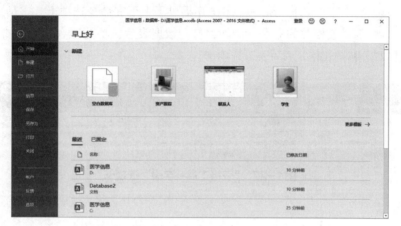

图1-23　Access 2016的Backstage视图

2. Access 2016的功能区

Access 2016的功能区主要包括4个常用的选项卡,每个选项卡又按选项组组织相关的命令。

(1)"开始"选项卡(见图1-22)用于对数据库内容进行操作。

(2)"创建"选项卡(见图1-24)的主要功能是创建表、查询、窗体、报表、宏等数据库对象。

图1-24　"创建"选项卡

(3)"外部数据"选项卡(见图1-25)用于实现数据库与外部数据的交换。

图1-25　"外部数据"选项卡

(4)"数据库工具"选项卡(见图1-26)用于修复数据库、运行宏、创建及查看表间关系、管理 Access 加载项等。

图1-26 "数据库工具"选项卡

除了上述4种常用选项卡外，Access 2016还提供了上下文命令选项卡。它是一种特殊的选项卡，集中了与特定对象相关的命令。例如，打开数据表后，功能区右端会增加"表格工具-字段"（见图1-27）和"表格工具-表"选项卡。

图1-27 "表格工具-字段"选项卡

3. 安全警告

某些数据库包含宏和其他可以在计算机上运行代码的活动内容。打开没有存储在受信任位置或不是由受信任发布者签名的数据库时，Access 会在功能区下方显示安全警告，如图1-28所示。

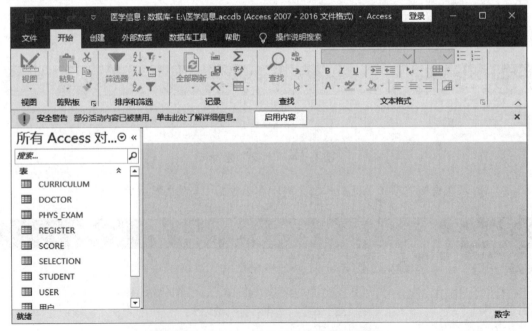

图1-28 Access 工作窗口中出现安全警告

除了在安全警告栏中单击"启用内容"按钮一次性启用本数据库中的宏外，还可以在"信任中心"对话框（Backstage视图中单击"选项"打开"Access选项"对话框，单击对话框左侧面板的"信任中心"后单击"信任中心设置"按钮，打开该对话框）的"宏设置"页中选中"启用所有宏"将不再显示安全警告并直接启用宏，如图1-29所示。

此外，也可以将数据库的位置设置为受信任位置，即在图1-29所示对话框的"受信任位置"页中添加受信任的位置。Access自动启用保存在受信任位置的所有数据库中的宏内容。

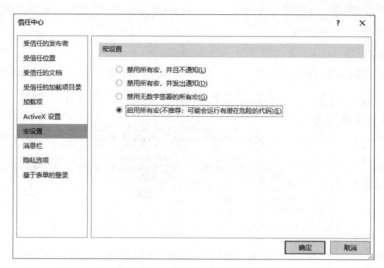

图1-29 "信任中心"对话框

▌1.5 大数据时代的数据库

进入21世纪后，随着互联网的快速发展，人类产生的电子数据处于大爆炸的状态，数据内容本身也变得丰富多彩。记录数据（如财务数据）、系统日志、图片、音频、视频、地理信息系统数据等不断涌现，以致人们要处理的数据对象日趋复杂。同时，出现了大量数据无法保存、基于大量数据的网站无法及时响应、复杂数据无法处理等一系列问题。

1.5.1 大数据及其对数据库的影响

2008年9月，*Science*杂志上发表了一篇名为*Big Data: Science in the Petabyte Era*的文章，从此"大数据"一词开始被广泛传播。国际数据公司IDC对大数据的定义是：大数据是一种新一代的技术和架构，具备高效率的捕捉、发现和分析能力，能够经济地从类型繁杂、数量庞大的数据中挖掘出价值。

1. 大数据的特点

1）数据量大（Volume）

大数据的首要特征是数据量巨大，而且数据量还在持续、急剧膨胀。近年来，伴随着云计算、大数据、物联网、人工智能等信息技术的快速发展和传统产业数字化的转型，数据量呈现几何级增长。2017年全球的数据总量为21.6 ZB（1 ZB=2^{30} TB），2020年全球的数据总量达到

40 ZB，2025年将达到163 ZB。

2）数据多样（Variety）

数据的多样性通常是指异构的数据类型、不同的数据表示和语义解释。广泛的数据来源决定了大数据形式的多样性。相对于以往便于存储的以文本为主的结构化数据，非结构化数据越来越多，包括网络日志、音频、视频、图片、地理位置信息、社交媒体等。

3）速度快（Velocity）

大数据的快速即指从各种数据来源获取数据的速度快，也指数据处理需要的速度快，甚至是实时的分析处理。

4）价值密度低（Value）

大数据的价值密度与数据总量成反比，现实世界所产生的数据中有价值的数据所占比例很小。以一次肺部CT扫描为例，上百幅图像中有诊断价值的可能就只有一两幅图像。

2. 大数据的关键技术

所谓的大数据技术就是从各种各样类型的数据中，快速获得有价值的信息的技术。大数据关键技术涵盖数据存储、处理、应用等多方面的技术，根据大数据的处理过程，可将其分为采集、预处理、存储及管理、分析与挖掘、展示等。

1）大数据采集

大数据采集技术是指通过射频数据、传感器数据、社交网络交互数据及移动互联网数据等方式获得各种类型的结构化、半结构化及非结构化的海量数据。对于大数据采集技术，要求保证数据采集的可靠性和高效性，还要避免重复数据。

2）大数据预处理

大数据预处理技术是指对采集到的原始数据进行辨析、抽取、清洗、填补、平滑、合并、规格化及检查一致性等，将复杂多样的数据转化为相对单一且便于处理的形式，为后期的数据分析奠定基础。数据预处理主要包括数据清理、数据集成、数据转换以及数据规约四大部分。

3）大数据存储及管理

大数据存储及管理的目的是用存储器把采集到的数据存储起来，建立相应的数据库，并进行管理和调用。大数据存储及管理技术将重点研究复杂的结构化、半结构化和非结构化大数据管理与存储技术，解决大数据可存储、可表示、可处理及有效传输等几个关键问题。

4）大数据分析与挖掘

大数据分析与挖掘的目的是把隐藏在看似杂乱无章的数据深层的信息集中起来，进行萃取和提炼，从而找出潜在的有意义信息和研究对象的内在规律。数据挖掘的常用方法主要有分类、回归、聚类、关联规则等，它们从不同的角度对数据进行挖掘。此外，大数据分析技术还包括改进已有数据挖掘和机器学习技术，开发新型数据挖掘技术（如数据网络挖掘、特异群组挖掘、图挖掘），改进大数据融合技术，突破面向领域的大数据挖掘技术（如用户兴趣分析、网络行为分析、情感语义分析等）。

5）大数据展示

大数据展示技术即数据可视化技术，是指借助图形化手段和可视化数据分析平台，清晰有效地传达与沟通信息，减少用户的阅读和思考时间，以便很好地做出决策。在大数据时代，数据可视化技术必须快速收集分析数据并对数据信息进行实时更新，能充分满足数据展现的多维度要求，具有快速开发、易于操作的特性。

3. 对传统关系型数据库的挑战

数据、应用需求和计算机硬件技术是推动数据库发展的三个主要动力或来源。进入 21 世纪以来，数据和应用需求都发生了巨大变化，硬件技术有了飞速发展。特别是大数据时代的到来，大数据给数据管理、数据处理和数据分析提出了全面挑战。

（1）随着数据获取手段的自动化、多样化与智能化，数据量越来越巨大。对海量数据的存储和管理要求系统具有高度的可扩展性和可伸缩性，以满足数据量不断持续增长的需要。传统的分布式数据库和并行数据库在可扩展性和可伸缩性方面明显不足。

（2）数据类型越来越多样和异构，因此要求系统具有存储和处理多样、异构数据的能力，特别是异构数据之间联系的表示、存储和处理能力，以满足对复杂数据的检索和分析的需要。传统的关系型数据库对半结构化和非结构化数据的存储、管理和处理的能力十分有限。

（3）许多应用中数据快速流入并要立即处理。数据的快变性、实时性要求系统必须迅速决定保留或丢弃哪些数据，如何快速存储正确的元数据。此外，面对海量数据的查询和处理，要求系统具有高性能。现有的数据库技术还不能满足这些实时性和高性能的要求。

借助新的计算机硬件技术，将对传统数据库的体系结构，包括存储策略、存取方法、查询处理策略等进行重新设计和开发，研究和开发面向大数据分析的内存数据库系统。同时，研究与开发以集群为特征的云存储、云平台上的数据管理技术与系统，满足海量数据存储和管理的需求。

1.5.2　NoSQL 数据库

大数据时代的到来对数据库技术产生了巨大挑战，催生了非关系数据模型和非关系型数据库，其中的代表就是 NoSQL 数据库技术。对 NoSQL（Not only SQL，不仅仅是 SQL）最常见的解释是 2009 年在美国旧金山举办的一次 Meetup 中的描述：Open source，Distributed，Non Relational Databases。根据 NoSQL 官网（http://hostingdata.co.uk/nosql-database/）的最新统计，目前已公布的 NoSQL 数据库已经达到 15 类 225 种。

1. NoSQL 数据库的特点

NoSQL 数据库技术通过分布式实现大数据量存储和高吞吐，同时为了方便插入和查找，采用了非关系型数据模型来表示数据。该技术的出现弥补了传统关系型数据库的技术缺陷，尤其是在异构数据、高效存储访问及可伸缩性方面。

NoSQL 数据库具有以下特点：

（1）易于扩展。NoSQL 数据库去掉了关系型数据库的关系型特性，数据之间无关系，这样就非常容易扩展，在架构层面上带来了可扩展的能力。

（2）大数据量与高性能。NoSQL 数据库具有非常高的读写性能，在大数据量下同样表现优秀。这主要是由于 NoSQL 数据库无关系性，数据库结构简单。

（3）数据模型灵活。NoSQL 数据库无须事先为要存储的数据建立字段，随时可以存储、增加自定义的数据格式。这点在大数据量的 Web 2.0 时代尤其明显。

2. NoSQL 数据库的种类

NoSQL 数据库技术被广泛用于互联网上大数据应用中，如网站日志挖掘、社交数据计算、前端订单处理等。根据采用的数据模型，NoSQL 数据库通常分为四类。

1）键值数据库

键值数据库采用键值（Key-Value）模型，解决了存储关系型数据库无法存储的数据结构的问题。每个 Key 值对应一个 Value，Value 可以是任意类型的数据值，通过 Key 值可以快速查询到它的 Value。它的优点是简单、快速、高效计算和分布式处理，主要用于处理大量数据的高访问负载，也用于一些日志系统等。

键值数据库的典型代表是开源的 Redis 数据库，国内主要用户包括京东、阿里巴巴、腾讯游戏、新浪微博、美团网、赶集网等。

2）列族数据库

列族数据库采用列族（Column Family）模型，解决了关系型数据库大数据场景下的输入/输出问题。列族数据库按列存储数据，将同一列的数据存储在一起。它的优点是查询速度快、复杂性低、易于进行分布式扩展。它主要应用在离线的大数据分析和统计场景中，因为这种场景主要针对部分列或单列进行操作，数据写入后无须再更新删除。

列族数据库的代表是分布式开源数据库 Cassandra 和 HBase。

3）文档数据库

文档数据库采用文档（Document）模型，数据存储模式与键值存储模式相似，但 Value 一般是半结构化文档，需要通过某种半结构化标记语言进行描述。它的优点是数据结构灵活、复杂性低、高并发。其主要应用是存储、索引并管理面向文档的数据或者类似的半结构化数据，如后台具有大量读写操作的网站。

文档数据库的代表是开源的 MongoDB 数据库，其用户包括阿里云、新浪云、中国银行、中国东方航空公司、大都会人寿保险公司等。

4）图数据库

图数据库采用图（Graph）模型，图由若干给定的节点（代表事物）、连接两个结点的边（代表相应两个事物间的关系）以及节点和边的属性组成。图模型的优点是灵活性高，支持复杂的图形算法，可用于构建复杂的关系图谱，直观地表达和展示数据之间的联系。其主要应用于搜索引擎排序、社交网络、推荐系统等，专注于构建关系图谱。

图数据库的代表是开源的 Neo4J 数据库，其用户包括 Adobe、Cisco、Ebay 等。

1.5.3 NewSQL 数据库

NewSQL 是对各种新的可扩展/高性能数据库的简称，是最近几年才出现的一种新的数据库技术。这类数据库不仅具有 NoSQL 对海量数据的存储管理能力，还保持了传统关系型数据库支持 SQL 的特性，将传统关系型数据库的数据模型和 NoSQL 计算框架、分布式存储、开源特定的优势结合起来，融合了 NoSQL 数据库技术和传统关系型数据库事务管理功能，从而实现了在大数据环境下的数据存储和处理。传统关系型数据库（SQL 系统）、NoSQL 系统及 NewSQL 系统的比较如表1–1所示。

表 1–1 SQL 系统、NoSQL 系统及 NewSQL 系统的比较

一	操作方式	可扩展性	数 据 量	成 本	代表数据库
SQL 系统	SQL	<1 000节点	太字节（TB）	高	Oracle、DB2、MySQL
NoSQL 系统	存取语句	>10 000节点	拍字节（PB）	低	Redis、Neo4J、MongoDB
NewSQL 系统	SQL	>10 000节点	拍字节（PB）	低	Spanner、VoltDB

资料来源：王珊，萨师煊. 数据库系统概论[M]. 5 版. 北京：高等教育出版社，2014：379.

NewSQL数据库主要包括两类：一是拥有关系型数据库的产品和服务，并将关系模型的优势带到分布式架构上，如Clustrix、GenieDB；二是提高关系型数据库的性能，达到NoSQL数据库的可扩展性能，如TokuteK。虽然NewSQL系统的内部结构变化很大，但是它们有两个显著的共同特点，即都支持关系数据模型和使用SQL作为其主要的操作接口。

总之，NoSQL和NewSQL是在大数据管理和分析处理领域涌现出来的有代表性的前沿技术和系统。在数据存储和数据分析的诸多领域，非关系数据管理和分析技术与关系数据管理技术展开了竞争，多种数据管理系统和相关技术在竞争中相互借鉴、发展和融合，必将推动大数据管理、分析和应用不断向前发展。

‖ 小　　结

通过本章的学习，可了解数据管理技术的发展、数据库系统的优点，以及目前数据库技术的最新进展；掌握数据库系统的三级模式结构，重点掌握概念模型的基本概念、联系的类型及概念模型的表示，关系数据模型的基本概念、基本运算及完整性约束；掌握概念模型转换到关系模型模式的方法；熟悉关系型数据库的概念、常见数据库及小型关系型数据库Microsoft Access。

第2章

创建数据库和数据表

【本章内容】

在 Access 2016 中，数据库被认为是一个与特定内容相关的数据集合，具体表现为一个存储在计算机存储空间、扩展名为 .accdb 的文档文件。在该文件中，所有数据库内容根据其形式和作用被区分为 6 类数据库对象，即数据表、查询、窗体、报表、宏和模块，而数据库中所有的原始数据都分别存放在其中的若干个数据表中。本章讲述的是有关数据库及其所属数据表创建及管理的有关知识。

【学习要点】

- 数据库的创建与管理。
- 数据表的创建与管理。
- 创建和维护表间关系。
- 数据表的操作。

▍2.1　数据库的创建与管理

Access 2016 提供了多种创建数据库的方法，包括利用 Access 提供的各种模板创建与模板结构相似的数据库、直接创建空白数据库，以及创建可供网络用户远程使用的 Web 数据库。本章主要介绍前两种数据库的创建方法。

2.1.1　创建数据库

启动 Access 2016 后，屏幕出现 Access 初始界面，如图 2-1 所示。该界面主体分为左右两部分，左边部分为近期使用过的数据库文档文件列表及"打开其他文件"按钮，右边部分为 Access 提供的若干常用数据库模板图标，根据需要单击其中某个图标即可直接使用相应模板或下载相应模板创建自己的数据库文档文件。用户也可以使用右边上部的"搜索联机模板"栏，查找自己所需的更多 Access 数据库模板。

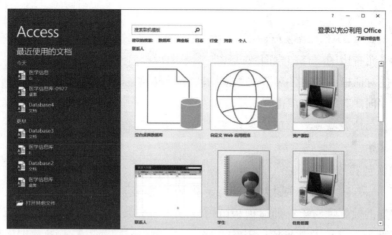

图2-1　Access初始界面

单击图2-1所示Access初始界面左边的"打开其他文件"按钮，可以进入Access文件操作界面，如图2-2所示。该界面左边部分列出了若干使用Access所需的基本命令项，如信息、新建、打开、保存、关闭、打印、账户、选项等。

图2-2　Access文件操作界面

在创建数据库之前，首先应该为即将创建的数据库及相关文件指定Access的默认保存文件夹，当再次新建数据库时，都将默认保存在指定的文件夹中。

操作方法：单击图2-2所示文件操作界面左边的"选项"命令，打开"Access选项"对话框，在该对话框"常规"选项卡的"默认数据库文件夹"栏中指定即可。

1. 创建空白桌面数据库

创建空白桌面数据库是创建数据库的最主要方法。所谓空白桌面数据库就是不包含任何数据库对象且主要在本机上使用的数据库。创建空白桌面数据库后，库中所有内容都需要由用户自行建立完成。空白桌面数据库文件的扩展名默认为 .accdb；空白数据库的默认存储位置是默认保存文件夹。

任务 2-1　创建一个存储于默认文件夹中的空白桌面数据库，并指定其文件名为"医疗信息"。

操作步骤：

（1）启动Access 2016，出现Access初始界面，参考图2-1所示。

（2）单击界面右边的"空白桌面数据库"模板图标，打开"空白桌面数据库"对话框。

（3）在上述对话框的"文件名"文本框中输入指定的文件名"医疗信息"。

（4）单击"创建"按钮完成创建。

注意：若在创建数据库时临时需要改变存储位置，可单击上述对话框"文件名"文本框右边的"浏览"按钮。

2. 使用模板创建数据库

模板是由Access提供的一种针对某种特定数据管理环境设计的数据库框架，其中包含了各种用户可能需要的数据库对象。通过模板既可以学习了解数据库的构造，也可以在必要时借助模板更加快速地创建自己的数据库。其中，"空白桌面数据库"也是一种数据库模板，而且是Access 2016提供的唯一本地数据库模板，其他各种数据库模板在首次使用时都需要联网下载。

任务 2-2 创建一个存储于默认文件夹中的基于"学生"模板的数据库，并指定文件名为"学生信息"。

操作步骤：

（1）在Access 2016初始界面单击右边的"学生"模板图标，打开"学生"对话框。

（2）在对话框的"文件名"文本框中输入指定的文件名"学生信息"，单击"创建"按钮完成创建。

注意：使用上述两种方法中的任何一种方法创建了数据库以后，Access 2016都将进入新创建数据库的主操作界面，如图2-3所示。主操作界面中的操作工具为5类选项卡：文件、开始、创建、外部数据和数据库工具，使用这些选项卡可以完成绝大部分用户所需要的数据库操作。在实现不同的数据库操作内容时，Access主操作界面中会根据需要添加各种不同的选项卡。

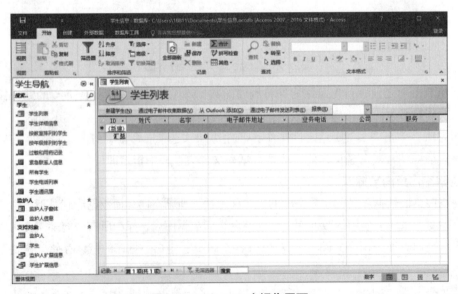

图2-3　Access主操作界面

2.1.2 数据库的文件操作

在 Access 中，数据库的文件操作主要包括数据库文件的打开、保存和关闭。如果需要删除数据库或者给数据库改名，则无法在 Access 中直接实现，必须在 Windows 下完成。

1. 打开数据库

使用数据库时，首先需要将数据库打开。常用的打开数据库方法有三种：

（1）不启动 Access 直接打开数据库文件。在 Windows 下直接找到需要打开的 Access 数据库文件名，双击该文件名，可在启动 Access 2016 的同时打开相应的数据库。这种方法简单快捷，但被打开的数据库文件可能并不在 Access 默认的文件夹中，这可能会为以后数据库及相关文件保存带来麻烦。

（2）打开最近使用过的数据库。在 Access 2016 的初始界面（见图 2-1），左边直接列出了用户最近使用的文档，在此直接单击其中文档即可打开。另外，在图 2-2 所示 Access 文件操作界面的"打开"界面中，列出了更多用户最近使用过的数据库文件，单击对应文件名即可以打开相应的数据库。

（3）打开指定数据库文件。在如图 2-2 所示 Access 文件操作界面的"打开"界面中，单击"浏览"按钮，可以打开存储在本机其他位置的指定数据库文件，同时还可以选择打开数据库文件时的打开方式。具体操作方法：选择"文件"｜"打开"命令，单击"浏览"按钮，在打开的"打开"对话框中选择需要打开的数据库文件名，单击"打开"按钮，可按默认方式打开选定的数据库文件。

数据库文件的打开方式共有 4 种，单击"打开"对话框中"打开"按钮右边的下拉按钮，可以选择打开的方式，如图 2-4 所示。

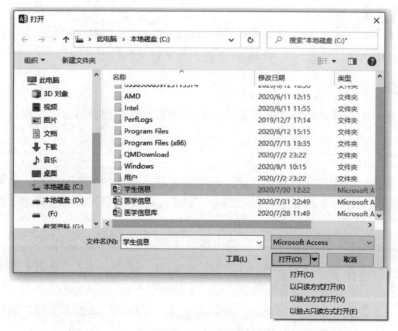

图2-4 "打开"对话框

（1）打开：为默认打开方式，用户打开该数据库文件后，可以任意编辑修改，且不影响其他用户对该数据库的操作。

（2）以只读方式打开：用户以该种方式打开数据库文件以后，只可以查看数据库内容而不能对数据库进行编辑修改。

（3）以独占方式打开：用户以该种方式打开数据库文件以后，其他任何用户都无法再打开该数据库文件。

（4）以独占只读方式打开：用户以该种方式打开数据库文件以后，其他用户仍可以打开该数据库文件，但只具有只读方式操作数据库的权限。

2．保存数据库

Access提供的保存数据库文件的方法有三种：

（1）随时保存数据库文件。单击Access主操作界面快速访问工具栏中的"保存"按钮。

（2）更新保存当前数据库。在Access主操作界面，选择"文件"｜"另存为"｜"数据库另存为"命令，可实现对当前数据库类型、方式、位置及名称的更新保存。

（3）保存数据库对象副本。在Access主操作界面，选择"文件"｜"另存为"｜"对象另存为"命令，可实现对当前数据库中选定对象的单独副本保存。

3．关闭数据库

关闭数据库是对已结束当前操作数据库文件的一种必要的安全保护步骤。关闭数据库的方法是：在Access主操作界面中，选择"文件"｜"关闭"命令。

4．删除数据库

Access没有提供删除整个数据库的方法，只能在Windows中删除数据库对应的.accdb文件。

5．更名数据库

如果需要对数据库文件不改变存储位置但修改其文件名，与删除数据库文件操作类似，也只能在Windows中实现，方法与在Windows中为一般文件更名的方法相同。

2.1.3　数据库的维护

在Access中，对数据库的维护主要包括对数据库的压缩修复、备份、加密以及查看和编辑数据库属性等。

1．压缩和修复数据库

数据库在长期的使用操作过程中，会不断地添加和删除各种数据库对象，数据库文件会越来越庞大，但其中可能存在大量无用的数据并占据不小的存储空间，严重影响了数据库的使用操作效率。

Access提供的压缩和修复数据库功能可以缓解这个问题，方法有两种：

（1）在Access主操作界面中，选择"文件"｜"信息"命令，单击"压缩和修复"按钮，即可自动完成对数据库的压缩和修复操作。

（2）在Access主操作界面中，选择"数据库工具"选项卡，单击"工具"组中的"压缩和修复数据库"按钮，可自动完成对数据库的压缩和修复操作。

2．备份数据库

为了避免因为各种原因损坏数据库，应该养成定期备份数据库的习惯。备份数据库的操作方法：在 Access 主操作界面中，选择"文件"｜"另存为"｜"数据库另存为"｜"备份数据库"，然后单击"另存为"按钮，在打开的"另存为"对话框中输入备份文件名，再单击"保存"按钮即可。可在备份数据库的文件名中体现一些有关数据库的备份信息，如备份简介、备份时间、备份人等。

3．加密数据库

加密数据库就是为数据库添加"打开密码"，加强对数据库的安全保护。操作方法是：在 Access 主操作界面中，选择"文件"｜"信息"命令，单击"用密码进行加密"按钮，在打开的"设置数据库密码"对话框中两次输入新密码，单击"确定"按钮完成。对于准备加密的数据库文件，必须先采用"独占方式"打开，才能进行加密数据库操作。

4．查看和编辑数据库属性

通过 Access 提供的"查看和编辑数据库属性"功能，可以获得数据库的各项详细信息，还可以编辑修改其中的部分信息，作为长期使用数据库的历史资料。操作方法是：在 Access 主操作界面中，选择"文件"｜"信息"｜"查看和编辑数据库属性"链接，打开数据库文件的"属性"对话框，其中包括"常规""摘要""统计""内容""自定义"等分类属性信息，且其中的"摘要"和"自定义"选项内容还可以进行编辑修改。

‖ 2.2　数据表的创建与管理

在 Access 中，可以将数据库理解为一个容器，在数据库初始创建完成以后，就需要向数据库这个容器中添加各种数据库对象，添加了数据库对象以后的数据库才是可用的。在所需添加的所有数据库对象中，数据表是数据库中唯一实际存储数据的数据库对象，是其他数据库对象存在的基础，因此是需要首先添加的。

2.2.1　数据表概述

1．数据表的组成

数据表是数据库关系理论中关系的具体实现，一个完整的数据表是由表结构和表内容两部分组成的。表结构表达了数据表所对应关系的关系模式，体现为表的框架构成。表内容表达了数据表所对应关系的元组数据，体现为表中以行为单位的记录。在为数据库创建数据表时，首先要建立表结构，然后再向表中添加记录数据，也就是实现表内容。

表结构由表名和表字段组成。表名是数据表的唯一标识，可作为区别其他数据表和使用数据表之用。表名在创建数据表时定义，定义表名时尽量选择有意义且简练的字符组合。表字段由字段名、字段数据类型，以及字段大小、格式、输入掩码、默认值、验证规则等字段属性组成。

例如，对于关系模式：学生（学号，姓名，性别，出生日期，专业，入学成绩，婚否，电话号码，电子邮件地址，照片，备注），对应的数据表信息主要有：表名为学生，共有 11 个字段，各字段名可以采用关系模式对应的原属性名称或修改简化后的名称，各字段数据类型和字段属性也应给出相应安排。

2. 数据表的设计过程

一个数据库通常会包含多个数据表，在创建数据表之前，需要根据实际需求规划和设计数据库需要包含哪些数据表，以及这些数据表间的关系和表结构细节等。具体步骤一般包括：

（1）根据实际需求规划设计数据库包含的所有数据表。

（2）设计各数据表间的关系。

（3）针对每一个数据表，确定表名、表字段个数及各字段名称。

（4）确定各字段的数据类型。

（5）设计各字段必要的字段属性，如字段大小、格式、输入掩码、默认值、验证规则等。

（6）确定每个数据表的主键。

（7）规划待输入的记录数据。

3. 与数据表有关的几个重要概念

（1）字段数据类型：数据表的每个字段都必须指定数据类型。字段数据类型在一定程度上确定了字段数据的内容、形式以及可进行的计算。

（2）字段属性：字段属性是对字段数据在某些方面更加具体的约束，Access针对不同的字段数据类型，提供有多种不同的字段属性。在创建数据表时，如果没有对字段指定某种字段属性，则该字段属性按Access默认设置。

（3）主键：指在数据表中，可以唯一确定一条记录的字段或字段组合。其含义类似于第1章中提到的实体集的主码。确定主键时，要求对应字段或字段组合的取值唯一无重复，且不能为空值。

2.2.2 数据表结构设计

数据表的结构设计，包括确定表名、字段个数、字段名、字段的数据类型、表的主键及其必要的字段属性。

1. 字段命名规则

（1）字段名应有意义，长度在64个字符以内。由于Access采用了Unicode编码，一个汉字和一个数字或英文字母一样，算作一个字符。

（2）字段名可以使用字母、数字、汉字、空格和一些其他字符的组合，最好不要使用空格、意义不明确的字符以及Access内部保留的关键字，如and、or、like等。

（3）不能使用句号（.）、感叹号（!）、中括号（[]）和重音标记（`）等符号。

（4）字段名中不区分大小写字母。

2. Access提供的字段数据类型

Access 2016提供了12种数据类型，其含义和规则如下：

（1）短文本型：短文本型字段用于存储字符类数据，可以是英文字母、汉字、各种符号、不需要计算的数字以及它们的组合，如姓名"李家旺"、学号"20204535"等。短文本型数据允许的字符长度是0~255个字符。

（2）长文本型：长文本型字段也用于存储字符类数据，但其允许的字符长度最大可达1 GB，常用于存储字符长度不易确定且可能很长的文字类内容，如简历、备注、摘要等。

（3）数字型：数字型字段用于存储可计算的数值数据，如课程成绩、销售数量等。数字型数据根据其允许存储的最大数值范围，可以再细分为字节、整型、长整型、单精度、双精度、同步复制ID、小数等子类型，默认值是长整型。

每种子类型都规定了其最大可取值范围，表达为允许存储数值所占存储空间的字节数，如表2–1所示。

表 2–1　数字型数据各子类型字段大小说明

子　类　型	说　　明
字节	1字节整数，允许数值在0~255之间
整型	2字节整数，允许数值在 −32 768~32 767之间
长整型	4字节整数，允许数值在 −2 147 483 648~2 147 483 647之间
单精度	4字节浮点数，允许数值在 $−3.4 \times 10^{38}$~3.4×10^{38}之间，最多7位有效数字
双精度	8字节浮点数，允许数值在 $−1.797 \times 10^{308}$~1.797×10^{308}之间，最多15位有效数字
同步复制ID	16字节的全局唯一标识符（GUID）。随机生成的GUID很长，不会出现重复，可用于长期跟踪货物等场合
小数	指定小数精度的8字节，范围为 $−10^{28}$~10^{28}之间，默认精度为0，默认小数位数为15，最多可以将小数位数设置为28

（4）日期/时间型：日期/时间型字段用于存储日期和时间类数据，如出生日期、上班时间等，存储时统一占用8字节。Access提供了不同的日期时间显示格式供选择，包括常规日期、长日期、中日期、短日期、长时间、中时间、短时间等。

（5）货币型：货币型字段用于存储货币金额类数据，如工资、销售价格等，存储时统一占用8字节。对于货币型数据，Access也提供了多种不同显示格式供选择，包括常规数字、货币、欧元、固定、标准、百分比和科学计数等。

（6）自动编号型：自动编号型数据是由系统自动提供的一个长整型数值，且没有重复值，多用于为数据表记录提供自动编号，其对应字段常被指定为主键。自动编号型数据的编号方式有两种：一种是自动顺序加1；另一种是随机生成。自动编号型字段长度为4字节。

注意：一个数据表只能有一个自动编号型字段，且每个自动编号型字段值只能与一条记录绑定，删除一条记录，则该记录的自动编号型字段值作废，不会再次赋值给其他记录。

（7）是/否型：是/否型字段用于存储具有明显两方面对立特征的数据，如婚否、英语六级通过否等，但性别一般不适合定义为是/否型。存储时统一占用1位存储空间。Access为是/否型数据提供了3种显示格式供选择，即真/假、是/否、开/关。

（8）OLE对象型：OLE对象型字段用于在数据表中嵌入非直接输入的各类数据，如以完整独立形式存在的图形图像、声音、各种文档等，系统将它们看作一个整体（对象），嵌入到数据表中充当对应字段的数据值。OLE对象型数据最大存储容量为1 GB。

（9）超链接型：超链接型字段用于存储文本形式的超链接地址，链接对象可以是网页、文件等，其最大存储容量可达1 GB。

（10）附件型：附件型字段也是用于在数据表中纳入各种完整外部文件，与OLE对象型类似。附件型的优势在于可以在一个字段值中同时放入多个类型的对象文件，且最大存储容量理论上只受磁盘空间限制。

（11）计算型：计算型严格来说不应算作一个独立的数据类型，定义为计算型数据的字段值是利用表达式由本数据表其他字段值计算而来，如定义为计算型数据的销售额字段，其值可由表达式：[单价]*[销售量]获得，其中[单价]、[销售量]均为本数据表中字段。计算型字段数据不需要用户的任何操作，当对应字段值新增或改变以后，计算型字段数据也将随之自动修改完成。

（12）查阅向导型：查阅向导型字段用于在输入该类型字段数据时，可通过单击文本框右边的下拉按钮，打开一个选项菜单，实现数据项的选择输入。查阅向导型下拉菜单中的数据来源有两种：一种是用户将定义该字段为查阅向导型时自行输入的数据值；另一种是通过连接本数据库中其他数据表获得的某字段的数据值。

3. 几种常用的字段属性

Access 提供了多种可用于字段设置的字段属性，不同数据类型字段可能包括不同的字段属性。常用的几种字段属性含义及规则如下：

（1）字段大小：用于设置字段数据所占存储空间的实际大小。在 Access 的所有数据类型中，只有短文本型和数字型字段需要设置字段大小，其他类型字段都按系统统一规定占用固定大小的存储空间。

（2）格式：主要用于设置字段数据的显示格式，目的是使数据的显示更加统一和美观。

（3）标题：主要用于在数据表视图下，代替原字段名显示在数据表中。

（4）默认值：设置了"默认值"的字段，可在数据表的该字段数据输入时，省略等于默认值数据的输入。

（5）必需：指定是否必须向字段输入数据值。

（6）索引：用于指定是否以该字段为依据建立索引。

（7）文本对齐：用于设置数据显示时的对齐方式，包括常规、左、居中、右、分散等。

对于任务 2-1 创建的"医疗信息"数据库，准备创建三个数据表：DOCTOR 表、STUDENT 表和 REGISTER 表，各表的结构设计如表 2-2、表 2-3 和表 2-4 所示。

表 2-2 DOCTOR 表的表结构

字 段 名	数据类型	字段长度	属性说明
DID	短文本	5	主键
姓名	短文本	10	—
性别	短文本	1	设置验证规则和默认值
职称	短文本	8	—
出诊科室	查阅向导（短文本）	8	自行输入所需的值
挂号费	货币	约定	设置验证规则
擅长	长文本	约定	—
照片	OLE 对象	约定	—
邮箱	超链接	约定	—

表 2-3　STUDENT 表的表结构

字　段　名	数据类型	字段长度	属　性　说　明
学号	短文本	7	主键
姓名	短文本	10	—
性别	短文本	1	设置验证规则和默认值
身份证号	短文本	18	设置掩码
团员	是/否	约定	设置默认值
入团日期	日期/时间	约定	—
血型	查阅向导（短文本）	2	自行输入 A、B、O、AB
实习医院	长文本	约定	—

表 2-4　REGISTER 表的表结构

字　段　名	数据类型	字段长度	属　性　说　明
ID	自动编号	约定	新值递增、主键、中文标题
SID	查阅向导（短文本）	约定	查阅 STUDENT 表中的学号
DID	查阅向导（短文本）	约定	查阅 DOCTOR 表中的 DID
挂号时间	日期/时间	约定	短日期
住院日期	日期/时间	约定	短日期
出院日期	日期/时间	约定	短日期

上述三个数据表之间的联系：DOCTOR 表与 REGISTER 表为一对多的联系，两表的关联字段为 DID；STUDENT 表与 REGISTER 表也为一对多的联系，两表的关联字段为学号和 SID。具体操作可参考本章 2.3.2 节的内容。

2.2.3　创建数据表

Access 2016 提供了多种创建数据表的方法。在新创建了一个空白数据库后，Access 的主操作界面会添加两个属于"表格工具"类的选项卡：字段和表，如图 2-5 所示。在新创建的空白数据库中会自动新建一个临时数据表"表 1"，并以数据表视图显示。

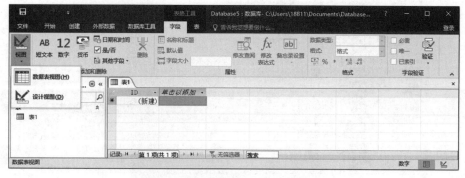

图 2-5　"表格工具 – 字段"选项卡

1．表的视图

Access 2016提供的表的视图有两种：数据表视图和设计视图。在数据库中打开数据表后，单击"开始"或"字段"选项卡中的"视图"下拉按钮，在打开的下拉菜单中选择所需要的视图，参见图2-5。

（1）数据表视图：数据表视图是打开数据表后的默认视图，图2-6所示为当前表的数据表视图。在数据表视图中可以实现对表中记录的所有操作，如浏览、添加以及各种编辑修改记录的操作，也可以实现部分针对表结构的编辑修改操作，如添加新字段等。

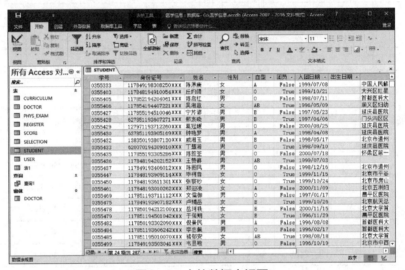

图2-6　表的数据表视图

（2）设计视图：在数据表视图下不能完全实现针对表结构的所有操作，设计视图是Access提供的专用表结构操作环境。在表的设计视图（见图2-7）下，可以看到表结构的详细信息，可以指定主键，可以添加和编辑表结构中所有字段属性及表属性。

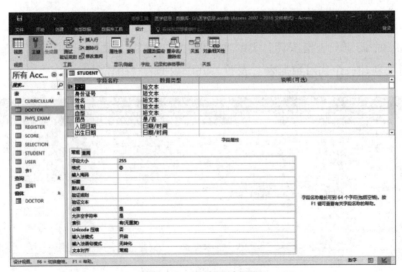

图2-7　表的设计视图

2．在数据表视图下创建新表

在 Access 的"创建"选项卡中，可以完成所有与新建数据库对象有关的操作。创建工具栏共有 6 个组，用于创建不同的数据库对象，其中的"表格"组用于创建数据表。

任务　2-3　在数据表视图下，为"医疗信息"数据库创建一个名为 DOCTOR 的数据表，其表结构参考表 2-2。

操作步骤：

（1）打开"医疗信息"数据库。

（2）打开"表 1"。在"创建"选项卡中，单击"表格"组中的"表"按钮，打开临时名为"表 1"的数据表视图。

（3）添加第一个新字段 DID。新建的表 1 自动包含一个名为 ID 的自动编号类型字段，且被定义为主键。在字段名 ID 上双击，输入新字段名 DID，在"字段"选项卡"格式"组中的"数据类型"下拉列表框中选择"短文本"。

（4）添加其他字段。

方法一：在"字段"选项卡的"添加和删除"组中，单击新字段对应的数据类型按钮，出现临时名为"字段 n"的新字段，将临时名称"字段 n"改为所需的新字段名。

方法二：在数据表视图中，单击字段名行中"单击以添加"按钮，在弹出的下拉菜单（见图 2-8）中选择某个数据类型，出现名称类似"字段 n"的新字段，然后将临时名称"字段 n"改为所需新字段名。

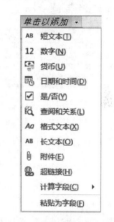

图 2-8　"单击以添加"的快捷菜单

利用上述两种方法之一，在"表 1"中添加表 2-2 中列出的所有字段。其中，"出诊科室"字段应为查阅向导类型，在此暂为短文本型；OLE 对象型字段"照片"暂不添加。

（5）保存表。单击快速访问工具栏中的"保存"按钮，在打开的"另存为"对话框中输入表名为 DOCTOR，单击"确定"按钮。

（6）创建完成的 DOCTOR 表结构如图 2-9 所示。

图 2-9　创建完成的 DOCTOR 表结构

3．在设计视图下创建新表

在表的设计视图下创建新表，是 Access 系统创建数据表结构功能最全面的、同时也是编辑修改数据表结构的主要方法。

任务 **2-4** 在设计视图下，为"医疗信息"数据库创建数据表STUDENT，其表结构参考表2-3，要求完成表的所有字段名及其数据类型等基本表结构的建立。

任务2-4

操作步骤：

（1）在"医疗信息"数据库中切换到设计视图。单击"创建"选项卡"表格"组中的"表设计"按钮，创建临时名为"表1"的新表。同时在Access窗口中增加了"表格工具–设计"选项卡，如图2-10所示。

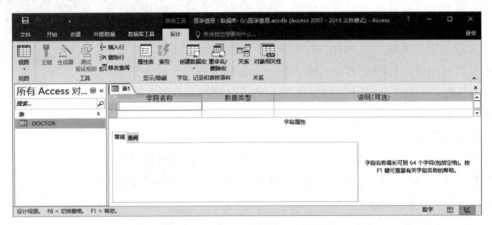

图2-10 在设计视图下创建新表

（2）添加字段。依据表2-3的要求，在"字段名称"列依次输入各字段名，在对应字段名的"数据类型"列依次单击选择要求的数据类型。其中"血型"字段的数据类型应为"查阅向导"型，在此暂定为短文本型。

（3）定义主键。单击选定字段"学号"，在"设计"选项卡的"工具"组中，单击"主键"按钮，在"学号"字段名左边出现主键标志，如图2-11所示。

图2-11 设置"学号"字段为主键

（4）保存表。在表名"表1"上右击，在弹出的快捷菜单中选择"保存"命令，在打开的"另存为"对话框中输入STUDENT，单击"确定"按钮。创建完成的STUDENT表结构如图2-12所示。

4. 为数据表输入记录数据

在数据表结构创建完成以后，就可以向数据表中添加记录数据。只能在数据表视图下输入数据表记录。

图2-12 创建完成的STUDENT表结构

任务 2-5 为"医疗信息"数据库中的DOCTOR和STUDENT两个数据表分别添加若干记录。

操作步骤：

（1）在"医疗信息"数据库中打开表的数据表视图。在Access系统界面左侧导航窗格中双击DOCTOR表，在数据表视图下打开DOCTOR表。

（2）输入记录。单击字段名下的单元格，出现插入光标，输入数据。

注意： 在输入数据表的主键字段（如DOCTOR表的DID字段）的值时，字段值既不能重复，也不能为空。

（3）使用同样方法，在STUDENT表中输入若干记录。输入时无须单独进行保存操作，Access在输入数据后自动保存。

2.2.4 数据表的维护

数据表的维护主要包括数据表结构的修改，数据表的复制、删除和重命名等操作，其中最重要的是数据表结构的修改。

1. 数据表结构的修改

对于数据表结构的修改必须慎重，特别是对于那些已经投入使用很长时间存储数据量巨大的数据表。因为对数据表结构进行修改，有可能间接造成数据表数据的丢失，所以在进行数据表结构修改之前需要注意以下几点：

（1）关闭准备修改结构的数据表。

（2）修改网络共享数据库中的数据表结构时，应保证所有用户均已退出。

（3）修改某个数据表结构时，须暂时断开该表与数据库中其他数据表的关联。

（4）对于准备修改结构的数据表，应预先将整个数据表甚至其所在数据库备份。

虽然在数据表视图下也能完成部分表结构的修改操作，但最全面、最适合的表结构修改操作环境仍然是数据表的设计视图，因此下面所有对于数据表结构的修改操作都是在数据表设计视图下进行的。

1）修改字段名

在数据表的设计视图下，单击字段名栏中需要修改名称的字段名，删除原字段名，输入新字段名。

2）修改字段主键

对于字段主键的修改，主要有三种情况：

（1）取消主键设置。在设计视图中，选定当前主键，在"设计"选项卡的"工具"组中单击"主键"按钮，即可取消该字段的主键设置。

（2）更换主键。在设计视图中，选定准备设置为主键的字段，在"设计"选项卡的"工具"组中单击"主键"按钮，即可设置该字段为新的主键，原来的主键同时被取消。

（3）定义联合主键。同时选定作为主键的多个字段，在"设计"选项卡的"工具"组中单击"主键"按钮，即可设置该组合字段为新的主键。

在数据表的设计视图中，将鼠标指向每个字段名左边的选择栏时，鼠标会显示为箭头状。单击即可选定该字段名行，按Ctrl键的同时再单击另一字段名对应的选择栏，即可同时选定第二个或更多的字段名行。

3）删除和添加字段

在数据表的设计视图下，单击选定要删除的字段名行，在"设计"选项卡的"工具"组中单击"删除行"按钮。

在添加新字段时，如果要求新字段必须添加在原有的某字段之前，则需要选定该字段，再单击"设计"选项卡"工具"组中的"插入行"按钮即可。

任务 2-6 在"医疗信息"数据库中，在DOCTOR表的"邮箱"字段之前添加"照片"字段，数据类型为OLE对象型。在STUDENT表的所有字段之后添加"资料"字段，数据类型为附件型。

操作步骤：

（1）在"医疗信息"数据库中打开DOCTOR表。右击DOCTOR表名，在弹出的快捷菜单中选择"设计视图"命令。

（2）添加"照片"字段。单击选定"邮箱"字段，在"设计"选项卡"工具"组中单击"插入行"按钮，则在"邮箱"字段名行前插入一个空行，输入新字段名"照片"，选择数据类型为"OLE对象"型，如图2-13所示。

输入OLE对象型字段的数据值时，需要在数据表视图下右击对应字段的输入位置，在弹出的快捷菜单中选择"粘贴"或"插入对象"命令。需要注意的是，应该预先在默认目录中保存准备输入为OLE字段数据值的对应对象文件。

（3）添加"资料"字段。打开STUDENT表的设计视图，在"字段名称"列最下端第1个空白栏中输入新字段名"资料"，选择数据类型为"附件"。

输入附件型字段值的时候，需要在数据表视图下，右击对应字段的输入位置，在弹出的快捷菜单中选择"管理附件"命令，在打开的"附件"对话框中进行相应操作即可。附件型字段同样需要预先在默认目录中保存所需的对象文件。

图2-13　在"邮箱"字段前插入"照片"字段

4）修改字段的数据类型

除了查阅向导型和计算型字段，修改其他字段的数据类型时，在数据表的设计视图下直接在"数据类型"列中选择新的数据类型即可。"计算"数据类型的设置与修改将在2.2.5节的任务2-10进行介绍。

任务 2-7　在"医疗信息"数据库中，将DOCTOR表"出诊科室"字段的数据类型修改为"查阅向导"型，并将其可查阅值暂定为自行输入的内科、外科、妇科、儿科、眼科、口腔科和耳鼻喉科。将STUDENT表"血型"字段的数据类型也修改为"查阅向导"型，并将其可查阅值确定为自行输入的A型、B型、AB型和O型。

操作步骤：

（1）在"医疗信息"数据库中打开DOCTOR表的设计视图。

（2）修改"出诊科室"字段类型。单击"出诊科室"字段的数据类型下拉列表。选择"查阅向导"，打开查阅向导对话框，单击"自行键入所需的值"选项，如图2-14（a）所示。单击"下一步"按钮。

（3）输入查询值。对话框中输入数据值"内科""外科""妇科""儿科""眼科""口腔科""耳鼻喉科"，如图2-14（b）所示。单击"下一步"按钮。

（4）完成设置。在图2-14（c）所示对话框中使用默认设置，单击"完成"按钮。

（5）用同样的方法将STUDENT表"血型"字段的数据类型修改为"查阅向导"型，并将其可查阅值定义为A型、B型、AB型和O型。

(a)

(b)

(c)

图2-14 "查阅向导"型自行输入查询值的设置

查阅导向型字段的数据来源可以是自行输入的（如任务2-7），也可以是来自于其他数据表中的相关数据。

任 务 2-8 在"医疗信息"数据库中，创建一个名为REGISTER的新数据表，其表结构要求见表2-4。REGISTER表的SID和DID字段数据类型均为"查阅向导"型，其查阅值分别来自于STUDENT表的"学号"字段值和DOCTOR表的DID字段值。

任务2-8

操作步骤：

（1）在"医疗信息"数据库的设计视图下创建REGISTER表。

（2）定义ID字段的数据类型为"自动编号"型，并设置其为主键。

（3）定义SID字段。输入字段名称SID，选择数据类型为"查阅向导"型，打开查阅向导对话框。

（4）定义查阅向导类型。参考图2-14（a）对话框，选择"使用查阅字段获取其他表或查询中的值"，单击"下一步"按钮。

（5）选择查阅向导表。在图2-15（a）所示对话框中选择"表：STUDENT"，单击"下一步"按钮。

（6）选择查阅向导字段。选择"可用字段"中的"学号"，单击旁边的右向箭头按钮，将其调入"选定字段"框中，单击"下一步"按钮，如图2-15（b）所示。

（7）向导字段排序。在如图2-15（c）所示对话框中定义作为向导字段的显示形式，可按要求进行排序显示。此处选择"学号"字段升序，这样在录入数据时便于查找，单击"下一步"按钮。

（8）定义向导字段的显示宽度。此时可看到对应查阅到的学号，在如图2-15（d）所示对话框中，拖动鼠标定义向导字段数值的显示宽度，单击"下一步"按钮。

（9）设置标签。标签是为了方便查阅，此处使用默认设置，单击"完成"按钮。

（10）采用同样的方法完成查阅向导型字段DID的设置。定义字段"挂号时间""住院日期""出院日期"，数据类型均为日期/时间型，完成REGISTER表的创建。

5）设置和修改字段属性

字段属性的设置可以进一步细化对字段的要求或限制，这样既可以简化用户输入数据时的操作，同时也可以在一定程度上减少用户输入数据时发生错误。这里先就字段属性的几个简单设置如字段大小、格式、标题、默认值等用实例给出说明，其他较为复杂的字段属性设置参考本章2.2.5节。

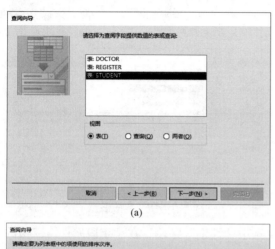

(a)

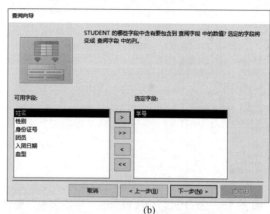

(b)

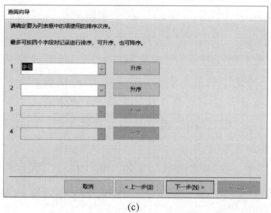

(c)

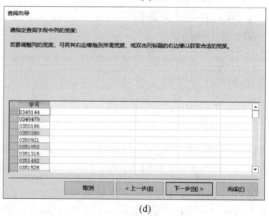

(d)

图2-15　"查阅向导"型使用其他表字段值作为查阅值的设置

任务 2-9　在"医疗信息"数据库中，参考表2-2、表2-3、表2-4的要求，对DOCTOR表、STUDENT表、REGISTER表做适当的字段属性设置。

操作步骤：

（1）在"医疗信息"数据库中，分别打开DOCTOR表、STUDENT表和REGISTER表，并进入设计视图。

（2）修改"字段大小"属性：在DOCTOR表中，DID字段默认"字段大小"属性为255。选中DID字段，在"字段属性"窗格中将"字段大小"文本框中的值由255改为5，如图2-16所示。

按表2-2的要求，使用同样方法修改其他短文本型字段的大小，如姓名、性别、职称、出诊科室等。

（3）修改"格式"属性：在DOCTOR表中单击选中字段"挂号费"，在"字段属性"窗格中打开"格式"下拉菜单，选择"货币"，如图2-17所示。

短文本型和长文本型字段的"格式"字段属性设置较为复杂，采用了一些规定符号来设置字段的输出格式，详细内容可按F1键参考Access的帮助信息。

图2-16 为DOCTOR表修改"字段大小"属性　　**图2-17 为"挂号费"字段设置"格式"属性**

（4）定义"默认值"属性：在DOCTOR表中选中"性别"字段，在"字段属性"窗格的"默认值"栏输入"女"，如图2-18所示。

注意：在输入默认值数据时，短文本型、长文本型、日期/时间型字段的默认值数据应使用定界符，定界符必须为英文字符，长/短文本型的定界符是双引号。例如，学号字段，如果默认值为"001"，则必须输入定界符"001"，而性别字段如果默认值为"女"，可不输入定界符，Access可自动添加，日期/时间型字段的定界符是"#"，输入内容符合日期格式时，Access也可自动添加。数字型和货币型字段默认值无须添加定界符。

（5）设置是/否型字段的属性：在STUDENT表中，选中"团员"字段，将"格式"属性设置为"是/否"，同时将"默认值"改为1，即选择"是"。是/否型字段的取值为1或0，默认为0（否定），如图2-19所示。

图2-18 为"性别"字段设置"默认值"属性　　**图2-19 为"是/否"型字段设置字段属性**

（6）设置日期/时间型字段的属性：分别选中REGISTER表中的三个日期/时间型字段"挂号时间"、"住院日期"和"出院日期"，将其"格式"属性设置为"短日期"。

（7）设置自动编号型字段的属性：选中REGISTER表中的ID字段，设置其"新值"属性为"递增"。"新值"属性是自动编号型字段特有的属性，在系统自动产生该字段的新值时，"递增"是产生一个加1的递增值，"随机"是随机产生任意一个整数值。

（8）"标题"属性的应用：在REGISTER表中选中ID字段，在"标题"属性文本框中输入"挂号记录编号"，如图2-20所示。

图2-20　设置"标题"字段属性

（9）其他字段设置：参考表2-3和表2-4的要求对STUDENT表和REGISTER表的其他字段设置字段属性。其中，查阅向导型字段SID和DID的属性，继承了其数据查阅来源字段的属性，即STUDENT表的学号和DOCTOR表的DID字段属性。

2. 数据表的复制

数据表的复制是在一个打开的Access数据库内部，对现有的数据表进行复制。复制的方法是：打开Access数据库后，在导航窗格中右击需要复制的数据表，在弹出的下拉菜单中选择"复制"命令，然后在导航窗格的空白处右击，在弹出的下拉菜单中选择"粘贴"命令即可。

粘贴数据表有三种粘贴选项：

（1）仅结构：复制后的新表只保留原表的结构，复制结果为与原表结构相同的空表。

（2）结构和数据：复制后的新表既保留原表的结构，也保留原表中的数据。

（3）将数据追加到已有的表：原表中的记录追加到一个已有的与原表结构相似的表的最后一条记录之后，即为数据表添加新记录。需要注意的是，应在被追加数据的表上右击再选择此选项。

例如，在"医疗信息"数据库中，在导航窗格的DOCTOR表上右击选择"复制"命令后，再右击导航窗格空白处，选择"粘贴"命令，在打开的"粘贴表方式"对话框中选择"结构和数据"[见图2-21]，即可复制出一个完全相同的、名为"DOCTOR的副本"的表（可修改该表名）。

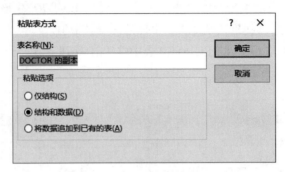

图2-21 "粘贴表方式"对话框

3. 数据表的删除

执行数据表的删除操作后，数据表将被永久删除，无法恢复。操作方法是：在导航窗格需要删除的数据表上右击，在弹出的快捷菜单中选择"删除"命令。

4. 数据表的重命名

在导航窗格需要重命名的数据表上右击，在弹出的快捷菜单中选择"重命名"命令后输入新名称即可。

2.2.5 数据表中数据规则的设置

数据规则是指为了保证数据表中数据的完整性、可靠性、正确性而采取的一系列操作限制规则和方法，其目的就是为了最大限度地减少数据表中数据发生错误的可能性。Access提供了多种途径来实现此目的，如字段数据类型的确定、各种字段属性的设置等都在一定程度上限制了数据发生错误的可能。此外，Access还可以利用各种表达式设置数据规则。

1. 表达式及相关概念

在Access数据库中，表达式是指由变量、常量、函数、运算符及圆括号组成的、具有确定计算结果的运算式子，下面介绍与表达式相关的概念和方法。

1）变量

Access的变量有两种：一种是字段变量，具体表现为数据表的字段名，其值为当前表记录对应字段名下的字段值；另一种是程序中用到的临时变量，具体表现为在某程序中临时命名的变量名，如x、y等，其值一般是通过程序的赋值语句获得的。

2）常量

常量是指那些不会改变的已有数值，可以在表达式中直接使用。Access对于常量的表达有如下规定：

（1）4个特定常量：

● True：表示在逻辑上为True（真）的值。

● False：表示在逻辑上为False（假）的值。

- Null 及 Not Null：表示空值或者非空值，只能与 IS 运算符组成表达式。
- ""：空字符串，表示长度为 0 的字符串。

（2）字符串常量：必须包含在定界符双引号（"）中的字符组合，如 "张三峰"、"女"、"教授"、"CHINA" 和 "10086" 等。

（3）日期/时间常量：必须包含在定界符双井号（#）中，如 #2020-10-3#、#2020-10-3 10:30:00# 等。

（4）数字型常量：不需要任何定界符直接表达，如 250、-8、3.14 等。

3）运算符

运算符是指用于连接表达式各组成部分的特定单词或符号。Access 运算符包括算术运算符（如加号+）、比较运算符（如等号=）、逻辑运算符（如 Not）等。

（1）算术运算符：算术运算符的运算对象为数值，表达式的结果仍为数值，使用说明如表 2-5 所示。

表 2-5　算术运算符的使用说明

运　算　符	用　　　途	示　　例	结　　果
+	求两个数的和	6+4	10
-	求两个数的差，或表示负数	6-4	2
*	求两个数的乘积	6*4	24
/	两个数的普通除法	6/4	1.5
\	两个数的整除	6\4	1
mod	求第一个数除以第二个数的余数	6 mod 4	2
^	求指数幂	6^4	1296

（2）比较运算符：比较运算符的运算对象为任意两个可比较的值，表达式的结果只能是 True、False 或 Null 三者之一，具体说明如表 2-6 所示。

表 2-6　比较运算符使用说明

运　算　符	用　　　途	示　　例	结　　果
<	确定第一个值是否小于第二个值	6<8	True
<=	确定第一个值是否小于或等于第二个值	"abcd"<="abd"	True
>	确定第一个值是否大于第二个值	"朱">"阳"	True
>=	确定第一个值是否大于或等于第二个值	#2020-10-2#>= #2020-10-1#	True
=	确定第一个值是否等于第二个值	True=False	False
<>	确定第一个值是否不等于第二个值	"123"<>"abc"	True

由于Null表示未知值，与Null进行的任何比较的结果也是未知的，因此在所有情况下，如果第一个值或第二个值为Null，则结果也为Null。

（3）逻辑运算符：逻辑运算符用于结果值为True或False的表达式间的关系运算，表达式的结果仍为True、False或Null三者之一，具体说明如表2-7所示。

表2-7　逻辑运算符使用说明

运　算　符	用　　法	说　　明
And	Expr1 And Expr2	当Expr1和Expr2都为True时，结果为True
Or	Expr1 Or Expr2	当Expr1或Expr2为True时，结果为True
Eqv	Expr1 Eqv Expr2	当Expr1和Expr2均为True或者均为False时，结果为True
Not	Not Expr	当Expr不为True时，结果为True
Xor	Expr1 Xor Expr2	当Expr1与Expr2不同时，结果为True

（4）连接运算符：连接运算符用于将两个字符串合并为一个字符串，具体说明如表2-8所示。

表2-8　连接运算符使用说明

运　算　符	用　　法	说　　明
&	string1 & string2	合并两个字符串形成一个新字符串
+	string1 + string2	合并两个字符串形成一个新字符串并传播Null值

例如，"abc"&"123"结果为"abc123"，"abc"+"123"结果也为"abc123"。但是，当Null参加计算时，结果会显著不同，"abc"&Null的结果为"abc"，"abc"+Null的结果为Null。

（5）特殊运算符：在Access中还有一些特殊的条件运算符，其返回的结果值为True或False，具体使用说明如表2-9所示。

表2-9　特殊运算符使用说明

运　算　符	说　　明	示　　例	结　果
Is Null 或 Is Not Null	确定一个值是Null还是Not Null	Is Null 或 Is Not Null	True或False
Like	使用通配符?和*匹配字符串	"ab" Like "ab*" "朱柔湘" Like "?柔?"	True True
Between val1 And val2	确定某个数值或日期值是否在某个范围内	2500 Between 3000 And 5000 2500 not Between 3000 And 5000	False True
In (string1,string2,...)	确定某个字符串值是否包含在一组字符串的范围内	"朱柔湘" In ("朱柔湘","杨柔湘") "朱柔湘" Not In ("朱柔湘","杨柔湘")	True False

Like运算符在使用中所涉及的通配符可用ANSI—1989标准的通配符，具体如表2-10所示。

表 2-10 通配符的使用说明

字　　符	说　　明	示　　例
*	匹配任意数量的字符，可以在字符串中的任意位置使用	"wh*" 可匹配 what、white 和 why 等，但不能匹配 awhile 或 watch 等
?	匹配任意单个字母字符	b?ll 可匹配 ball、bell 和 bill 等
[ ]	匹配方括号内的任意单个字符	b[ae]ll 将匹配 ball 和 bell，但不能匹配 bill 等
!	匹配方括号内字符以外的任意字符	b[!ae]ll 可匹配 bill 和 bull 等，但不能匹配 ball 或 bell
-	匹配一定字符范围（须按升序指定）内的任意一个字符	b[a-c]d 将匹配 bad、bbd 和 bcd
#	匹配任意单个数字字符	1#3 可匹配 103、113 和 123 等

4）函数

函数是可以在表达式中使用的提供一定功能的程序过程。每个函数都以确定的函数名作为标识。函数可以有或者没有参数，例如获得系统当前日期的函数 Date() 不需要任何输入参数即可运行出结果。但大部分函数都要求预先提供输入参数才能运行，如求平方根函数 Sqr(x) 需要一个参数 x。如果函数的运行需要一个以上的参数，则各参数之间用逗号隔开。

表达式中常用的函数及其功能如下：

（1）Date()：在表达式中插入当前的系统日期。

（2）DatePart()：确定或提取日期部分，通常是从字段名中获取的日期，或者由另一函数（如 Date）返回的日期值。

（3）DateDiff()：确定两个日期之间的差值，通常是从字段名获取的日期或使用函数 date() 获取的日期。

（4）InStr()：用于在一个字符串中搜索某字符或字符串的位置。所搜索的字符串通常是从字段名中获取的。

（5）Left()、Mid() 和 Right()：从某字符串的指定位置（最左边、中间、最右边）提取字符。

（6）Str()：将数值转化为字符串。

（7）Val()：将数值字符串转化为对应数值。

（8）Year()：截取日期/时间型数据中对应的 4 位年份数值。

（9）WeekDay()：获得日期/时间型数据对应的星期数值。

（10）CDate()：将日期字符串转换为日期/时间型数据。

Access 提供的内置函数有很多种，需要时可通过 Access 的帮助获得详细使用说明及示例。

5）表达式

表达式在 Access 中有着广泛的应用，表、查询、窗体、报表、宏和模块六大对象都具有需要使用表达式的属性。例如，在数据表的"规则验证"属性中就经常需要使用表达式。

表达式由常量、变量、函数和运算符构成。在表达式中可以使用圆括号改变运算符的运算顺序。如果在表达式中使用的变量为数据表的字段变量，也就是表的字段名，则字段名需要

使用定界符方括号[ ]。例如，要在表达式中使用名为"姓名"的表字段名，具体输入时应写为
"[姓名]"。

在Access中，可以由用户自行输入创建表达式，也可以使用Access提供的表达式生成器来
创建表达式。通过表达式生成器可以轻松地访问数据库中的字段或控件以及Access提供的众多
内置函数。

在需要使用表达式生成器输入表达式时，单击输入文本框右边的"表达式生成器"按
钮■，即可打开"表达式生成器"对话框。

（1）表达式框：对话框上半部分为表达式框，既可以在该框中手动输入表达式，也可以
从表达式生成器下半部分的三列中双击选择表达式元素，将它们添加到表达式框中光标所在
位置。

（2）表达式元素：表达式生成器的下半部分包含三列，左列为表达式可包含的元素，包括
数据库中表、查询、窗体和报表对应的文件夹，以及可用的内置函数和用户自定义函数、常
量、运算符等；中间列为已选定表达式元素的类别，例如在左列中选中"内置函数"时，中间
列将显示出函数类别；右列显示已选定类别的表达式元素的值。

任务 2-10 在"医疗信息"数据库中，为STUDENT表添加一个名为
"出生日期"的字段，定义其数据类型为计算型，该字段的值是"身份证号"
字段中的第7位至第14位，要求利用表达式计算得到，最终计算出来的"出生
日期"字段数据为日期/时间型。

操作步骤：

（1）在"医疗信息"数据库的设计视图下打开STUDENT表。

（2）添加新字段。在STUDENT表的设计视图下，在字段"身份证号"后面插入"出生日
期"字段，定义该字段为"计算"数据类型。打开"表达式生成器"对话框，输入表达式：
DateSerial(Mid([身份证号],7,4),Mid([身份证号],11,2),Mid([身份证号],13,2))，如图2-22所示。

图2-22 计算型字段"出生日期"的表达式

在该表达式中，使用内置函数Mid()分别提取年份（第7位开始取4位）、月份（第11位开始取2位）和日期（第13位开始取2位），再使用内置函数DateSerial()将取出的年、月、日数值作为参数，组合出日期/时间型数据值。

（3）单击"确定"按钮完成表达式输入。该字段数据值以后将无须直接输入，可由"身份证号"字段值的第7~14位直接计算而来。STUDENT表在数据表视图下如图2-23所示。

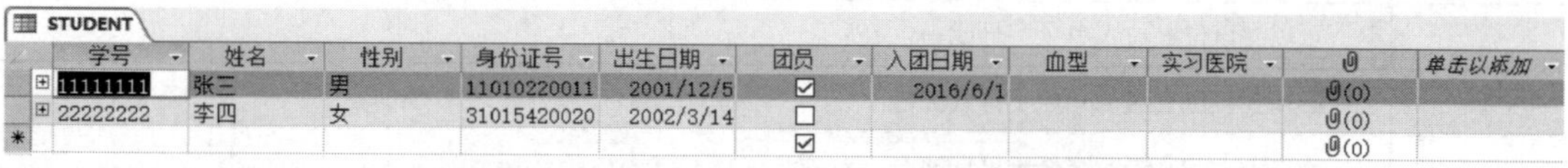

学号	姓名	性别	身份证号	出生日期	团员	入团日期	血型	实习医院		单击以添加
11111111	张三	男	11010220011	2001/12/5	☑	2016/6/1			⬭(0)	
22222222	李四	女	31015420020	2002/3/14	☐				⬭(0)	
*					☑				⬭(0)	

图2-23　自动计算的"出生日期"字段结果

2. 输入掩码

输入掩码是一种控制用户向数据库中输入数据方式的约束类属性。例如，输入掩码可以强制用户以某种格式输入日期。

1）输入掩码

输入掩码表现为若干个字面字符和掩码字符的组合，控制用户能或者不能在字段中输入的数据内容。当输入光标插入到设置了输入掩码的字段或控件上时，输入的值替换占位符。例如，可用输入掩码YYYY-MM-DD要求用户输入遵循特定惯例的日期。Y、M、D可以被替换，作为字面字符的间隔横线"–"无法更改或删除。在此输入掩码的限制下，输入日期必须形如2021-01-01。

由于输入掩码强制用户以特定方式输入数据，因此输入掩码在很多时候可以提供数据验证，防止用户输入无效数据。同时还可以确保用户按照一致的方式输入数据，这种一致性可以使查找数据和维护数据库更加简捷方便。

2）输入掩码的组成及语法

输入掩码包括用分号隔开的三部分字符串，第一部分是强制的，其余部分是可选的。例如要求以美国英语格式输入电话号码的输入掩码为"(999)000–000;0;–"，其中：

（1）第一部分定义掩码字符串"(999)000–000"，由控制占位符和字面字符组成。

（2）第二部分定义是否希望将掩码字符和输入数据一起存储到数据库中，同时存储掩码和数据时为0，只存储数据为1。

（3）第三部分定义指示数据位置的占位符。默认为下画线"_"，也可自行输入（如本例的短画线"–"）。

3）输入掩码字符说明

示例掩码中使用了两个约定控制占位符9和0，其中9指示可选位，0指示强制位。表2-11列出并描述了可在输入掩码中使用的控制占位符。

表 2-11　输入掩码中使用的控制占位符

字　符	用　法
0	必须在该位置输入一位数字
9	该位置上的数字是可选的
#	在该位置输入一个数字、空格、加号或减号。如果跳过此位置，Access 会输入一个空格
L	必须在该位置输入一个字母
?	可以在该位置输入一个字母
A	必须在该位置输入一个字母或数字
a	可以在该位置输入单个字母或一位数字
&	必须在该位置输入一个字符或空格
C	该位置上的字符或空格是可选的
. , : ; - /	小数分隔符、千位分隔符、日期分隔符和时间分隔符，具体取决于 Windows 操作系统的区域设置
>	其后的所有字符都以大写字母显示
<	其后的所有字符都以小写字母显示
!	从左到右（而非从右到左）填充输入掩码
\	强制显示紧随其后的字符，这与用双引号括起一个字符具有相同的效果
"文本"	用双引号括起希望用户看到的任何文本
密码	在表或窗体的设计视图中，将"输入掩码"属性设置为"密码"会创建一个密码输入框。当用户在该框中输入密码时，Access 会存储这些字符，但是会将其显示为星号(*)

4）输入掩码示例

表 2-12 中的示例说明了使用输入掩码的一些方法。

表 2-12　输入掩码的示例

输　入　掩　码	提供此类型的值	备　注
(000) 000-0000	(206) 555-0199	美国样式电话号码，必须输入区号，因为这一部分掩码均使用占位符 0
(999) 000-0000!	(206) 555-0199 或 ( ) 555-0199	美国样式电话号码，区号是可选，区号部分使用占位符 9。感叹号（!）定义从左到右填充掩码
(000) 000-AAAA	(206) 555-TELE	允许将美国样式的电话号码中的最后四位替换为字母
#999	-20 或 2000	任何正数或负数，不超过 4 个字符，不带千位分隔符或小数位
>L????L?000L0	GREENGR339M3 或 MAY452B7	强制字母（L）和可选字母（?）与强制数字（0）的组合。大于号强制用户以大写形式输入所有字母
00000-9999	98115- 或 98115-3007	一个强制的邮政编码（美国央样式）和一个可选的 4 位数字部分
>L<?????????????	Maria 或 Pierre	名字或姓氏中的第一个字母自动大写，其后字母小写
ISBN 0-&&&&&&&&&-0	ISBN 1-55615-507-7	书号以字符串 ISBN 开始，其后包含第一位和最后一位数字，以及它们之间 9 位字符和空格的任何组合
>LL00000-0000	DB51392-0493	强制字母和数字的组合，字母采用大写形式

5）输入掩码与格式属性间的关系

如果数据表的某个字段既设置了"输入掩码"属性，又设置了"格式"属性，则它们的作用分别是：

（1）"输入掩码"属性控制用户输入字段值数据时的格式，不符合要求的数据将无法被数据表接受。

（2）"格式"属性用来控制字段值数据的显示，在显示字段值时，"格式"属性的设置优先于"输入掩码"属性的设置。

6）在数据表字段中加入输入掩码

在数据表中可以对短文本型、日期/时间型、数字型和货币型的字段设置输入掩码。输入掩码可以由用户自行输入，也可以利用 Access 提供的输入掩码向导辅助输入。

任务 2-11　在"医疗信息"数据库中，为 STUDENT 表的"身份证号"字段设置输入掩码，要求身份证号必须为 18 位数字。

操作步骤：

（1）打开"医疗信息"数据库，在设计视图下打开 STUDENT 表。

（2）打开输入掩码向导。选定"身份证号"字段，单击"字段属性"窗格"常规"选项卡中"输入掩码"属性对应文本框右边的"输入掩码向导"启动按钮，打开"输入掩码向导"对话框。

（3）定义掩码类型。在预设输入掩码列表框中，选择需要的输入掩码类型"身份证号码（15 或 18 位）"，如图 2-24（a）所示。

若列表中没有适合的选项，可单击"编辑列表"按钮，自行定义所需输入的掩码，单击"下一步"按钮。

（4）掩码编辑。在对话框中将输入掩码的控制占位符中最末尾的三个 9 改为三个 0（假设身份证号码全是数字），如图 2-24（b）所示，即将输入掩码设置修改为必须输入 18 位身份证号。输入掩码的显示占位符为默认的下画线（_）。可在"尝试"文本框中输入数据来验证输入掩码是否符合需求，单击"下一步"按钮。

（5）定义数据保存方式。在如图 2-24（c）所示对话框中，选择默认只保存数据，单击"下一步"按钮，在打开对话框中单击"完成"按钮结束设置。

(a)

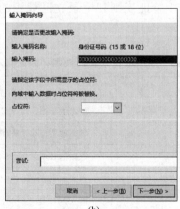
(b)

(c)

图 2-24　"输入掩码向导"的设置过程

最后结果如图2-25所示。

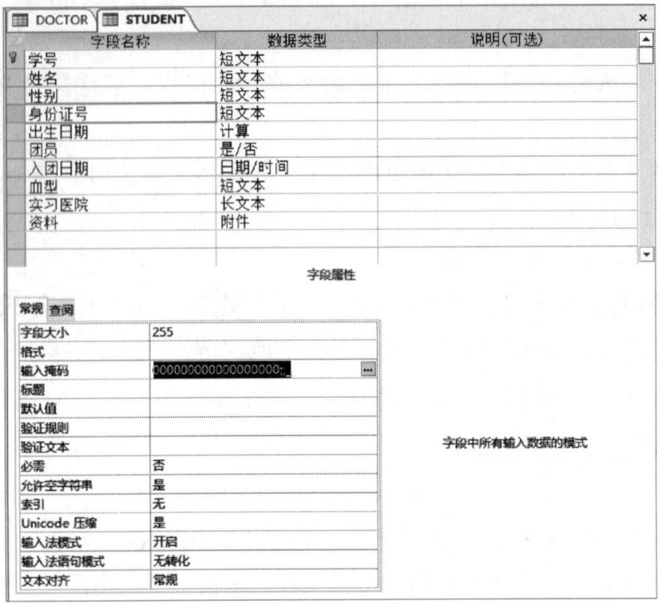

图2-25 设置完成的"身份证号"输入掩码

3. 数据表数据的验证规则

数据表数据的验证规则包括字段验证规则和记录验证规则。字段验证规则属于字段属性范畴，是针对某一个字段设置的验证规则，不涉及与表中其他字段之间的相互约束关系，直接在字段的字段属性中设置即可。记录验证规则属于表的属性范畴，是针对表中某几个字段之间相互关系的一种约束，需要在表属性中进行设置。

设置数据验证规则时，在字段属性或属性表的"验证规则"文本框中输入起约束作用的表达式，通常还要在相应的"验证文本"文本框中输入简要的文字说明，当输入的数据违反了验证规则时，可显示文字说明用于提醒。

1）验证规则

在表2-13中提供了若干字段验证规则和记录验证规则的示例，以及对应说明性质的验证文本。

表 2-13 字段或记录验证规则和验证文本示例

验 证 规 则	验 证 文 本
<>0	输入值非零
>=0	数据值不得小于零，或必须输入正数
0 or >100	数据值必须为0或者大于100
BETWEEN 0 AND 1	输入0～1的值
<#01/01/2010#	输入2010年之前的日期
>=#01/01/2010# AND <#01/01/2011#	必须输入2010年的日期

续表

验 证 规 则	验 证 文 本
<Date()	必须输入当前系统日期以前的日期
StrComp(UCase([姓氏]),[姓氏],0) = 0	"姓氏"字段中的字母必须大写
Now()	输入当前系统的日期
M Or F	必须输入M（如代表男性）或F（u代表女性）
LIKE "[A-Z]*@[A-Z].com" OR "[A-Z]*@[A-Z].net" OR "[A-Z]*@[A-Z].org"	输入有效的 .com、.net 或 .org 电子邮件地址
[要求日期]<=[订购日期]+30	输入在订单日期之后的30天内的要求日期
[结束日期]>=[开始日期]	输入不早于开始日期的结束日期

2）字段规则验证设置

字段规则验证设置可以在表设计视图的"字段属性"窗格中直接进行设置。

任 务 2-12　为DOCTOR表的"性别"字段和"挂号费"字段设置验证规则及对应的验证文本。

操作步骤：

（1）在"医疗信息"数据库的设计视图下打开DOCTOR表。

（2）设置"性别"字段验证规则。选定"性别"字段，在该字段的"字段属性"窗格的"验证规则"文本框中直接输入"男 Or 女"，也可以打开"表达式生成器"对话框，在其中生成该表达式。在"验证文本"文本框中输入"只能输入"男"或"女"！"，如图2-26所示。

（3）设置"挂号费"字段验证规则。选定"挂号费"字段，在"字段属性"窗格的"验证规则"栏中输入"Between 5 And 500"，也可以使用表达式生成器生成该表达式。在"验证文本"文本框中输入"挂号费金额必须介于5元至500元之间！"，完成"挂号费"字段验证规则的设置，如图2-27所示。

图2-26　"性别"字段设置验证规则和验证文本

图2-27　"挂号费"字段设置验证规则和验证文本

3）记录验证规则设置

记录验证规则的设置需要在"属性表"窗格中进行。

任务 2-13　为REGISTER表的"住院日期"字段和"出院日期"字段设置验证规则，要求"出院日期"至少在"入院日期"的一天之后，并设置相应的验证文本。

任务2-13

操作步骤：

（1）在"医疗信息"数据库的设计视图下打开REGISTER表。

（2）打开"属性表"窗格。单击"表格工具–设计"选项卡"显示/隐藏"组中的"属性表"按钮，打开"属性表"窗格。

（3）设置记录验证规则。在"属性表"窗格的"验证规则"文本框中输入"[出院日期]>=[住院日期]+1"，也可以使用表达式生成器生成该表达式。在"验证文本"文本框中输入"要求"出院日期"必须在"住院日期"一天之后！"，如图2-28所示。

图2-28　REGISTER表的记录验证规则设置

▌2.3　创建和维护表间关系

在同一个数据库中，各数据表数据之间都必然存在着一定的联系。例如，通过DOCTOR表和STUDENT表可以了解某位医生曾经为某位学生在什么时间做过检查。这种在同一数据库的不同数据表之间的联合数据查询就是以数据表之间的关系为基础实现的。

2.3.1　表间关系概述

在Access中，将建立同一数据库的数据表之间的联系称为创建表间关系。可以采用两种方法建立表间关系：创建表间的永久关系和创建表间的临时关系。表间的永久关系在创建以后，必须由用户做出明确的删除操作才能取消这种关系，否则该关系将一直存在下去；表间的临时关系是在需要时由操作命令创建，操作命令执行结束后临时关系也将随之取消。本节介绍永久关系的创建及相关操作，临时关系的相关内容将在SQL语言和VBA编程的有关章节进行介绍。

1. 相关概念

（1）主键：在数据表中，可以确定唯一一条记录的字段或字段组合被定义为数据表的主键。例如，DOCTOR表的DID字段、STUDENT表的"学号"字段、REGISTER表的DID字段与SID字段的组合，都可以被定义为对应数据表的主键。在数据库系统中，创建数据表时通常都应该预先确定主键，且每个数据表只能定义一个主键。

（2）外键：若数据表的某个字段或字段组合并不是本数据表的主键，但却是另外一个数据表的主键，或者是其主键字段组合中的一部分，则称该字段或字段组合为本数据表的外键。例如，REGISTER表的DID字段和SID字段分别为REGISTER表的外键。一个数据表的外键可以有多个，外键并不是一个数据表必须具有的，如DOCTOR表和STUDENT表则没有外键。外键的作用主要体现在建立表间关系上。

（3）参照完整性规则：指为了维护已经通过主键和外键确立了表间关系的数据表之间数据一致性所给出的规定及要求。具体包括外键字段的取值必须保持与其对应的主键取值相一致，例如，外键字段取值必须是对应主键字段已经存在的值，且主键字段取值发生变化时，对应的外键字段取值也应该随之变化。

（4）索引：是一种提高数据表中数据查询速度的有效技术方法。以索引字段值的大小顺序为依据，对数据表中记录进行排序，以此达到加快数据查询速度的目的。数据表的索引并非建立得越多对数据表的操作越有利，索引的存在有时会降低数据表数据更新的速度。因此，最好只在那些频繁执行查询操作的字段或字段组合上建立索引。

在Access中，索引分为单字段索引和多字段索引。单字段索引是指以数据表的一个字段为依据建立的索引，多字段索引是指以数据表两个及两个以上字段为依据建立的索引。多字段索引的排序依据是，排在第一位的字段如果数据值不同，则以该字段数据值大小顺序建立索引，若第一位的字段数据值相同，则以排在第二位的字段数据值大小顺序建立索引，依此类推。

2. 索引操作

在Access中有两种方式创建索引：一种是由Access系统自动创建，例如，被定义为主键的字段就会由系统自动以该主键对应的字段为依据建立索引；另一种方式是在数据表的设计视图下由用户根据需要自行创建。

1）建立单字段索引

任务 2-14 为DOCTOR表的"性别"字段建立单字段索引。

操作步骤：

（1）打开"医疗信息"数据库，在设计视图下打开DOCTOR表。

（2）建立索引。单击选中"性别"字段，在"字段属性"窗格中，单击"索引"框并单击右边的下拉按钮，在弹出的下拉菜单中选择"有（有重复）"命令，如图2-29所示。

在上述"索引"下拉菜单中有3个选项，其中：

- "无"的含义是该字段没有建立独立的单字段索引。
- "有（有重复）"的含义是该字段建立了独立的单字段索引，且允许该字段有重复值。

像"性别"这样的字段，由于会有很多重复值，因此适合建立这种索引。

- "有（无重复）"的含义是该字段建立了独立的单字段索引，且不允许该字段有重复值。例如，作为主键的字段，由于不能有重复值，因此只能建立这种索引。

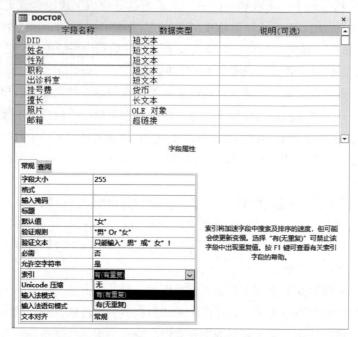

图2-29 依据"性别"字段建立单字段索引

2）建立多字段索引

任务 2-15 为DOCTOR表以"职称"字段加"挂号费"字段为依据建立多字段索引，其中"职称"字段为第一索引依据。

操作步骤：

（1）打开"医疗信息"数据库，在设计视图下打开DOCTOR表。

（2）打开索引设置对话框。在"表格工具–设计"选项卡"显示/隐藏"组中单击"索引"按钮，打开DOCTOR表的"索引：DOCTOR"对话框，如图2-30（a）所示。

对话框中显示已经建立两个索引，其中名为PrimaryKey的索引是在定义主键时由系统自动建立的，该索引名称也是系统自动命名的，只有主键索引可以使用此名称，称为主索引；名为"性别"的索引为任务2-14中建立的以"性别"为索引依据的单字段索引，索引名称"性别"是系统按默认自动命名的，可以修改为任意其他名称。

（3）添加新索引。在"索引名称"列的空白处输入新索引名称"职称挂号费"，如图3-30（b）所示，在右侧的"字段名称"列中通过下拉菜单选择"职称"，再在其下的空白栏中通过下拉菜单选择"挂号费"，"排序次序"列均选择"升序"，如图2-30（c）所示。定义多字段索引时，只能有一个索引名称，从第二个索引依据字段开始，其左边的"索引名称"列必须为空白。

关闭该对话框并保存表，即完成了对DOCTOR表以"职称"字段加"挂号费"字段为依据建立多字段索引的操作。

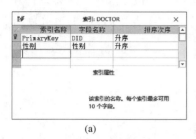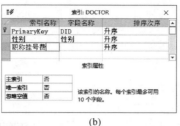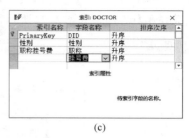

(a)	(b)	(c)

图2-30　建立"职称"加"挂号费"多字段索引

3）查看和编辑索引

在表设计视图的"表格工具-设计"选项卡"显示/隐藏"组中单击"索引"按钮，打开图
2-30所示对话框，可以修改索引名称、字段名称及
排序次序，还可以在"索引属性"窗格中修改索引
的其他属性。

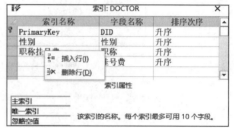

4）数据表索引的删除

删除单字段索引时，可在"字段属性"窗格
"索引"下拉菜单中选择"无"。

删除多字段索引时，打开类似图2-31所示的对
话框，在要删除的索引项所在行最左边的选择栏中
右击，在弹出的快捷菜单中选择"删除行"命令。

图2-31　删除多字段索引

注意：建立索引并不能改变数据表视图下表中记录的实际显示顺序。如果需要改变数据表
中记录的实际显示顺序，必须通过本章2.4.3节中介绍的排序功能实现。

3. 表间关系的类型

Access数据库的表间关系分为3种：一对一关系、一对多关系和多对多关系。但在具体操
作上只能实现一对一和一对多两种关系，若两个数据表是多对多关系，则需要通过建立一个第
三方新表，将这两个数据表的多对多关系转化为两个数据表分别对新表的一对多关系来实现。

表间关系有一对一、一对多和多对多三种。这三种关系的特点可参考本书第1章中的内容。
对于前面建立的几个表，例如，DOCTOR表与REGISTER表之间、STUDENT表与REGISTER表
之间就是一对多的关系，其中的DOCTOR表和STUDENT表为主表，REGISTER表为子表。而
DOCTOR表与STUDENT表之间就是多对多关系，因此必须利用第三方新表将它们的关系转化
为这两个表与第三方新表的一对多关系来实现，REGISTER表就是实现此作用的第三方新表。

2.3.2　创建表间关系

表间关系是在Access提供的关系设置界面中创建完成的。

任务 2-16　为医疗信息数据库建立表间关系。

操作步骤：

（1）打开"医疗信息"数据库，在数据库主操作界面中，关闭所有数据表对象。

（2）打开关系工具界面。单击"数据库工具"选项卡"关系"组中的"关系"按钮，打开关系工具界面，如图2-32所示。因为有查阅向导字段，所以STUDENT表和REGISTER表就有建好的关系

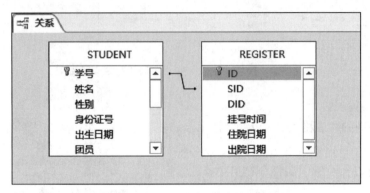

图2-32　Access数据库关系工具界面

（3）打开显示表。单击"关系工具-设计"选项卡"关系"组中的"显示表"按钮，打开"显示表"对话框，如图2-33所示。

（4）添加表间关系涉及的对象。单击选定需要建立表间关系的数据表或查询，这里选定STUDENT、REGISTER和DOCTOR三个表（单击的同时按下Ctrl键可以选择多个表），再单击"添加"按钮完成，如图2-34所示。

图2-33　"显示表"对话框

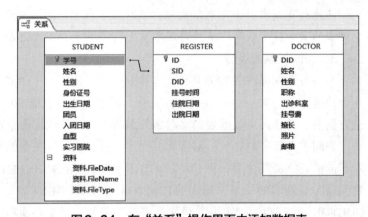

图2-34　在"关系"操作界面中添加数据表

（5）创建表间关系。将图2-34所示DOCTOR表的主键DID字段拖动到REGISTER表的外键DID字段上，打开"编辑关系"对话框，如图2-35所示。单击"创建"按钮，建立DOCTOR表与REGISTER表的一对多关系。将图2-34所示STUDENT表的主键"学号"字段拖动到REGIS-TER表的外键SID字段上，打开"编辑关系"对话框，单击"创建"按钮，建立STUDENT表与REGISTER表的一对多关系。最后结果如图2-36所示。

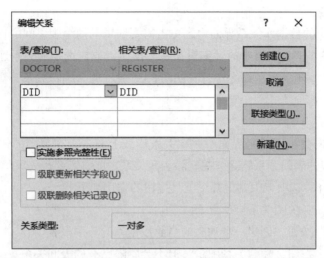

图2-35　创建DOCTOR表与REGISTER表的一对多关系

（6）设置参照完整性。在 Access 中可以对表间关系强制执行参照完整性规则，不符合参照完整性规则的数据将不允许存入数据表中。可在图 2-37 中表示表间关系的黑线上右击，选择"编辑关系"命令，打开"编辑关系"对话框，选中"实施参照完整性"复选框。定义了参照完整性规则后，关系布局如图 2-37 所示。

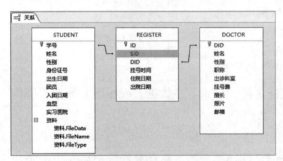

图2-36　创建完成后的3个表间关系

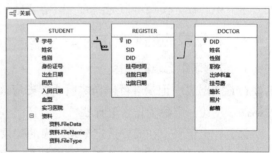

图2-37　定义参照完整性规则后的"关系"显示界面

（7）设置级联操作。在图 2-35 所示的"编辑关系"对话框中，选中"实施参照完整性"复选框后，可进一步选中"级联更新相关字段"和"级联删除相关记录"两个复选框。级联更新/删除操作是指修改或删除了一对多关系中主表主键字段的数据值后，系统将自动对一对多关系中子表对应字段或记录的数据值做出相应的修改或删除。

2.3.3　表间关系的维护

创建表间关系以后，还需要对表间关系进行各种维护操作，包括查看、编辑、删除等，这些操作均可以在 Access 提供的"关系工具"中完成。

1.　查看表间关系

在 Access 主操作界面中单击"数据库工具"选项卡"关系"组中的"关系"按钮，可显示数据库的所有关系，参见图 2-37。

2. 编辑表间关系

在如图 2-37 所示的数据库关系界面中，单击需要编辑的两个表之间的连线，再单击"关系工具-设计"选项卡"工具"组中的"编辑关系"按钮，或在选定的关系连线上右击，在弹出的快捷菜单中选择"编辑关系"命令，打开如图 2-35 所示的"编辑关系"对话框，可编辑、修改已存在的各种关系选项。

3. 删除表间关系

在图 2-37 所示的数据库关系界面中，在关系连线上右击，在弹出的快捷菜单中选择"删除"命令，可将相应的表间关系删除。在删除表间关系之前，需要预先关闭所涉及的数据表。

"关系工具-设计"选项卡中其他几个工具按钮的作用如下：

（1）"关闭"按钮：关闭关系操作界面。

（2）"关系报告"按钮：创建一个独立的当前数据库的关系报表。

（3）"清除布局"按钮：隐藏关系图示，但不会删除已有的表间关系。

（4）"所有关系"按钮：恢复显示单击"清除布局"按钮隐藏的关系图示。

‖ 2.4 数据表的操作

本节所述内容是针对数据表中记录进行的操作，数据表的操作都是在数据表视图中完成的。本节中的任务使用本书提供的"医学信息"数据库。

2.4.1 表记录的基本操作

1. 数据表中记录的选择

在对数据表中记录进行操作之前，首先应该选定操作记录。在数据表视图下，数据表操作窗格的最左边一列称为记录选择栏。

选定一个记录：在需要选定记录对应的记录选择栏中单击即可。

选定连续若干个记录：从需要选定的第一个记录选择栏开始，拖动光标到最后一个记录选择栏可选中连续多个记录。如图 2-38 所示，选定了 REGISTER 表的第 5 至第 9 条记录。

挂号记录编 ▾	SID ▾	DID ▾	挂号时间 ▾	住院日期 ▾	出院日期 ▾	单击以添加 ▾
1	0349144	10029	2009/1/29	2009/3/21	2009/4/9	
2	0349479	10022	2011/1/16	2011/3/31	2011/4/22	
3	0350380	10019	2009/2/26	2009/3/25	2009/5/17	
4	0351316	10019	2010/5/11	2010/5/13	2010/7/4	
5	0351528	10018	2013/9/2	2013/12/9	2014/1/6	
6	0352629	10027	2013/12/24	2014/3/11	2014/6/14	
7	0353071	10046	2010/7/11	2010/7/21	2010/10/12	
8	0353181	10022	2009/10/16	2009/10/29	2010/2/25	
9	0353398	10049	2010/3/26	2010/4/5	2010/6/13	
10	0353427	10021	2012/6/7	2012/9/4	2012/12/1	
11	0353756	10041	2012/10/26	2012/12/6	2013/1/21	
12	0355314	10014	2009/2/18	2009/3/21	2009/6/17	
13	0355320	10035	2010/4/30	2010/7/30	2010/9/8	
14	0355328	10019	2012/5/23	2012/6/18	2012/9/29	
15	0355403	10032	2010/7/11	2010/8/30	2010/10/12	
16	0355406	10023	2009/9/14	2009/12/8	2010/3/3	
17	0355428	10019	2013/9/27	2013/11/21	2014/2/7	
18	0355429	10045	2010/9/10	2010/11/16	2011/2/24	
19	0355430	10027	2012/8/4	2012/9/21	2012/12/16	

图2-38 选定连续的若干个记录

2. 为数据表添加新记录

Access 数据表的新记录不能插入到已有记录的中间，只能将新记录添加到数据表的最后。将光标插入到最后空白记录位置直接输入数据即可完成新记录的添加。

3. 删除数据表中记录

首先在选定栏选定需要删除的记录，然后在选定的记录上右击，在弹出的快捷菜单中选择"删除记录"命令即可删除选定记录。若需要删除记录的数据表与其他数据表已经建立了表间关系，且为一对多关系中的主表，则在删除该表中的记录时，可能会影响到一对多关系中子表的关联记录。

4. 移动和复制数据表中记录

移动和复制数据表中的记录一般都是在两个表结构相同的数据表之间进行的。操作方法是：选定需要移动或复制的记录，在选定记录上右击，在弹出快捷菜单中选择"剪切"或"复制"命令；在另一个数据表最后的空白记录的选择栏上右击，在弹出快捷菜单中选择"粘贴"命令完成移动或复制操作。

5. 设置数据表中的记录格式

对于 Access 数据表，可以进行类似于 Word 或 Excel 表格的各种格式设置，如字体、字号、颜色、间距、对齐等。用户可以通过数据表视图下"开始"选项卡"文本格式"组中各种工具按钮实现相应格式操作。一般来说，Access 数据表较少需要进行格式设置。

2.4.2　表记录的查找与替换

通过 Access 的查找和替换操作可以实现对指定数据的快速定位、查看和修改。操作方法是单击数据表视图下"开始"选项卡"查找"组中的"查找"或"替换"按钮，打开"查找和替换"对话框，如图 2-39 所示。输入需要查找或替换的数据内容，单击"查找下一个"或"替换"按钮完成操作。

图 2-39　"查找和替换"对话框

2.4.3　表记录的排序与筛选

记录的排序与筛选是对数据表中数据进行观察和分析的常用操作方法。记录的排序实现了以一个或多个字段数据值的大小为依据，对数据表记录的前后顺序进行重新排列并显示出来。其目的是为了更加方便地查找到所需数据或者发现数据的变化规律。记录的筛选通过为一个或多个字段数据值设置条件，实现将数据表中满足条件的记录挑选并显示出来。

1. 记录的排序

如果以单字段作为记录的排序依据，具体的操作通常有三种方法。

（1）在数据表视图中，右击作为排序依据的字段的字段名，在弹出的快捷菜单中选择“升序”或“降序”命令。

（2）在数据表视图中，单击作为排序依据的字段名所在栏右边的下拉按钮，在打开的下拉菜单中选择“升序”或“降序”命令。

（3）在数据表视图中，将光标定位到作为排序依据的字段中，单击“开始”选项卡“排序和筛选”组中的“升序”或“降序”按钮。

单击数据表视图下“开始”选项卡“排序和筛选”组中的“取消排序”按钮，可取消数据表的排序显示效果，即将数据表记录的显示效果恢复到原记录输入顺序。

以多字段作为记录排序依据时，首先按第一个字段数据值对记录排序，第一个字段数据值相同的记录，再按第二个字段数据值排序，依此类推。但在进行以多字段为排序依据的具体操作时，应首先对最后排序依据的字段排序，然后再对倒数第二排序依据的字段排序，依此类推。

任务 2-17 在“医学信息”数据库中，对DOCTOR表以字段“出诊科室”和“挂号费”为排序依据对表中记录进行排序显示，要求出诊科室为升序，挂号费为降序。

任务2-17

操作步骤：

（1）打开“医学信息”数据库，以数据表视图方式打开DOCTOR表。

（2）依据第二排序字段排序。单击“挂号费”字段名旁的下拉按钮，在弹出下拉菜单中选择“降序”命令。

（3）依据第一排序字段排序。单击“出诊科室”字段名旁的下拉按钮，在弹出的下拉菜单中选择“升序”命令。排序后数据表记录显示效果如图2-40所示。

DOCTOR

DID	姓名	性别	职称	出诊科室	特点	挂号费	擅长
10017	裘千尺	女	主治医师	儿科	忘我	38	儿童鼻窦炎，腺样体病变，耳畸形
10031	阿尔泰紫菀	女	主治医师	儿科	热忱	38	新生儿黄疸，乳儿肝炎，新生儿缺血缺氧性脑病，新生儿肺炎。
10048	车前子	男	主治医师	儿科	热心	38	新生儿尿布皮炎，儿童血管瘤
10025	王语嫣	女	特需专家	儿科	忘我	25	牙体牙髓病、儿童牙病、口腔粘膜病的诊断治疗。
10037	陈近南	男	特需专家	儿科	忘我	25	新生儿疾病和呼吸系统疾病。
10033	杜杰	女	主任医师	儿科	忘我	17	新生儿巨细胞病毒感染，新生儿化脓性脑膜炎，新生儿黄疸，新生儿肺炎。
10043	石决明	女	主治医师	耳鼻喉科	无私	38	过敏性鼻炎，鼻中隔偏曲，
10023	段誉	男	特需专家	耳鼻喉科	忘我	25	耳畸形，中耳炎
10041	白术	女	特需专家	耳鼻喉科	忘我	25	神经性耳鸣，眩晕，耳石症
10047	许愿	男	主任医师	耳鼻喉科	尽责	17	咽喉炎，喉癌
10014	薛宝钗	女	主治医师	妇科	热忱	38	各类疑难性不孕，异常出血，多囊卵巢，反复流产，月经不调。
10016	全考过	女	主治医师	妇科	尽责	38	妇产科常见病、多发病、感染性疾病、癌前病变的诊治。擅长不孕。
10021	刘仁明	女	主治医师	妇科	热忱	38	子宫肌瘤、卵巢肿瘤、子宫内膜异位症、子宫脱垂、阴道膨出。
10022	贾琏	男	主治医师	妇科	尽责	38	妇科及妇科内分泌相关疾病诊治，如多囊卵巢综合征、异常子宫出血。
10030	秦川	女	主治医师	妇科	尽责	38	妇科良恶性肿瘤(宫颈癌、内膜癌、卵巢癌 、外阴癌、滋养细胞肿瘤）．
10018	关自在	女	特需专家	妇科	尽责	25	腹腔镜下复杂子宫肌瘤剔除、深部子宫内膜异位病灶切除、不孕症。
10039	魏延宁	女	副主任医师	妇科	热心	23	妇科及妇科内分泌相关疾病诊治，如多囊卵巢综合征、异常子宫出血。
10012	兰精灵	男	主任医师	妇科	忘我	17	孕前咨询及孕期保健；妊娠期高血压、糖尿病等并发症的孕期管理。
10034	乔峰	男	主治医师	口腔	忘我	38	口腔正畸，口腔修复
10013	雷公藤	男	副主任医师	口腔	忘我	23	后牙多根管，复杂根管的根管治疗，残根残冠的保留，儿童牙病。
10027	游麦	男	副主任医师	口腔	忘我	23	牙体牙髓，牙齿矫正，牙周疾病。

图2-40 DOCTOR表按出诊科室和挂号费排序的结果

2. 记录的筛选

在数据表中筛选出满足条件的记录可以用多种方法来实现。

1）利用快捷菜单实现筛选

在作为筛选条件的字段值上右击，通过弹出的快捷菜单实现筛选操作。例如，在DOCTOR

表中筛选出性别为"女"的医生，则需在"性别"字段的字段值"女"上右击，在弹出的快捷菜单中选择"等于"女""命令，筛选结果如图2-41所示。

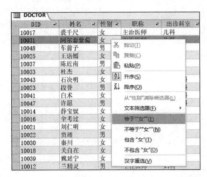

图2-41　筛选字段值的快捷菜单及筛选性别为"女"的结果

2）利用字段名栏下拉按钮实现筛选

单击作为筛选条件字段名栏右边的下拉按钮，在打开的下拉列表中选择所需的筛选条件值。例如，在DOCTOR表中筛选出职称为"特需专家"的医生，单击"职称"字段名栏右边的下拉按钮，在打开的下拉列表中选择要求的字段值即可，筛选结果如图2-42所示。

图2-42　短文本型字段值的下拉菜单筛选出职称为"特需专家"的结果

3）利用筛选器实现筛选

筛选器可以通过单击数据表视图中"开始"选项卡"排序和筛选"组中的"筛选器"按钮打开，或者单击筛选字段名栏右边的下拉按钮，在打开的下拉列表中选择"××筛选器"命令，在其展开的下级菜单中选择所需命令。

任务 2-18　在医学信息数据库的DOCTOR数据表中，筛选出出诊科室为"外科"，且挂号费不超过30元的医生信息。

操作步骤：

（1）打开"医学信息"数据库，以数据表视图方式打开DOCTOR表。

（2）设置出诊科室的筛选条件。单击"出诊科室"字段名右边的下拉按钮，在打开的下拉菜单中选择"文本筛选器"|"等于"命令，如图2-43所示。在"自定义筛选"对话框中输入"外科"。

（3）设置挂号费的筛选条件。单击"挂号费"字段名栏右边的下拉按钮，在打开的下拉菜单中选择"数字筛选器"|"小于"命令。在打开出的"自定义筛选"对话框中输入"30"，最

终筛选结果如图2-44所示。

图2-43　自定义筛选的设置

DID	姓名	性别	职称	出诊科室	特点	挂号费	擅长
10019	武力强	男	特需专家	外科	热忱	25	胃肠道肿瘤的微创治疗和综合治疗，微创减肥手术，手术治疗糖尿病。
10046	李莫愁	女	特需专家	外科	忘我	25	外科疾病的诊治及临床研究，特别是结直肠外科疾病的临床诊治。
10010	艾学习	男	特级教授	外科	无私	22	擅长疝，肛肠疾病。
10020	夏建国	男	主任医师	外科	无私	17	擅长胃肠肿瘤。
10045	龙葵	男	主任医师	外科	尽责	17	胃癌、结肠直肠癌的诊断和治疗，低位直肠癌根治性保肛手术。

图2-44　最后的筛选结果

4）还原数据表

需要清除数据表筛选结果，还原数据表初始状态时，可以单击数据表视图"开始"选项卡"排序和筛选"组中的"高级"按钮，在打开的下拉列表中选择"清除所有筛选器"命令。

小　结

本章介绍了数据库技术中的两项最基本内容：数据库和数据表的有关概念及操作。在Access中，数据库被认为是一个装载各种数据库对象的容器，有了数据库，数据库对象就有了存在的基础。在Access中，数据库表现为一个以 .accdb 为扩展名的文件。数据表是数据库中数据存在的实际位置，数据库中的数据都是以一定方式分别保存在不同的数据表中的，数据库中的数据表可能有很多个，各数据表之间存在着一定的联系。

本章主要内容是数据库和数据表的多种创建方法，重点是利用数据表的设计视图创建表结构，以及在数据表的数据表视图下输入记录数据。

在数据表的创建及操作过程中，需要注意数据类型的选择、主键的定义、字段属性及记录属性设置等问题，掩码及验证规则的设置与应用是本章的难点。

数据库为保证各数据表之间数据的一致性，在数据表创建完成后，需要在数据库中建立数据表之间的表间关系并设置相应的参照完整性规则。

对数据库中的数据表，本章还简单介绍了有关表中记录数据的定位、选择、修改、删除、添加、排序、筛选、查找、替换等操作。

总之，本章内容是本书以后各章学习和实际操作的基础，应熟练掌握有关数据库及数据表创建及设置的基本操作。

第3章

数据的导入和导出

【本章内容】

　　Access 2016作为具有强大数据处理、统计分析功能的数据库，其可以处理的数据除了用户在Access下创建的数据库外，还可以处理各种外部数据，即存储在Access（正在处理数据库）之外的数据。这些数据既包括存储在另一个Access数据库或其他数据库中的数据，如ODBC、dBASE等数据库数据，还包括以其他文件格式存储的许多数据，如Excel电子表格数据、TXT文本数据、XML文件等。

　　对医学数据（网上公用数据、临床数据）的处理和分析在个性化医疗中起到重要作用。Access 2016提供了外部数据的导入、导出功能，而且还是一种很好的生物信息数据挖掘工具，可以实现与外部数据的信息交换和共享。

【学习要点】

- 使用外部数据的类型及方法。
- 导入外部数据的方法。
- 导出数据的方法。
- Access与医学数据。

▌3.1　Access 和外部数据

　　信息时代，数据的交换必不可少，而且信息保存的格式也多种多样，Access在处理自身数据库文件的同时，也实现了和各类外部数据之间的信息交换。

3.1.1　外部数据的类型

　　作为具有数据处理、统计分析功能的数据库，Access 2016既可以处理在Access下创建的数据库中的数据，也可以处理存储在Access数据库之外的数据（称为外部数据）。这些外部数据可以是Excel文件、HTML文档和文本文档，来自其他Access、SQL Server、Azure、Oracle、dBASE等数据库的数据，也可以是来自OLE DB（Object Link and Embed，对象连接与嵌入）、ODBC（Open Database Connection，开放式数据库连接）数据源和Outlook文件夹的数据，以及来自SharePoint列表和有数据服务的联机服务数据源。

通过"外部数据"选项卡"导入并链接"组可查看Access 2016可用的外部数据类型，如图3-1所示。

图3-1　Access 2016可用外部数据

"导入并链接"组包括的文件类型有：Excel表、Access数据库、ODBC数据库、文本文件、XML文件和其他。其中，"其他"下拉菜单包括的文件类型为：SharePoint列表、数据服务、HTML文档和Outlook文件夹等。

3.1.2　外部数据的使用

通常情况下，数据库中数据的来源有两条途径：在数据表或窗体中直接输入数据，或者利用Access的导入数据功能将外部数据导入到当前的数据库中。

Access 2016使用外部数据的方式主要有三种：导入、链接和导出。其中，导入和链接都属于将外部数据提供给Access 2016使用，但两者之间又有一定的区别，而导出则相反。

（1）导入：导入外部数据就是将外部数据转化为Access的数据或数据库对象，即将其他格式的数据转换为Access 2016使用的格式。

（2）链接：链接是建立Access数据库与其他数据文件之间的引用关系。链接的操作步骤与导入数据类似，但链接与导入存在本质区别：导入是将源数据复制到了目标对象，导入后的数据与源数据没有任何关系；链接只是建立了引用关系，并没有将源数据复制，链接后的数据会随着源数据的变化而变化。

（3）导出：导出是将Access数据库中的数据输出到其他数据库或者存储为其他格式的文件。数据的导出是对现有数据的一个备份，这个备份是以其他的数据形式存储的，数据导出后与现有的Access数据就不再有直接关系。

▌3.2　外部数据的导入

可将外部数据导入到Access中的新表或现有表中，在导入各种类型的数据时，有些类型数据和Access具有兼容的表结构，有些则没有，当出现不兼容的表结构时，Access自动创建一个表结构。

3.2.1　导入Access数据

Access提供了直接导入其他Access数据库文件的功能，这样，可以在不打开其他数据库的情况下直接使用其中的数据。导入形成的Access数据表对象和新建的数据表对象一样，与外部数据源无任何联系。

导入Access数据库文件时，可以选择导入的对象，如表、查询、窗体、报表、宏或模块，实现全部数据库或库中部分数据表文件的导入，也可以方便地将多个数据库的信息合并在一起，成为新的数据库。

任务 3-1　为新建数据库导入"医学信息"数据库中DOCTOR表的信息。

操作步骤：

（1）新建一空白数据库。选择"文件"｜"新建"命令，在"新建"区域单击"空白数据库"，打开"空白数据库"对话框，指定新建数据库的"文件名"和"存储位置"，单击"创建"按钮。

（2）选择数据源和目标。单击"外部数据"选项卡"导入并链接"组中的"Access"按钮，打开"获取外部数据–Access数据库"对话框，如图3-2所示。单击"浏览"按钮，选择拟导入的"医学信息"数据库，在"指定数据在当前数据库中的存储方式和存储位置"处，选中"将表、查询、窗体、报表、宏和模块导入当前数据库"单选按钮。单击"确定"按钮，打开如图3-3所示的"导入对象"对话框。

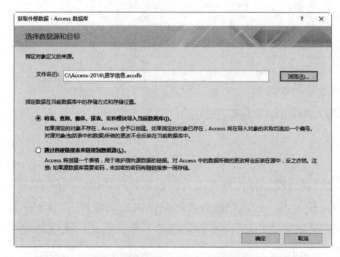

图3-2　"获取外部数据–Access数据库"对话框

图3-3　"导入对象"对话框

（3）确定导入的对象。如图3-3所示对话框中，可供导入的对象有表、查询、窗体、报表、宏和模块。选择"表"选项卡下的DOCTOR，单击"确定"按钮。

（4）保存导入步骤。在打开的对话框中选中"保存导入步骤"复选框（见图3-4），在"另存为"文本框内输入"医学信息–DOCTOR"，单击"保存导入"按钮。最后结果如图3-5所示。

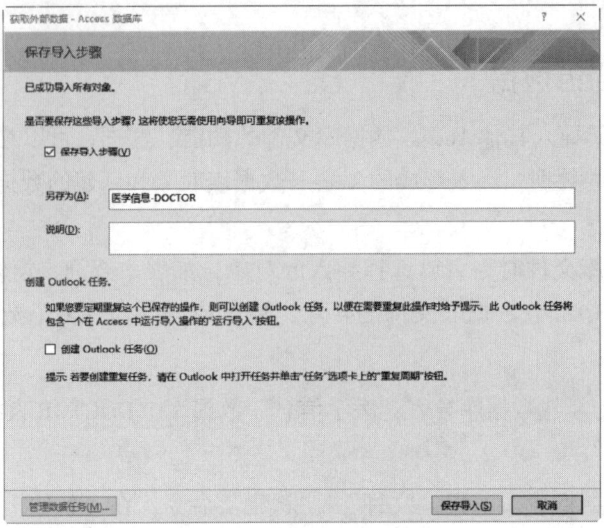

图3-4　保存导入步骤

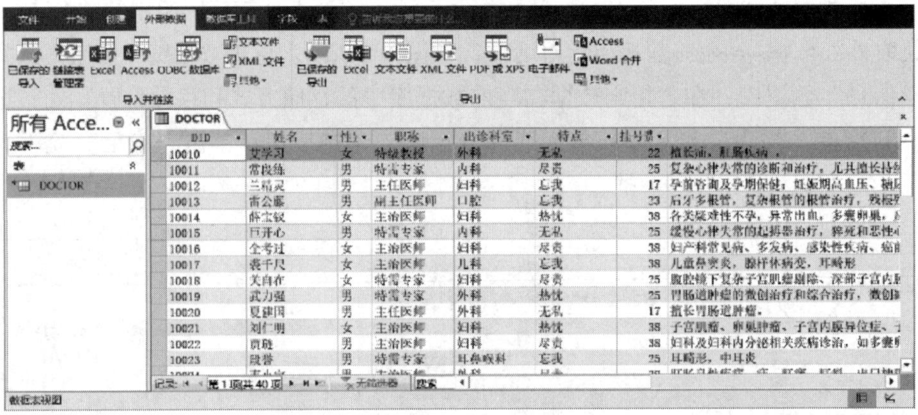

图3-5　导入Access数据库对象结果

3.2.2　导入Excel数据

Excel电子表格是日常工作中常用的数据处理工具，具有强大的数据处理功能。但随着数据量的增大，其对数据的更新和组织变得比较困难，处理数据表之间关系时也比较复杂。Excel和Access可以方便地进行数据交换，Access又能完成Excel所不能完成的工作。因此，实现二者的数据交换将会很大程度地提高工作效率。

任务 3-2　将REGISTER.xlsx电子表格导入Access，并将其保存为Excel–REGISTER表。

操作步骤：

（1）新建一空数据库。

（2）选择数据源和目标。单击"外部数据"选项卡"导入并链接"组中的"Excel"按钮，打开"获取外部数据–Excel电子表格"对话框，如图3-6所示。单击"浏览"按钮，选择拟导入的REGISTER.xlsx电子表格，在"指定数据在当前数据库中的存储方式和存储位置"处，选中"将源数据导入当前数据库的新表中"单选按钮。

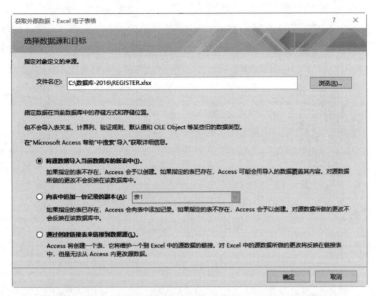

图3-6 "获取外部数据－Excel电子表格"对话框

（3）导入数据表。单击"确定"按钮，打开"导入数据表向导"对话框中，如图3-7所示。选中"显示工作表"单选按钮，选择REGISTER工作表。需注意的是，Access每次只能导入Excel的一个工作表，不能导入整个工作簿。

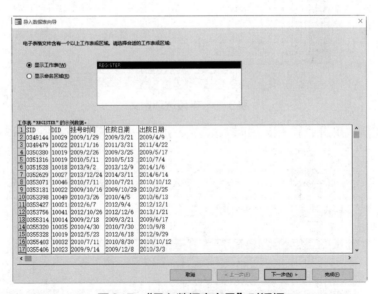

图3-7 "导入数据表向导"对话框

（4）指定数据表标题行。单击"下一步"按钮，在打开的如图3-8所示的"导入数据表向导"对话框中选中"第一行包含列标题"复选框，单击"下一步"按钮。在图3-9中可以定义有关正在导入的每一字段的信息。例如，选择字段SID列，在"字段选项"区域的"字段名称"框内输入新的字段名ST_ID。

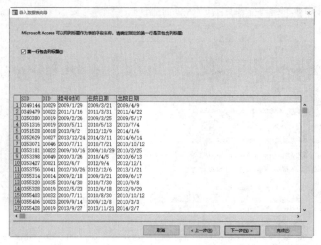

图3-8　列标题定义

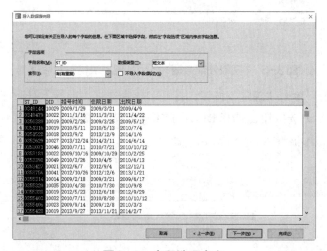

图3-9　字段选项定义

（5）设置主键。单击"下一步"按钮，选中"不要主键"单选按钮，如图3-10所示。

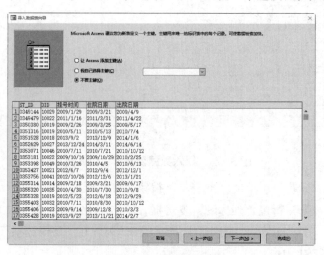

图3-10　定义主键

（6）导入到数据表。单击"下一步"按钮，在"导入到表"文本框中输入表名Excel-REG-ISTER，如图3-11所示。单击"完成"按钮，在打开的对话框中（参考图3-4），选择"保存导入步骤"复选框，单击"保存导入"按钮。

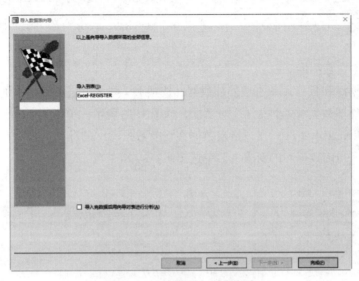

图3-11　确定导入到表名称

（7）保存新表。将REGISTER.xlsx电子表格导入Access，并保存为Excel- REGISTER表，结果如图3-12所示。

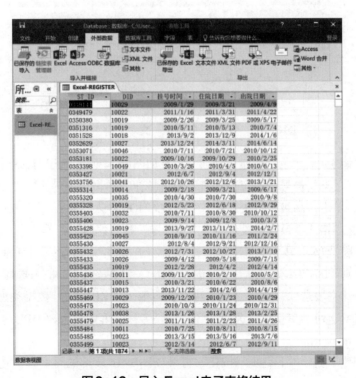

图3-12　导入Excel电子表格结果

3.2.3　导入TXT文本数据

TXT文本文件常被用来保存科研程序的中间及最终计算结果，但对TXT文本文件中的数据进行再处理时非常不方便。将TXT文本文件导入Access数据库，可以实现其数据的快捷方便处理。

任务　3-3　将SELECTION.txt文本文件导入Access，并将其保存为Txt-SELECTION表。

操作步骤：

（1）新建一空白数据库。

（2）选择数据源和目标。单击"外部数据"选项卡"导入并链接"组中的"文本文件"按钮，打开"获取外部数据–文本文件"对话框，如图3–13所示。单击"浏览"按钮，选择拟导入的SELECTION.txt文本文件，在"指定数据在当前数据库中的存储方式和存储位置"处，选中"将源数据导入当前数据库的新表中"单选按钮。

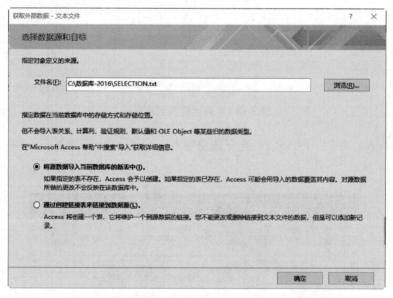

图3–13　"获取外部数据–文本文件"对话框

（3）设置文本格式。单击"确定"按钮，打开如图3–14（a）所示对话框，选中"带分隔符–用逗号或制表符之类的符号分割每个字段"单选按钮，单击"下一步"按钮，打开如图3–14（b）所示对话框，单击"高级"按钮，打开"SELECTION导入规格"对话框，如图3–14（c）所示。可在此修改文本格式、设置字段名，单击"确定"按钮返回图3–14（b）所示对话框。

（4）设置字段选项。单击"下一步"按钮，打开如图3–15所示对话框，选择"字段1"列，在"字段选项"区"字段名称"框内输入"ID"，"数据类型"框内选择"短文本"；选择"字段2"列，在"字段选项"区"字段名称"框内输入"KCID"，"数据类型"框内选择"整型"；选择"字段3"列，在"字段选项"区"字段名称"框内输入SCORE，"数据类型"框内选择"单精度型"。

（5）设置主键。单击"下一步"按钮，打开如图3–16所示的对话框，选中"让Access添加主键"单选按钮。

(a)

(b)

(c)

图 3-14 导入文本向导设置文本格式

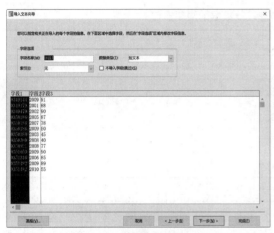

图 3-15 指定字段信息

图 3-16 定义主键

（6）保存导入表。单击"下一步"按钮，打开如图 3-17 所示对话框，在"输入到表"文本框内输入 Txt-SELECTION，单击"完成"按钮。参考图 3-4 所示，不选中"保存导入步骤"复选框，完成导入，结果如图 3-18 所示。

图 3-17 确定导入到表名称

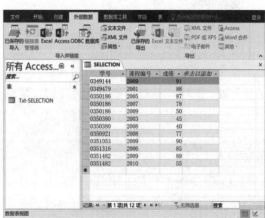

图 3-18 导入 Txt 文本文件结果

3.2.4 利用链接表导入数据及编辑

Access数据库使用外部数据时，除了可以直接导入数据，还可以链接到要访问的数据。而且，直接导入数据文件和利用链接表导入数据文件时，在"所有Access对象"导航窗格中的标识不同（见图3-19），链接表前面的箭头标识表示此表为链接导入数据文件。当链接的数据库内容比较大时，通过链接的方式可以较好地解决存储空间的问题。利用链接表导入数据文件和直接导入数据文件的区别主要包括：

图3-19 导航窗格标识

（1）链接到Access的外部文件管理仍然是由它们各自的应用程序实现，因此，对于不同类型的链接数据，Access限制了不同的操作，具体如表3-1所示。

表3-1 Access 对不同类型链接数据的限制操作

链接的外部文件	限 制 操 作
Access数据	删除或重命名源表；更改源表字段或数据类型
Excel数据	更改源表数据；工作表中删除或添加行
文本文件	在窗体和报表中使用，更新链接和删除行
HTML文档	修改、删除或添加行
Outlook联系人	可以显示在窗体和报表中，限制添加、删除或更改
ODBC	Access中定义唯一索引时，无限制操作

（2）直接导入Access的数据表和源数据表不发生关系，任何一方数据的变化都不会影响另一方。链接数据表和源数据表的更新是同步的，即链入的数据随着外部数据源数据的变动而实时变动，反之亦然。

任务 3-4 使用链接表方式导入"医学信息"数据库的DOCTOR表和文本文件SELECTION.txt。

任务3-4

操作步骤：

（1）新建一空数据库。

（2）链接到Access数据库的DOCTOR表。其方法与直接导入数据类似，可参考任务3-1的相关操作，不同的是在选择数据源和目标时，在"指定数据在当前数据库中的存储方式和存储位置"处，选中"通过链接表来链接到数据源"单选按钮，如图3-20所示。完成导入后，双击"所有Access对象"导航窗格中带箭头标识的DOCTOR表图标，结果如图3-21所示。而且，当此操作完成后，"外部数据"选项卡"导入并链接"组中的"链接表管理器"按钮开始处于可用状态。

（3）链接到文本文件SELECTION.txt。其方法与直接导入数据类似，可参考任务3-3的相关操作，不同的是在选择数据源和目标时，选中"通过链接表来链接到数据源"单选按钮。完成导入后，双击"所有Access对象"导航窗格中带箭头标识的SELECTION表按钮 SELECTION，结果如图3-22所示。

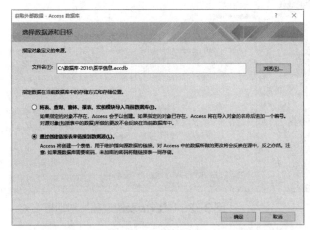

图3-20　利用链接表获取Access外部数据表

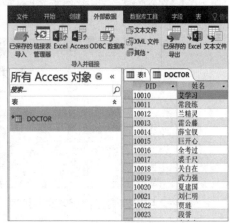

图3-21　链接表导入DOCTOR表

"所有Access对象"导航窗格中"DOCTOR表"和"SELECTION表"前面的箭头标识表示此表为链接导入数据。当鼠标指针悬停在链接表上时，显示该链接表对应的源数据的实际存储位置，如图3-23所示。

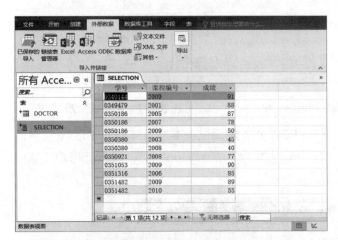

图3-22　链接表导入文本文件SELECTION.txt

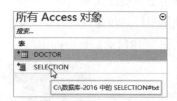

图3-23　显示存储位置的链接表导航窗格

（4）更新源数据表信息。在Access中关闭链接表DOCTOR；打开"医学信息"数据库中的DOCTOR表，将DID为10011的医生的特点从"尽责"改为"尽职尽责"。此时链接表DOCTOR如图3-24所示，矩形标识部分为修改的医生信息。

（5）更新源数据表存储位置。将源数据表所在数据库文件"医学信息.accdb"移动到"C:\数据库2016"文件夹下。单击"外部数据"选项卡"导入并链接"组中"链接表管理器"按钮，打开"链接表管理器"对话框，如图3-25所示。选中DOCTOR表后单击"确定"按钮，打开"选择DOCTOR的新位置"对话框，如图3-26所示。选择了数据库的新位置后单击"打开"按钮，系统自动更新链接表的信息，并给出相关提示，如图3-27所示。

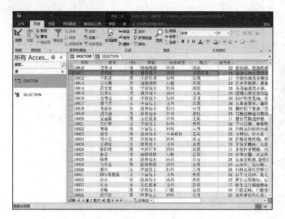

图3-24　更新链接数据表文件结果

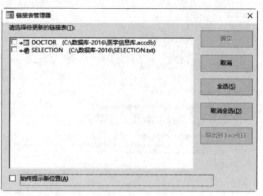

图3-25　"链接表管理器"对话框

图3-26　"选择DOCTOR的新位置"对话框

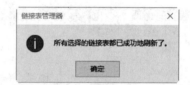

图3-27　链接表更新

（6）更新链接文本文件。关闭链接表SELECTION，使用记事本打开SELECTION.txt文本文件，在第三行之前插入内容0349479、2002、90，并保存。在Access中打开链接表SELECTION，结果如图3-28所示，椭圆标识部分为插入内容。

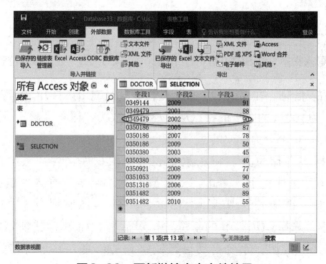

图3-28　更新链接文本文件结果

▌3.3　外部数据的导出

数据的导出是将现有的数据用另外的数据形式存储，Access 2016 可导出的外部数据的类型与可导入的文件类型几乎相同，具体如图 3-29 所示。外部数据的导出在"外部数据"选项卡"导出"组中实现。导出的结果数据和原来的 Access 数据没有直接关系，对结果数据的修改不会影响原 Access 数据。

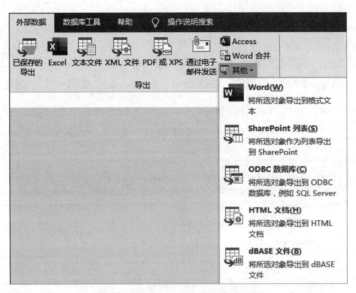

图 3-29　导出外部数据类型

3.3.1　导出到其他 Access 数据库

Access 提供了将数据库中的表导出到其他 Access 数据库文件的功能，方便 Access 数据库之间的数据信息交换。

任务 3-5　将"医学信息"数据库中的 SELECTION 表同名导出到"学生信息 – SELECTION"数据库。

操作步骤：

（1）新建一空白数据库。

（2）选择导出的目标数据库。打开"医学信息"数据库中的 SELECTION 表。单击"外部数据"选项卡"导出"组中 Access 按钮，打开"导出 – Access 数据库"对话框。单击"浏览"按钮，选择导出的目标数据库"学生信息 – SELECTION.accdb"，单击"确定"按钮，如图 3-30所示。

（3）指定导出的目标表。在打开的如图 3-31 所示对话框中，输入目标表的名称 SELEC-TION，在"导出表"区域选中"定义和数据"单选按钮（如果选中"仅定义"单选按钮，导出的表将不包含数据记录，只导出表结构），单击"确定"按钮。

图3-30 "导出-Access数据库"对话框

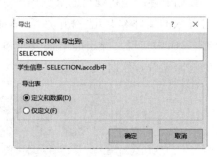

图3-31 "导出"对话框

（4）保存导出步骤。在打开的对话框中选中"保存导出步骤"复选框，在"另存为"文本框内输入"学生信息-SELECTION"，单击"保存导出"按钮，如图3-32所示。

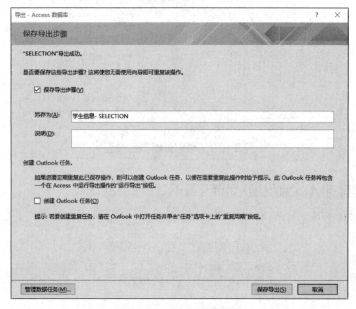

图3-32 保存导出步骤

3.3.2 导出到Excel电子表格

鉴于Excel电子表格强大的数据处理功能，Access除了可以导入Excel电子表格数据外，其中的数据表、查询、窗体等也都可以直接导出成Excel电子表格。

任务 3-6 将"医学信息"数据库中的PHYS_EXAM表导出到名为"学生信息-PHYS_EXAM.xlsx"的电子表格文件。

操作步骤：

（1）新建Excel文件。在Excel中新建一个"学生信息-PHYS_EXAM.xlsx"电子表格文件并关闭。

（2）导出到 Excel 文件。打开"医学信息"数据库中的 PHYS_EXAM 表。单击"外部数据"选项卡"导出"组中"Excel"按钮，打开"导出–Excel 电子表格"对话框。单击"浏览"按钮，选择导出的目标电子表格文件"学生信息–PHYS_EXAM.xlsx"。在"指定导出选项"区域，选中"导出数据时包含格式和布局"和"完成导出操作后打开目标文件"复选框，单击"确定"按钮，如图 3-33 所示。

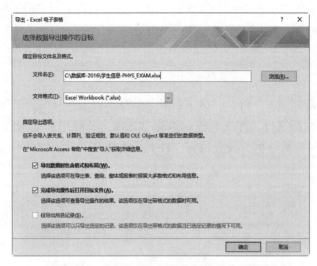

图3-33　"导出-Excel电子表格"对话框

完成导出后，自动打开"学生信息–PHYS_EXAM.xlsx"电子表格文件，结果如图 3-34 所示。

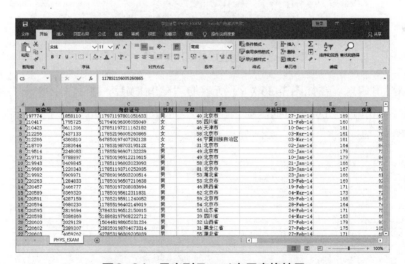

图3-34　导出到Excel电子表格结果

（3）保存导出步骤。在打开的对话框中选择"保存导出步骤"复选框，将导出步骤保存为"学生信息–PHYS_EXAM"，单击"保存导出"按钮。

3.3.3　导出到 HTML 文档或 XML 文件

HTML（Hyper text Markup Language，超文本标记语言）是 WWW 的描述语言，HTML 文档

可用来显示数据。XML（Extensible Markup Language，可扩展标记语言）是用来定义其他语言的一种元语言。XML文件可用来描述数据和存放数据。XML能在不同平台、不同语言、不同数据源、不同操作系统等之间传输信息，具有安全、灵活等特点。而且，Access会在生成XML文件时选择生成架构文件，以便于其他应用程序能够更详细地了解复杂的XML文件。

操作时，导出到XML文件的命令按钮在"外部数据"选项卡的"导出"组中，导出到HTML文档的命令按钮在"外部数据"选项卡"导出"组"其他"按钮的下拉列表中。

任务 3-7 将"医学信息"数据库中的USER表导出到"学生信息–USER. XML"文件中。

操作步骤：

（1）选择要导出的数据表。打开"医学信息"数据库，选择导航窗格中的USER表。

（2）指定导出的目标文件。单击"外部数据"选项卡"导出"组中的"XML文件"按钮，打开"导出–XML文件"对话框，设置目标文件夹及文件名"学生信息–USER.xml"，单击"确定"按钮，如图3-35所示。

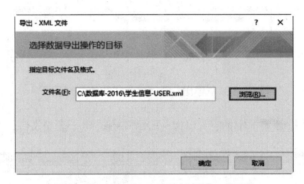

图3-35 "导出–XML文件"对话框

（3）选择导出信息。在如图3-36（a）所示的"导出XML"对话框中单击"其他选项"按钮，打开如图3-36（b）所示对话框。在"构架"选项卡[见图3-36（c）]中，指定导出独立的架构文档"学生信息–USER.xsd"，关闭导出对话框。

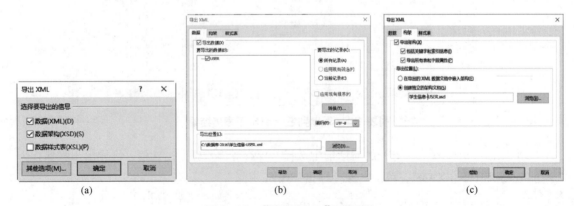

| (a) | (b) | (c) |

图3-36 "导出XML"对话框

在IE浏览器中打开XML文件"学生信息–USER.xml"，结果如图3–37所示。在记事本中打开架构文档"学生信息–USER.xsd"如图3–38所示。

图3–37 导出的XML文件

图3–38 导出的XML文件架构文档

3.3.4 按照已保存的步骤导出数据

当Access成功导出了其他数据库文件、文本文件、Excel电子表格数据和XML等文件时，可以保存导出步骤，参见任务3–5和任务3–6。使用已经保存的导出步骤，用户在不提供任何额外信息的条件下，能够随时重复完成之前的导出任务。此外，还可以改变导出步骤中的源文件和目标文件，将保存的导出步骤应用于不同的源文件和目标文件。

任务 3-8 将"医学信息"数据库中的STUDENT表导出到名为"学生信息–STUDENT.xlsx"的电子文档。应用保存的导出步骤，修改Excel文件

任务3–8

的保存位置及文件名（学生医院信息–STUDENT.xlsx）后再次导出。

操作步骤：

（1）新建 Excel 文件。新建一个"学生信息–STUDENT.xlsx"电子表格文件并保存。

（2）导出到"学生信息–STUDENT.xlsx"电子表格文件。打开"医学信息"数据库中的 STUDENT 表，参考任务 3–6 将其导出到"C:\数据库–2016\学生信息–STUDENT.xlsx"文件，并保存导出步骤。

（3）按照保存的步骤导出。在"外部数据"选项卡"导出"组中，单击"已保存的导出"按钮，打开"管理数据任务"对话框，选择"已保存的导出"选项卡，如图 3–39 所示。

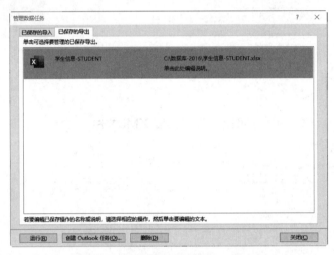

图 3–39　"管理数据任务"对话框

（4）修改目标文件的保存位置及文件名。在 C 盘新建文件夹"数据库–2016"后，在"管理数据任务"对话框中双击目标文件"C:\数据库–2016\学生信息–STUDENT.xlsx"，将其修改为"C:\数据库–2016\学生医院信息–STUDENT.xlsx"，单击"运行"按钮完成导出。

3.3.5　发布到 PDF 或 XPS 文件

PDF 和 XPS 格式的文件具有不易更改、不可编辑的特点。需要共享数据但不希望其被更改和编辑时可将 Access 表导出到 PDF 或 XPS 文档文件。

任务 3-9　将"医学信息"数据库的 SCORE 表中部分数据导出到"学生信息–SCORE.XPS"文档中。

操作步骤：

（1）选择导出数据库。打开"医学信息"数据库，选择导航窗格中的 SCORE 表。单击"外部数据"选项卡"导出"组中的"PDF 或 XPS"按钮，打开"发布为 PDF 或 XPS"对话框，如图 3–40 所示。

（2）XPS 文档选项设置。选择保存位置，设置保存文件名为"学生信息–SCORE"；从"保存类型"下拉列表中选择"XPS 文档"；单击"选项"按钮，打开"选项"对话框，在"范围"区域选择"页"，从"2"到"3"，如图 3–41 所示。

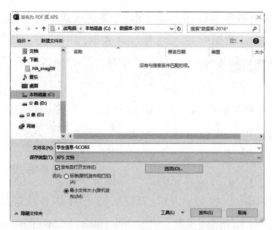

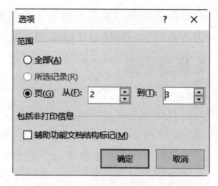

图3-40　"发布为PDF或XPS"对话框　　　　**图3-41　设置XPS文档选项**

（3）发布到XPS文档。单击"确定"按钮，返回如图3-42所示对话框。单击"发布"按钮完成。生成的XPS如图3-42所示。

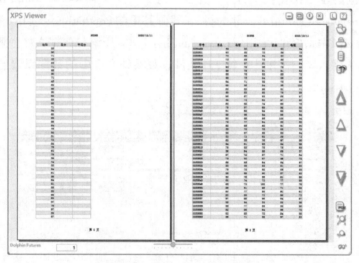

图3-42　发布到XPS文档结果

3.4　医学数据与Access数据库

随着社会的进步和信息技术的发展，各行各业均产生了规模巨大、形式多样的数据信息，同样，医学研究也产生了越来越多极具研究价值的数据。目前，医学数据在提高临床操作、促进医学研究积极发展、提高公共卫生监测和反应速度等方面均起到了积极有效的作用。其中，医学数据中有些数据库是公开的，涉及疾病数据、药物数据、基因数据、流行病调查数据、临床诊疗数据以及生物医学文献等。在方便研究人员使用这些公开数据库的同时，对数据的有效存储、整合、管理、分析等也是一项复杂的工作，Access数据库的使用为其提供了强有力的支持。

网上大部分公开数据库中的数据通常以TXT文件、Excel电子表格、CSV文件（一种用逗号分隔的纯文本文件，可使用Excel文本编辑器如记事本等打开）和XML文件的形式保存。因此，可以使用外部数据的导入方法将从网上下载的公开数据库导入到Access数据库中使用。另外，有些数据在使用时，需要的格式不符合要求或者只需要使用其中一部分符合某种格式要求的数据，可以使用导入和导出功能实现。

任务 3-10 在世界卫生组织网站下载世界Population and live births 数据，将其导入名称为Database-P.accdb的数据库，并将编号为"1430"的数据导出到名为PartC.xlsx的电子表格文件。

世界卫生组织（World Health Organization，WHO）网站提供的公开数据主要包括健康数据技术包、世界卫生调查、世界各国死亡数据、人口信息统计、卫生服务数据和健康信息系统等。同时，还提供了各种数据分类标准，如国际疾病分类（International Classification of Diseases，ICD）、国际健康干预分类（International Classification of Health Interventions，ICHI）和国际功能、残疾和健康分类（International Classification of Functioning，Disability and Health，ICF）。

操作步骤：

（1）下载数据。在IE浏览器中打开世界卫生组织死亡数据库网站（https://www.who.int/data/data-collection-tools/who-mortality-database），找到其中的Population and live births数据，如图3-43所示。单击 .zip图标按钮下载Population and live births压缩包数据文件。解压缩该文件，得到纯文本格式的文件pop。使用记事本打开文件，观察到文件中的数据以逗号分隔。将其另存为Population and live births.txt。

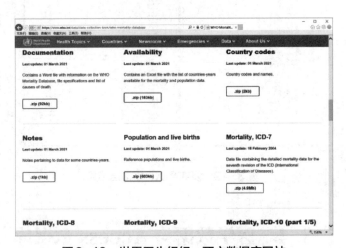

图3-43　世界卫生组织—死亡数据库网站

（2）新建数据库。选择"文件"|"新建"命令，在"新建"区域单击"空白数据库"图标，打开"空白数据库"对话框，指定新建数据库"文件名"为Database-P，单击"创建"按钮。

（3）导入文本文件。参考任务3-3，导入文本文件Population and live births.txt。在出现类似图3-14（a）所示对话框时选择"带分隔符-用逗号或制表符之类的符号分割每个字段"，在类似图3-14（b）所示对话框中选中"第一行包含字段名称"复选框，在类似图3-16所示对话框中选中"不要主键"单选按钮，最后导入的数据表如图3-44　所示。

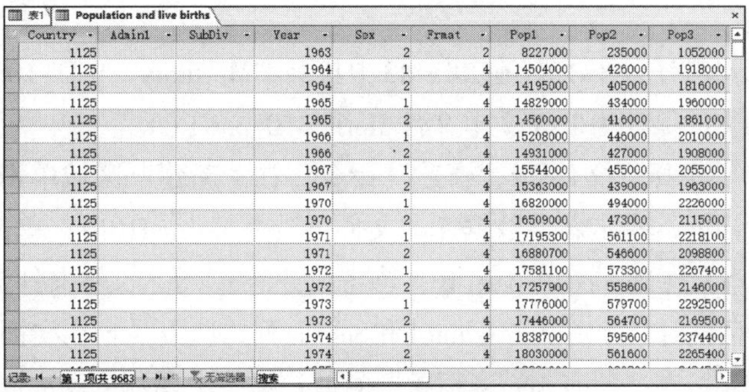

图 3-44　导入到数据库结果

（4）筛选特定记录。在图 3-44 中单击字段 Country 右侧的筛选按钮，弹出下拉列表，在筛选列表区域选择 1430，单击"确定"按钮，结果如图 3-45 所示。

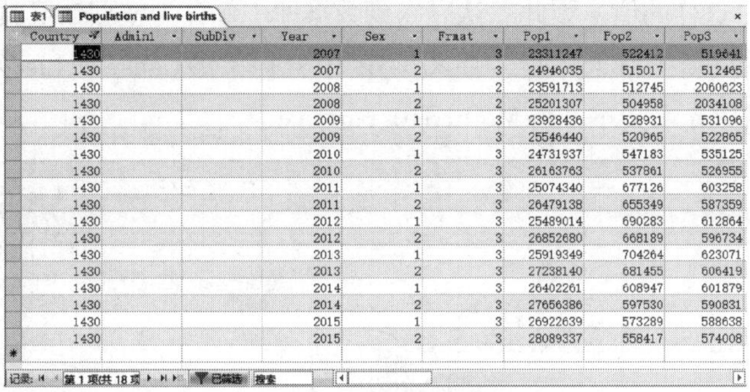

图 3-45　国家筛选

（5）导出到 Excel 电子表格。选中筛选出来的记录，参考任务 3-6，将数据导出到名为 PartC.xlsx 的电子表格文件。在出现类似图 3-33 所示对话框时，选中"仅导出所选记录"复选框，结果如图 3-46 所示。

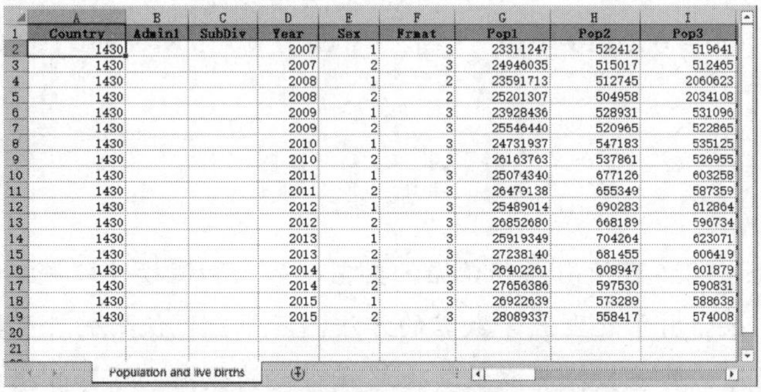

图 3-46　导出到电子表格文件结果

任务 3-11　在世界卫生组织网站下载"Mortality，ICD-10（part 1/5）"数据，将其导入到名为 Morticd10-1 的数据库中，且不导入字段 Admin1 和 SubDiv。

国际疾病分类（International Classification of Diseases，ICD）是世界卫生组织制定的国际统一的疾病分类方法，其根据疾病的病因、部位、病理和临床表现，将疾病进行分类编码，目前应用的是第 10 次修订版（ICD-10）。

任务 3-11

操作步骤：

（1）下载数据。参考任务3-10，在图3-43中找到"Mortality，ICD-10（part 1/5）"数据并下载，将最后得到的文件保存为TXT文本文件Morticd10_part1.txt。

（2）新建数据库。选择"文件"|"新建"命令，在"新建"区域单击"空白数据库"，打开"空白数据库"对话框，指定新建数据库"文件名"为Morticd10-1，单击"创建"按钮。

（3）初步导入文本文件Morticd10_part1.txt。参考任务3-3，导入文本文件Morticd10_part1.txt。在出现如图3-47所示对话框时，分别单击Admin1和SubDiv列并选中"不导入字段（跳过）"复选框。

（4）查看导入错误。在"所有Access对象"导航窗格中出现两个表Morticd10_part1和"Morticd10_part1_导入错误"，说明导入过程中产生错误。双击打开表"Morticd10_part1_导入错误"，如图3-48所示。共有8 333个字段导入出现错误，从单击"字段"右侧下拉按钮弹出的下拉列表中可以看出导入字段Cause和List时出现"类型转换失败"的错误。查看原始文件List和Cause列，发现包含有M10、A00这样的值，因此默认导入到数据库中保存为整型数值就会发生错误。

（5）重新导入。重新执行上一步，在图3-49中分别单击Cause和List列，将数据类型改为"短文本"。最后可成功导入文本文件Morticd10_part1.txt。

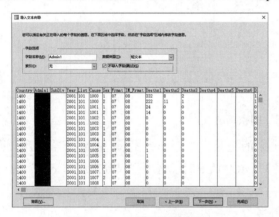

图3-47 不导入指定字段

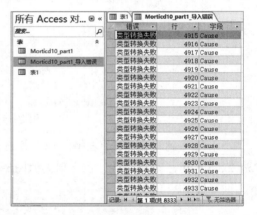

图3-48 "Morticd10_part1_导入错误"表

▌小　结

本章介绍了Access 2016可使用外部数据的类型、导入和链接外部数据的方法、导出到其他格式文件的方法及Access用于处理医学数据的方法。其中，可使用的外部数据类型包括存储在另一个Access的数据库、其他数据库以及其他格式存储的数据。外部数据的导入和导出功能在"外部数据"选项卡中实现，"导入并链接"均可实现外部数据导入到Access 2016，但导入功能是将源数据复制到了目标对象，导入的数据与源数据没有任何关系；而链接却只是将源数据与目标对象建立了引用关系，则源数据的变化会直接反映到目标对象。导出功能正好实现了和导入相反的操作。医学数据的公开方便了临床医生的使用，而医生要使用符合其使用格式的数据，同样需要Access的参与。因此，通过本章的学习，应掌握Access与其他类型数据的共享与交互方法，并可将其应用到实际工作中。

第4章

数据库查询与 SQL 操作

【本章内容】

本章对 Access 查询功能进行了阐述，从查询向导、查询设计、SQL 查询三方面对查询操作的基本方法进行了全面介绍。

【学习要点】

- 查询的基本概念。
- 查询向导的使用。
- 查询设计的使用。
- SQL 查询的编写。
- 查询常用函数的使用。
- 利用查询解决复杂问题。

▎4.1　查　询　概　述

Access 查询可以是关于单个表中的数据查询，也可以是关于存储在多个表中的较复杂的信息查询。查询的数据源可以是数据表或其他查询，查询的结果也可以作为数据库中其他对象的数据源。

查询是 Access 数据库的六大对象之一，查询的运用可使数据快捷地从数据表中提取出来，并以数据表的形式显示。可以认为查询是一个或多个表的缩影，它的结果具有表的特征，可以完成一定的表的功能，并随时可将查询结果转换成为一个真正的数据表。

4.1.1　查询的用途

查询实际是一种筛选，这种筛选的条件、筛选的数据源相对固定，可以说查询就是将筛选的条件与过程进行固化，建立一个条件查询后，这个查询可以反复应用。查询所生成的结果将以类似于表的形式单独存储起来，便于查看和管理。这是数据库管理系统与电子表格软件最显著的不同点。Access提供的查询主要有如下功能：

（1）查看、搜索和分析数据。

（2）追加、更改和删除数据。

（3）实现记录的筛选、排序汇总和计算。

（4）作为报表、窗体和数据页的数据源。

（5）将一个和多个表中获取的数据实现连接。

4.1.2　查询的种类

Access中，根据对数据源操作方式的不同，可以把查询分为三种：查询向导、查询设计、SQL查询；根据操作结果不同，可以将查询分为选择查询和操作查询。

1. 查询向导

查询向导提供了方便简单的用户界面，可进行常用的四种查询：简单查询、交叉表查询、重复项查询、不匹配项查询。向导查询方式不要求书写代码。

2. 查询设计

设计视图提供了一个空白查询，可根据用户查询需求进行设计。设计查询包括选择查询、追加查询、更新查询、交叉查询、删除等一系列功能。设计查询方式需要编写部分查询代码。

3. SQL查询

可以完成上述两种查询的全部功能，向导查询和设计查询是系统根据用户查询要求，自动给出SQL代码完成查询。SQL查询更加灵活，能够实现动态查询，可以完成向导查询和设计查询不能完成的复杂查询，便于在窗体和VBA程序中运用。

4. 选择查询

选择查询是最常用也是最基本的查询。它根据指定的查询条件，从一个或多个表中获取数据并显示结果。还可以使用选择查询对记录进行分组，并且对记录做总计、计数、平均值以及其他类型的统计计算。

（1）简单选择查询：是最常见的查询方式，即从一个或多个数据表中按照指定的条件进行查询，并在类似数据表视图的表结构中显示结果集。

（2）统计查询：是一种特殊查询。它可以对查询的结果进行各种统计，包括总计、平均、求最大值和最小值等，并在结果集中显示。

（3）重复项查询：可以在数据库的数据表中查找具有相同字段信息的重复记录。

（4）不匹配项查询：可以在数据库的数据表中查找与指定条件不相符的记录。

5. 操作查询

操作查询是在一个操作中更改或移动一组记录的查询。操作查询共有四种类型：生成表、追加、更新与删除。

（1）生成表查询：利用一个或多个表中的全部或部分数据创建新表。例如，在教学管理中，生成表查询用来生成不及格学生表。

（2）追加查询：可将一个或多个表中的一组记录追加到一个或多个表的末尾。

（3）更新查询：可对一个或多个表中的一组记录进行全面更改。

（4）删除查询：可以从一个或多个表中删除一组记录。

4.2 查询向导

Access 2016提供了四种查询向导，分别是简单查询向导、交叉表查询向导、查找重复项查询向导、查找不匹配项查询向导，该功能提供了初级用户通过界面向导的方式，无须输入任何代码就可完成基本的查询需求。

4.2.1 创建简单查询

任务 4-1 查询"医学信息"数据库中学生的基本信息，查询结果包括学生的学号、身份证号、姓名。

操作步骤：

（1）打开"医学信息"数据库，打开包含学生信息的STUDENT表。

（2）选择查询向导。在"创建"选项卡"查询"组中单击"查询向导"按钮，打开"新建查询"对话框，如图4-1所示，选择"简单查询向导"，单击"确定"按钮。

（3）定义查询字段。在"简单查询向导"对话框中确认"表/查询"列表框中选择的是"表：STUDENT"，在"可用字段"列表框中双击选择"学号""身份证号""姓名"，作为"选定字段"，单击"下一步"按钮，如图4-2所示。

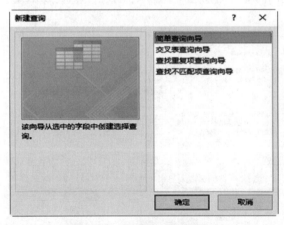

图4-1 选择简单查询向导   图4-2 选定字段

（4）为查询指定标题。在查询名称文本框中输入"任务1"作为标题，其他按默认设置，如图4-3所示。单击"完成"按钮，保存为"任务1"。

（5）查看SQL语句。右击"任务1"标签，在弹出的快捷菜单中选择"SQL视图"命令，切换到SQL视图，观察代码，如图4-4所示。

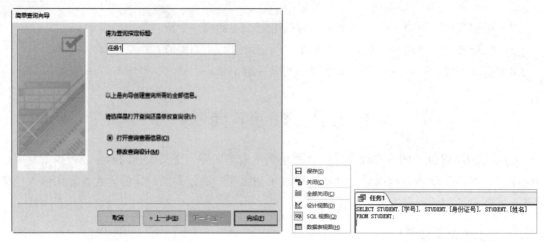

图4-3 指定查询标题 　　　　　图4-4 切换到SQL视图查看SQL语句

4.2.2 创建交叉表查询

任务 **4-2** 使用交叉表查询向导对"医学信息"数据库中的PHYS_EXAM表创建交叉表查询，显示不同籍贯学生的男女分布。

操作步骤：

（1）选择查询向导。在"医学信息"数据库中，单击"创建"选项卡"查询"组中"查询向导"，打开"新建查询"对话框，选择"交叉表查询向导"，单击"确定"按钮，如图4-5所示。

（2）启动交叉表查询向导。在"交叉表查询向导"对话框中，选择"表：PHYS_EXAM"，单击"下一步"按钮，如图4-6所示。

图4-5 选择交叉表查询向导

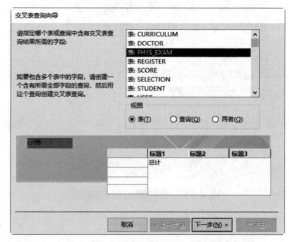

图4-6 "交叉表查询向导"对话框

（3）设置行标题。打开如图4-7所示对话框，选择"籍贯"作为行标题，单击 > 按钮将所选字段移到"选定字段"列表框中，单击"下一步"按钮。

（4）设置列标题。打开如图4-8所示对话框，选择"性别"作为列标题，单击"下一步"按钮。

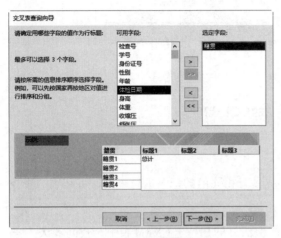

图4-7 设置行标题字段

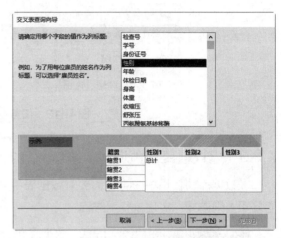

图4-8 设置列标题字段

（5）计算行列交叉点值。打开如图4-9所示对话框，对"计数(学号)"进行交叉统计，并根据实际情况决定是否为每一行做小计，单击"下一步"按钮。

（6）输出结果并保存。如图4-10所示，保存该查询名称为"任务2"，选中"查看查询"单选按钮，单击"完成"按钮，不同籍贯学生的男女分布交叉表查询结果如图4-11所示。

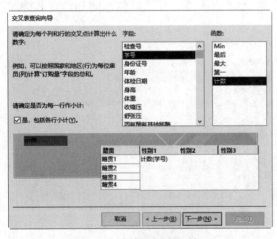

图4-9 计算行列交叉值

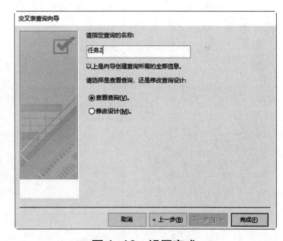

图4-10 设置完成

籍贯	总计 学号	男	女
安徽省	72	39	33
北京市	5679	3281	2398
福建省	7	7	
甘肃省	59	44	15
广东省	9	3	6
广西壮族自治	2	2	
贵州省	11	3	8

图4-11 任务4-2交叉表查询结果

（7）查看SQL代码。切换到SQL视图，如图4-12所示。

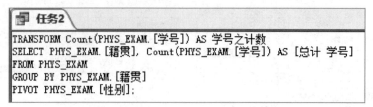

```
任务2
TRANSFORM Count(PHYS_EXAM.[学号]) AS 学号之计数
SELECT PHYS_EXAM.[籍贯], Count(PHYS_EXAM.[学号]) AS [总计 学号]
FROM PHYS_EXAM
GROUP BY PHYS_EXAM.[籍贯]
PIVOT PHYS_EXAM.[性别];
```

图4-12　任务4-2的SQL代码

4.2.3　查找重复项查询

在数据库的使用中，可能需要对数据表中某些具有相同值的记录进行查询，可利用"查找重复项查询向导"实现重复项查询。

任务 4-3 在"医学信息"数据库包含体检信息的PHYS_EXAM表中，查询多次（一次以上）体检的学生学号。

操作步骤：

（1）在"医学信息"数据库中选择查询向导。单击"创建"选项卡"查询"组中的"查询向导"按钮，打开"新建查询"对话框，在对话框中选择"查找重复项查询向导"，单击"确定"按钮，如图4-13所示。

（2）选择表。打开"查找重复项查询向导"对话框，选择含有体检信息的PHYS_EXAM表，单击"下一步"按钮，如图4-14所示。

图4-13　选择查找重复项查询向导　　　　图4-14　选择表

（3）选取查询的重复字段。打开如图4-15所示对话框，选取查找重复值的字段"学号"，单击 ＞ 按钮将所选字段移到"重复值字段"列表框中，单击"下一步"按钮。

（4）选取查询结果的其他显示字段。选择所有可用字段作为另外的查询字段，单击"下一步"按钮，如图4-16所示。

图4-15　确定可能包含重复信息的字段	图4-16　选择其他显示字段

（5）保存查询。指定查询名称为"任务3"，如图4-17所示。单击"完成"按钮，重复项查询结果如图4-18所示。

学号	检查号	身份证号	性别	年龄	籍贯	体检日期
0349479	371197	117851193703062XXX	女	81	北京市	2017/12/21
0349479	314959	117851193703062XXX	女	81	北京市	2016/7/10
0350186	368884	117849198212111XXX	女	36	北京市	2017/11/23
0350186	328367	117849198212111XXX	女	36	北京市	2016/12/14
0350380	319330	117851198212142XXX	女	36	北京市	2016/8/31
0350380	358913	117851198212142XXX	女	36	北京市	2017/8/25
0351053	347270	117851199007121XXX	女	28	北京市	2017/6/20
0351053	246409	117851199007121XXX	女	28	北京市	2014/8/31
0351482	314834	117851195801030XXX	女	60	北京市	2016/7/7
0351482	371073	117851195801030XXX	女	60	北京市	2017/12/19
0352629	293443	117853195308313XXX	女	65	北京市	2016/2/14
0352629	332083	117853195308313XXX	女	65	北京市	2017/2/3
0352632	292657	117851195908090XXX	男	59	北京市	2016/2/3
0352632	330267	117851195908090XXX	男	59	北京市	2017/2/3
0353181	293343	117852196106061XXX	女	57	北京市	2016/2/14

图4-17　指定查询名称	图4-18　重复项查询结果

（6）查看SQL代码。切换到SQL视图，如图4-19所示。

```
任务3
SELECT PHYS_EXAM.[学号], PHYS_EXAM.[检查号], PHYS_EXAM.[身份证号], PHYS_EXAM.[性别], PHYS_EXAM.[年龄], PHYS_EXAM.[籍贯], PHYS_EXAM.[体检日期], PHYS_EXAM.[身高],
PHYS_EXAM.[体重], PHYS_EXAM.[收缩压], PHYS_EXAM.[舒张压], PHYS_EXAM.[丙氨酸氨基转移酶], PHYS_EXAM.[天冬氨酸氨基转移酶], PHYS_EXAM.[葡萄糖],
PHYS_EXAM.[甘油三酯], PHYS_EXAM.[总胆固醇], PHYS_EXAM.[低密度脂蛋白], PHYS_EXAM.[高密度脂蛋白], PHYS_EXAM.[糖化血红蛋白], PHYS_EXAM.[腹部B超小结], PHYS_EXAM.[体检小结]
FROM PHYS_EXAM
WHERE (((PHYS_EXAM.[学号]) In (SELECT [学号] FROM [PHYS_EXAM] As Tmp GROUP BY [学号] HAVING Count(*)>1 )))
ORDER BY PHYS_EXAM.[学号];
```

图4-19　任务4-3的SQL代码

4.2.4　查找不匹配项查询

在数据库的使用中，查找不匹配项查询可以发现两个表中的不匹配记录，可利用"查找不匹配项查询向导"实现不匹配项查询。

任务 4-4　在"医学信息"数据库中，查询没有选修课的学生，使用包含选课信息的SELECTION表和包含学生信息的STUDENT表的不匹配查询完成。

操作步骤：

（1）在"医学信息"数据库中选择查询向导。在"创建"选项卡的"查询"组中，单击

"查询向导"按钮，在"新建查询"对话框中选择"查找不匹配项查询向导"，单击"确定"按钮，如图4-20所示。

（2）选择主表。学生信息是要最后输出的内容，因此选择包含学生信息的STUDENT表作为主表，单击"下一步"按钮，如图4-21所示。不包含查询信息是指此表中不包含查询条件所限定的字段，但表中包含查询结果中需要输出的信息。

图4-20　选择查找不匹配查询向导

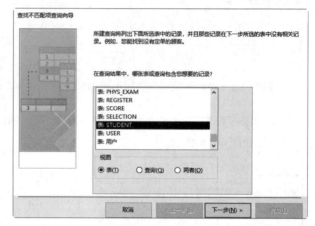

图4-21　指定查询主表

（3）选择参照表。参考表指包含了限定查询条件字段的表，选择SELECTION表作为参照表，单击"下一步"按钮，如图4-22所示。

（4）设置表间的匹配字段。从表STUDENT中选择"学号"字段，并从SELETION表中选择"学号"字段作为匹配字段，选中后单击 <=> 按钮，单击"下一步"按钮，如图4-23所示。

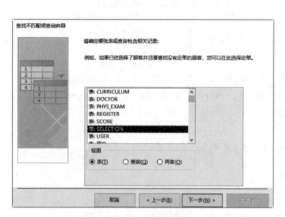

图4-22　选择参照表

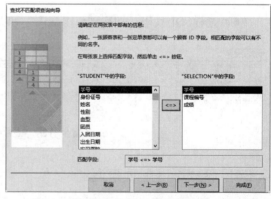

图4-23　选择匹配字段

（5）选择查询结果显示字段。打开如图4-24所示对话框，将学号、身份证号、姓名作为选定字段，单击"下一步"按钮。

（6）指定查询名称。打开如图4-25所示对话框，指定查询的名称"任务4"，选中"查看结果"复选框，单击"完成"按钮。查询结果如图4-26所示。

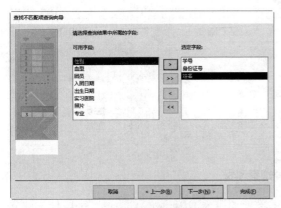

图 4-24　指定查询显示字段

图 4-25　指定查询名称

（7）查看 SQL 代码。切换到 SQL 视图，如图 4-27 所示。

图 4-26　任务 4-4 查询结果

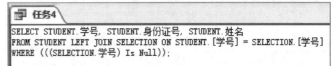

图 4-27　任务 4-4 的 SQL 代码

4.3　查 询 设 计

查询向导所完成的查询是比较简单的查询，当需要设计一定的查询条件时，查询向导就不能满足要求了。可以使用设计视图完成较复杂的查询任务。查询设计包括：选择查询、带有参数的选择查询、生成表查询、追加查询、更新查询、交叉表查询、删除查询。

4.3.1　简单的查询设计

任务 4-5　在"医学信息"数据库中，查询"思品"成绩前 10% 的学生姓名、性别及成绩，并按成绩降序排序。

操作步骤：

（1）在"医学信息"数据库中添加查询表。在"创建"选项卡的"查询"组中单击"查询设计"按钮进入查询的设计视图，打开"显示表"对话框，如图 4-28（a）所示，选择包含学生信息的 STUDENT 表和成绩信息的 SCORE 表，单击"添加"按钮后关闭对话框，设计视图如图 4-28（b）所示。

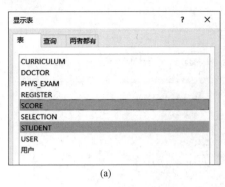

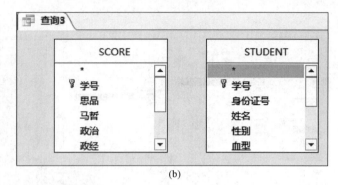

(a)　　　　　　　　　　　　(b)

图4-28　添加查询表

（2）建立关系。将STUDENT表的"学号"字段拖动至SCORE表的"学号"字段处，建立两表之间的关系，如图4-29所示。

（3）查询设置。在"设计"选项卡的"查询设置"组中设置"返回"值为10%，在查询设计网格中设置查询字段分别为"学号""姓名""思品"，"思品"排序选择"降序"，如图4-30所示。

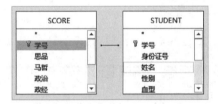

图4-29　建立表间的关系

图4-30　设置查询内容

（4）运行查询。在"设计"选项卡的"结果"组中单击"运行"按钮，并保存为"任务5"。查询结果如图4-31所示。

（5）查看SQL语句。切换到SQL视图，观察代码，如图4-32所示。

图4-31　任务4-5查询结果　　　　　图4-32　任务4-5的SQL代码

4.3.2　条件查询设计

查询条件是指建立在查询中用于标识要检索的特定数据的详细信息，是一种由引用的字段、运算符、表达式和常量组成的字符串。

任务　4-6　对任务4-5增加限制条件，仅查询学号为1开头的学生信息。

操作步骤：

（1）在"医学信息"数据库的"导航窗格"单击选中任务4-5生成的查询"任务5"。

（2）切换到设计视图。右击"任务5"标签，在弹出的快捷菜单中选择"设计视图"命令。

（3）添加约束条件。将设计网格的"学号"字段栏对应的条件中输入"Like "1*""，如图4-33所示。

（4）运行并保存。在"设计"选项卡的"结果"组中单击"运行"按钮，保存查询为"任务6"。

（5）查看SQL语句。切换到SQL视图，观察代码，如图4-34所示。

字段:	学号	姓名	思品
表:	STUDENT	STUDENT	SCORE
排序:			降序
显示:	☑	☑	☑
条件:	Like "1*"		
或:			

图4-33　增加约束条件

任务6

```
SELECT TOP 10 PERCENT STUDENT.学号, STUDENT.姓名, SCORE.思品
FROM SCORE INNER JOIN STUDENT ON SCORE.学号 = STUDENT.学号
WHERE (((STUDENT.学号) Like "1*"))
ORDER BY SCORE.思品 DESC;
```

图4-34　任务4-6的SQL代码

4.3.3　参数的查询设计

当用户在执行参数查询时，Access 2016会弹出一个输入对话框，以供用户修改查询规则，也可以设计此查询来提示更多的内容。参数查询主要分为两种：单参数查询和多参数查询。

1. 建立单参数查询

在使用数据库时，某个字段可能会反复查询，每次查询还可能会不断变换查询条件，参数查询可以真正实现在查询中更改查询条件，以实时获得需要的结果。

任务　4-7　在"医学信息"数据库中，查询不同性别学生的看病挂号信息。

任务4-7

操作步骤：

（1）在"医学信息"数据库中添加查询表。在"创建"选项卡的"查询"组中单击"查询设计"按钮进入查询的设计视图，打开"显示表"对话框，选择包含学生信息的STUDENT表和挂号信息的REGISTER表，单击"添加"按钮后关闭对话框。

（2）建立关系。通过拖动方式将STUDENT表中学号字段与REGISTER表中的SID字段建立联系。

（3）设置查询条件。在查询网格中"表"和"字段"行分别选择STUDENT表的姓名字段、REGISTER表的全部字段REGISTER.*、STUDENT表的性别字段，并在"性别"列中的"条件"行网格中输入"[输入性别：]"，如图4-35所示。

（4）运行查询。单击"设计"选项卡"结果"组中的"运行"按钮，打开如图4-36所示对话框。在"输入性别"文本框中输入"女"后单击"确定"按钮。

字段:	REGISTER.*	性别	姓名
表:	REGISTER	STUDENT	STUDENT
排序:			
显示:	☑	☑	☑
条件:			
或:		[输入性别:]	

图4-35　设置单参数查询

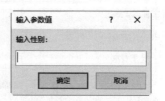

图4-36　"输入参数值"对话框

每次运行参数查询时可进行一次参数值的输入，如要更改查询的参数值，需要再次运行查询。例如，查询性别为"男"的记录，需要再次单击"开始"选项卡"视图"组中的"视图"下拉按钮，选择"设计视图"，再次单击"运行"按钮，输入参数值"男"，单击"确定"按钮，可得到新的查询结果。

（5）保存查询。指定查询名称为"任务7"，观察查询结果。

（6）查看SQL代码。切换到SQL视图，观察代码，如图4-37所示。

图4-37　任务4-7的SQL代码

2. 建立多参数查询

在使用数据库时，多个字段可能会反复查询，每次查询还可能会不断变换查询条件，多参数查询可以真正实现在查询中设置多个查询条件，以实时获得需要的结果。

任务　4-8　在"医学信息"数据库中，指定职称和挂号费区间，查询医生情况。

操作步骤：

（1）在"医学信息"数据库中添加查询表。在"创建"选项卡的"查询"组中单击"查询设计"按钮，添加包含医生信息的DOCTOR表，将拟查询字段依次双击后，添加到查询网格。

（2）设置查询条件。在"挂号费"列中的"条件"行网格中输入"Between [挂号费下限：] And [挂号费上限：]"，在"职称"列的"条件"行网格中输入"[输入职称：]"，如图4-38所示。

字段	DID	姓名	职称	出诊科室	挂号费
表	DOCTOR	DOCTOR	DOCTOR	DOCTOR	DOCTOR
排序					
显示	☑	☑	☑	☑	☑
条件			[输入职称：]		Between [挂号费下限：] And [挂号费上限：
或					

图4-38　设置多参数查询

（3）运行查询。单击"设计"选项卡"结果"组中的"运行"按钮，依次打开如图4-39～图4-41所示对话框，分别输入职称"特需专家"，挂号费下限"10"，挂号费上限"100"。

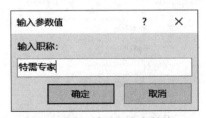

图4-39　输入职称参数值

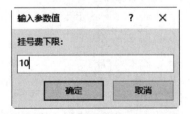

图4-40　输入挂号费下限参数值

（4）查询结果。输入多参数值后，单击"确定"按钮，可得查询结果，如图 4-42 所示，保存"任务 8"。

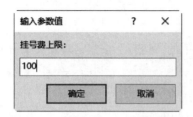

图 4-41　输入挂号费上限参数值

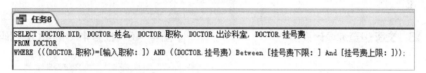

图 4-42　任务 4-8 多参数查询结果

（5）查看 SQL 代码。切换到 SQL 视图，观察代码，如图 4-43 所示。

```
任务8
SELECT DOCTOR.DID, DOCTOR.姓名, DOCTOR.职称, DOCTOR.出诊科室, DOCTOR.挂号费
FROM DOCTOR
WHERE (((DOCTOR.职称)=[输入职称:]) AND ((DOCTOR.挂号费) Between [挂号费下限:] And [挂号费上限:]));
```

图 4-43　任务 4-8 的 SQL 代码

4.3.4　交叉表查询设计

1. 使用查询设计创建交叉表查询

使用"查询设计"创建交叉表查询时，用户可以根据需要自主设计查询，与通过查询向导所创建的查询相比具有更大的灵活性，并且可以进行多表间数据交叉查询。

任务　4-9 使用查询设计对"医学信息"数据库中 DOCTOR 表和 REGISTER 表查询每位医生每年的挂号费合计值。

操作步骤：

（1）在"医学信息"数据库中启动查询设计器。在"创建"选项卡"查询"组中单击"查询设计"按钮，打开"显示表"对话框，双击添加 DOCTOR 表和 REGISTER 表后，单击"关闭"按钮关闭显示表。

任务4-9

（2）定义表的关系。拖动 DOCTOR 表的 DID 字段到 REGISTER 表的 DID 字段，建立两表之间的关系，设计视图如图 4-44 所示。

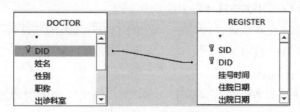

图 4-44　设计视图窗口

（3）设置交叉表行列标题和交叉值。在“查询工具-设计”选项卡的“查询类型”组中，单击“交叉表”按钮。设计视图下方的查询网格中，做如下设置：

第1列（行标题定义）：字段项选择DOCTOR表的“姓名”，交叉表项选择“行标题”。

第2列（列标题定义）：字段项中输入表达式：“Year([挂号时间])”，即将挂号时间转化为挂号的年份，交叉表项选择“列标题”。

第3列（交叉值定义）：字段项选择DOCTOR表的“挂号费”，单击总计项，下拉列表中选取“合计”，交叉表项选择“值”，设置如图4-45所示。

（4）输出结果并保存。单击“设计”选项卡“结果”组中的“运行”按钮，观察交叉表查询结果，保存该查询名称“任务9”。

（5）查看SQL代码。切换到SQL视图，观察代码，如图4-46所示。

字段:	姓名	表达式1: Year([挂号	挂号费
表:	DOCTOR		DOCTOR
总计:	Group By	Group By	合计
交叉表:	行标题	列标题	值
排序:			
条件:			
或:			

图4-45　交叉表查询设计视图

任务9

```
TRANSFORM Sum(DOCTOR.挂号费) AS 挂号费之合计
SELECT DOCTOR.姓名
FROM DOCTOR INNER JOIN REGISTER ON DOCTOR.DID = REGISTER.DID
GROUP BY DOCTOR.姓名
PIVOT Year([挂号时间]);
```

图4-46　任务4-9的SQL代码

4.3.5　生成表查询设计

生成表查询就是将每次查询之后生成的动态集固定保存下来，建立新表，然后可以将新生成的表导出到其他数据库中或者在窗体和报表中利用。即使该生成查询被删除，已生成的新表仍然存在。

任务 4-10　利用“医学信息”数据库学生情况STUDENT表、挂号信息REGISTER表和医生信息DOCTOR表，创建挂“特需专家”号的学生记录。新生成的表中包含学生姓名、挂号时间、医生姓名、医生职称字段。

任务4-10

操作步骤：

（1）在“医学信息”数据库中创建查询设计。在“创建”选项卡“查询”组中单击“查询设计”按钮，添加STUDENT、REGISTER和DOCTOR表。

（2）创建生成表查询。单击“查询工具-设计”选项卡“查询类型”组中的“生成表”按钮，打开“生成表”对话框，在“表名称”文本框中输入“任务4-10”，选中“当前数据库”单选按钮，将新表放入当前打开的数据库，单击“确定”按钮，如图4-47所示。

（3）建立关联。拖动STUDENT表中的“学号”字段到REGISTER表中的SID字段，拖动DOCTOR表中的DID字段到REGISTER表中的DID字段。

（4）设置查询条件。在查询设计网格中，添加STUDENT表的“姓名”字段，REGISTER表的“挂号时间”字段，DOCTOR表的“姓名”字段、“职称”字段，在“职称”字段的“条件”行中输入“[职称：]”，如图4-48所示。

（5）运行查询。单击“查询工具-设计”选项卡“结果”组中的“运行”按钮，在打开的“输入参数值”对话框中输入职称“特需专家”，单击“确定”按钮，如图4-49所示。

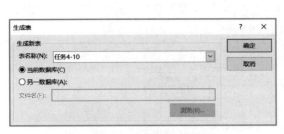

图4-47 "生成表"对话框

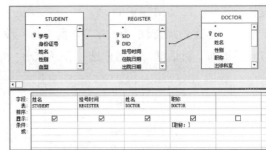

图4-48 查询设计

（6）生成查询表并保存。确认对话框选择"是"，得到生成表查询结果。保存为"任务10"。

（7）查看SQL代码。切换到SQL视图，观察代码，如图4-50所示。

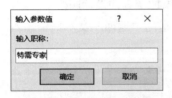

图4-49 输入参数对话框

图4-50 任务4-10的SQL代码

（8）查看结果数据表。在窗口左侧的导航窗格中单击生成表查询新增的"任务4-10"表，可打开查看数据结果，如图4-51所示。

STUDENT_姓	挂号时间	DOCTOR_姓名	职称
张胄旻	2012/12/28 14:52:42	常段练	特需专家
陈世万	2011/2/14 21:45:48	常段练	特需专家
蔡蓝烈	2010/3/17 9:06:18	常段练	特需专家
潘澜巧	2010/9/18 12:08:22	常段练	特需专家
朱男旻	2013/1/16 3:02:05	常段练	特需专家
易鲁	2010/3/28 17:36:16	常段练	特需专家
李铭冠	2009/11/12 2:50:25	常段练	特需专家
蔡承瑜	2012/8/9 1:34:36	常段练	特需专家
刘楼骏	2012/4/21 1:49:47	常段练	特需专家
易熙荔	2013/10/3 9:39:25	常段练	特需专家
苏龄青	2009/7/31 23:56:04	常段练	特需专家
王赞群	2009/11/20 9:06:29	常段练	特需专家
席钰雯	2013/11/28 8:25:46	常段练	特需专家
鲁莎童	2011/2/25 17:42:31	常段练	特需专家

图4-51 生成的新数据表

4.3.6 追加查询

追加查询是将一个或多个表中的一组记录追加到另一个表的末尾，可以为指定的表添加记录。

任务 4-11 在"医学信息"数据库中将STUDENT表中前5名的学生学号、姓名追加到DOCTOR表的DID、姓名栏中。

操作步骤：

（1）在"医学信息"数据库中创建查询设计。单击"创建"选项卡"查询"组中的"查询设计”按钮，添加STUDENT表。

（2）创建追加查询。单击“查询工具-设计”选项卡“查询类型”组中的“追加”按钮，打开“追加”对话框，表名称选择DOCTOR，单击“确定”按钮，如图4-52所示。

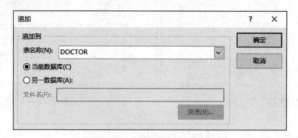

图4-52 “追加”对话框

（3）设置追加条件。将STUDENT表中的“学号”“姓名”字段添加至查询设计网格中，“追加到”栏中分别选择DID和“姓名”，“设计”选项卡“查询设置”组的“返回”文本框中输入5，如图4-53所示。

（4）运行追加查询并保存。单击“设计”选项卡“结果”组中的“运行”按钮，打开如图4-54所示对话框，单击“是”按钮；指定查询名称为“任务11”。

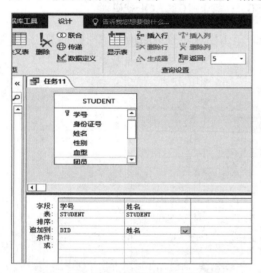

图4-53 追加条件的设计网格设置

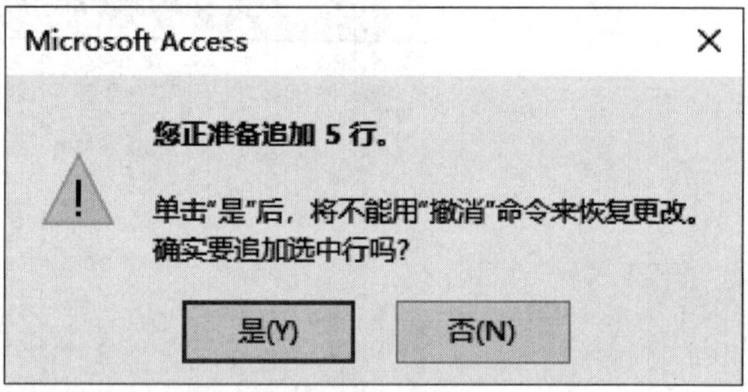

图4-54 追加查询提示对话框

（5）查看结果。打开DOCTOR表查看追加查询结果，如图4-55所示。

（6）查看SQL代码。切换到SQL视图，观察代码，如图4-56所示。

DOCTOR

DID	姓名	性别	职称	出诊科室	特点
0349144	张俊				
0349479	陈晴				
0350186	马大大				
0350380	夏小雪				
0350921	钟大成				
10010	艾学习	女	特级教授	外科	无私
10011	常段练	男	特需专家	内科	尽责
10012	兰精灵	男	主任医师	妇科	忘我
10013	雷公藤	男	副主任医师	口腔	忘我

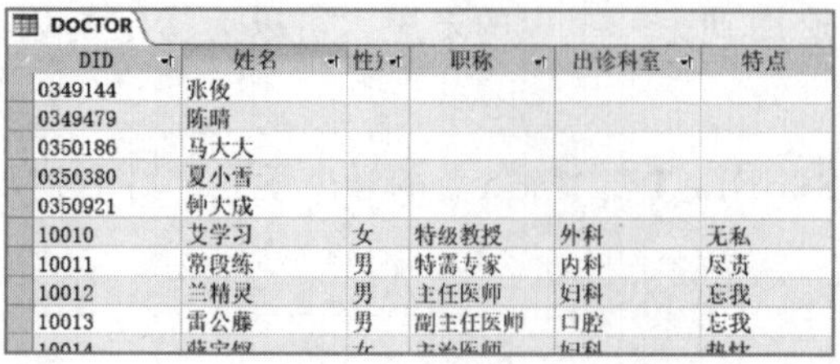

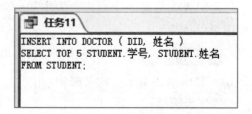

图4-55 添加医生表的运行结果

图4-56 任务4-11的SQL代码

4.3.7　更新查询

更新查询可以根据指定的条件，对一个或多个表中的一组记录取值进行更改。

任务　4-12　在"医学信息"数据库中，将执行任务 4-11 后 DOCTOR 表中新增加的 5 名医生的性别字段依照 STUDENT 表进行更新，职称字段更新为"实习医生"，出诊科室更新为"科室轮转"，特点更新为"考察中"，挂号费更新为 10 元。

操作步骤：

（1）在"医学信息"数据库中启动更新查询设计器。在"创建"选项卡"查询"组中单击"查询设计"按钮，添加 DOCTOR、STUDENT 表，单击"设计"选项卡"查询类型"组中的"更新"按钮。

（2）设置更新条件和更新内容。添加"DOCTOR.性别"字段，对应更新到"STUDENT.性别"；添加 DOCTOR.DID 字段，对应更新到"STUDENT.学号"；添加"DOCTOR.职称"字段，对应更新到"实习医生"；添加"DOCTOR.出诊科室"字段，对应更新到"科室轮转"；添加"DOCTOR.挂号费"字段，对应更新到 10；添加"DOCTOR.特点"字段，对应更新到"考察中"，如图 4-57 所示。

字段：	性别	DID	职称	出诊科室	挂号费	特点
表：	DOCTOR	DOCTOR	DOCTOR	DOCTOR	DOCTOR	DOCTOR
更新到：	[STUDENT].[性别]		"实习医生"	"科室轮转"	10	"考察中"
条件：		=[STUDENT].[学号]				
或：						

图 4-57　设计网格设置

（3）运行并保存查询。单击"设计"选项卡"结果"组中的"运行"按钮，打开如图 4-58 所示对话框，单击"是"按钮，保存查询为"任务 12"。

（4）查看 SQL 代码。切换到 SQL 视图，观察代码，如图 4-59 所示。

图 4-58　更新查询提示对话框

图 4-59　任务 4-12 的 SQL 代码

4.3.8　删除查询

删除查询是按一定条件从一个或多个表中，删除符合条件的记录。

任务　4-13　在"医学信息"数据库中将 DOCTOR 表中职称为"实习医生"的记录进行删除。

操作步骤：

（1）在"医学信息"数据库中启动删除查询设计器。在"创建"选项卡的"查询"组中单击"查询设计"按钮，添加DOCTOR表。

（2）设置查询设置。单击"设计"选项卡"查询设置"组中的"删除"按钮，将查询字段"职称"添加至查询设计网格，在"条件"格中输入"实习医生"，如图4-60所示。

（3）运行并保存查询。单击"设计"选项卡"结果"组中的"运行"按钮，打开如图4-61所示对话框，单击"是"按钮；保存查询"任务13"。

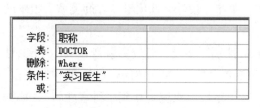

图4-60　设计网格设置

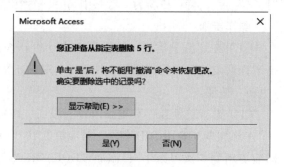

图4-61　删除记录确认对话框

（4）观察查询结果。打开DCOTOR表，在任务4-12中更新的5条实习医生的记录已被删除。

（5）查看SQL代码。切换到SQL视图，观察代码如图4-62所示。

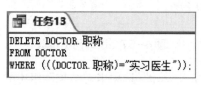

图4-62　任务4-13的SQL代码

4.4　SQL 查询

结构化查询语言（StrucTrued Query Language, SQL）是关系数据库管理系统用于执行各种任务的语言，通过SQL指令可让Access执行任何类型的查询任务。

1．SQL语言中的一些常用符号和约定

（1）大写字母组成的词汇表示SQL命令或保留字。

（2）小写字母组成的词汇或中文表示用户定义的部分。

（3）[　]表示被括起来的部分可选。

（4）<　>表示被括起来的部分需要进一步展开或定义。

（5）|表示两项选其一。

（6）"n ..."表示"..."前面的项目可重复多次。

2．查询设计视图与SQL视图的切换

查询视图下的查询设计，都有对应的SQL语句，可使用右键快捷菜单中的"SQL视图"命令，或选择"查询工具–设计"选项卡"视图"下拉菜单中的"SQL视图"命令，切换到SQL的编辑界面。

4.4.1　SELECT查询命令格式

SELECT语句是SQL查询的主要命令，可返回在指定条件下，对一个数据库中数据进行查询的结果，返回的结果被看作记录的集合。语法格式为：

```
SELECT [predicate] { * | table.* | [table.]field1 [AS alias1] [, [table.]field2 [AS
alias2] [, ...]]}
FROM tableexpression [, ...]
[IN externaldatabase]
[WHERE... ]
[GROUP BY... ]
[HAVING... ]
[ORDER BY... ]
[WITH OWNERACCESS OPTION]
```

说明：FROM子句用于指定查询的数据源为表或查询，该表或查询包含SELECT语句中列举的字段。

SELECT语句的最短语法是：

```
SELECT fields FROM table
```

关键词SELECT后各部分说明如表4–1所示。

表4–1　SELECT 后的各部分的说明

部　　分	说　　明
predicate	下列谓词之一：ALL、DISTINCT、DISTINCTROW 或 TOP。可以使用谓词来限定返回记录的数量。如果没有指定谓词，则默认值为 ALL
*	指定选择指定表中的所有字段
table	表的名称，该表包含从中选择记录的字段
field1、field2	字段名，这些字段包含了要检索的数据。如果包括多个字段，将按它们的排列顺序对其进行检索
alias1 和 alias2	用作列标题的名称，不是 table 中的原始列名
tableexpression	表名称，其中包含要检索的数据
externaldatabase	如果 tableexpression 中的表不在当前数据库中，则使用该参数指定数据库名

WHERE子句用于指定查询记录的条件，如果省略该子句，则查询将返回表中的所有记录。WHERE子句最多可包含40个表达式，当输入的字段名包含空格或标点符号时，要使用括号[]将它括起来。

GROUP BY将记录与指定字段中的相等值组合成单一记录，实现分组统计。如果 SELECT

语句包含 SQL 合计函数，如 Sum 或 Count，则每一笔记录都会给出一个总计值。

HAVING 子句指定显示哪些已用 GROUP BY 子句分组的记录。在 GROUP BY 组合这些记录后，HAVING 将显示那些经 GROUP BY 子句分组并满足 HAVING 子句中条件的记录。

ORDER BY 子句指定按照指定字段的递增或递减顺序对查询的结果记录进行排序。

4.4.2　简单查询

SELECT语句是SQL的基础，通过该语句可以从某个数据集中检索记录。SELECT语句的基本语法如下：

```
SELECT column_name(s)
FROM table_name
```

1. 简单查询语句

绝大多数情况下，SELECT 语句都是与 FROM 子句结合使用，FROM 子句用于标识构成数据源的表。

任务 4-14 在STUDENT表中查询出所有学生的学号、姓名、性别、团员情况的信息。

操作提示：

单击"创建"选项卡"查询"组中的"查询设计"按钮，关闭添加表对话框，切换到SQL视图，输入SQL语句并运行：

```
SELECT 学号, 姓名, 性别, 团员
FROM STUDENT;
```

使用AS子句可以为列和表指定别名，作用有两个：一是缩短对象的长度，方便书写，使名称语句简洁；二是区别同名对象，如自连接查询，同一个表要连接查询自身，那么一定要用别名来区分表名及列名。

任务 4-15 在PHYS_EXAM表中检索每条记录的检查号、学号和BMI值。BMI为体质指数，BMI=体重(kg)/身高(m)^2。

操作提示：

SQL语句：

```
SELECT 检查号, 学号, 体重/(身高/100)^2 AS BMI
FROM PHYS_EXAM;
```

2. 条件WHERE子句

WHERE 子句可以实现对数据集进行筛选，并根据条件选择特定的记录。WHERE 子句总是与某个条件或关系运算符结合使用，例如等于、不等于、大于、小于、BETWEEN 等。

SELECT子句中可以使用通配符"*"选择所有列，而不必在SELECT后面写出每一列。

任务 4-16 检索STUDENT表中，入团日期在1999年之后的男生的个人信息。

操作提示：

SQL语句：

```
SELECT *
FROM STUDENT
WHERE Year(入团日期)>1999 and 性别="男";
```

3. DISTINCT 子句

DISTINCT 具有过滤重复的作用，查询结果中如果有完全相同的行出现，可以使用DISTINCT 去除重复。

任务 4-17　在 STUDENT 表中查询学生血型的种类。

操作提示：

SQL 语句：

```
SELECT DISTINCT 血型
FROM STUDENT;
```

4. ORDER BY 子句

ORDER BY 起到对查询结果的所有行按指定字段排序并输出的作用，ASC 表示升序输出，可以省略；DESC 表示降序。当有多列参与排序时，可依次列出。ORDER BY 后面可接表达式，也可接该表达式在结果中的列序号。

输出列前的 TOP n 表示保留查询结果的前 n 行，当没有排序子句时，就保留原始查询顺序的前 n 行；如果有排序子句，则先排序。排序最后一个值相同的都保留输出。

TOP 的另一用法是保留结果的前 n% 行，语法如下：

```
TOP n PERCENT
```

对于记录中字段是否为空值进行判断时，不能用等于或不等于 NULL，只能用 IS NULL 或 IS NOT NULL。

任务 4-18　将 PHYS_EXAM 表中的身高进行升序排序，身高相同再按体重进行降序排序，仅显示前 10 名同学记录的学号、身高、体重，身高或体重为空的记录不参与上述处理。

操作提示：

SQL 语句：

```
SELECT TOP 10 学号,身高,体重
FROM PHYS_EXAM
WHERE 身高 IS NOT NULL and 体重 IS NOT NULL
ORDER BY 2,3 DESC;
```

4.4.3　计算查询

在数据库查询和处理中，经常要对各种类型的数据进行运算，不同类型的数据运算方式和表达式各不相同。运算的对象包括常量、输入参数、表中的字段等，运算包括一般运算和函数运算。

1. 一般运算

（1）数字运算。数字运算符用来对数字型或货币型数据进行运算，运算的结果也是数字型数据或货币型数据。数字运算符及优先级如表 4-2 所示。

表4-2 数字运算符及其优先级

优 先 级	运 算 符	说 明	优 先 级	运 算 符	说 明
1	( )	括号	4	*、/	乘除
2	+、-	正、负	5	Mod	求余数
3	^	乘方	6	+、-	加、减

（2）文本运算。文本运算符又称字符串运算符。普通的文本运算符是"&"和"+"，两者完全等价，其运算功能是将两个字符串连接成一个字符串。其他文本运算使用函数。

（3）日期和时间运算。普通的日期和时间运算符只有"+""–"，运算功能如表4-3所示。

表4-3 日期和日期时间运算

格 式	结果及类型
日期+n或日期-n	日期/时间型，给定日期n天后或n天前的日期
日期-日期	数字型，两个指定日期相差的天数
日期时间+n或日期时间-n	日期/时间型，给定日期时间n秒后或n秒前的日期时间
日期时间-日期时间	数字型，两个指定日期时间之间相差的秒数

（4）比较运算。同类型数据可以进行比较测试运算，可以进行比较运算的数据类型有文本型、数字型、货币型、日期/时间型、是/否型等。比较运算结果为是/否型，即True或False。Access中用0表示False、用–1表示True，所以运算结果为0或–1。比较运算符如表4-4所示。

表4-4 比较运算符

运 算 符	说 明	运 算 符	说 明
<	小于	BETWEEN...AND...	范围判断
<=	小于等于	[NOT] LIKE	文本数据模式匹配
>	大于	IS [NOT] NULL	是否空值
>=	大于等于	[NOT] IN	元素是否属于集合
=	等于	EXISTS	是否存在（只用在表查询中）
<>	不等于		

文本型数据比较大小时、两个字符串逐位按照字符的机内码或ASCII码比较，只要有一个

字符分出大小，即整个串就分出大小。日期型按照年、月、日的大小区分，数值越大日期越大。是/否型只有两个值，True小于False。

任务 4-19　在STUDNET表中查询，入学时是团员，并且入团时间是在1998年6月1日和1999年12月31日（含）期间的学生的学号、姓名、性别、入团日期。

操作提示：

SQL语句：

```
SELECT 学号, 姓名, 性别, 入团日期
FROM STUDENT
WHERE 团员 and 入团日期 between #1998/06/01# and #1999/12/31#;
```

说明：Between　X1　AND　X2　含义为满足闭区间[X1,X2]或[X2,X1]的值。

任务 4-20　在PHYS_EXAM表中查询20世纪50年代出生并且在腹部B超小结中有"胆结石"字样的记录。

操作提示：

SQL语句：

```
SELECT *
FROM PHYS_EXAM
WHERE 身份证号 like "??????195*" and 腹部B超小结 like "*胆结石*";
```

说明：LIKE 运算符用来对数据进行通配比较，LIKE 运算符如果不与通配符一起使用，则与等号"="没有任何差别。通常情况下，LIKE运算符会与通配符结合使用，以扩展搜索范围，使其包含匹配某种模式的任何记录。Access中的有效通配符如下：

- * : 任意数字和字符。
- ? : 任意单个字符。
- # : 任意单个数字。

任务 4-21　检索DOCTOR 表中，特点是"无私"或"忘我"的医生的DID、姓名、性别、特点。

操作提示：

SQL语句：

```
SELECT DID, 姓名, 性别, 特点
FROM DOCTOR
WHERE 特点 in ("无私","忘我");
```

说明：IN运算是属于运算，用括号将全部集合元素列出，要比较的数据是否属于该集合中的元素。EXISTS用于判断查询的结果集中是否有值，EXISTS的效率高于IN，一般用于嵌套查询中。

（5）逻辑运算符。逻辑运算是针对是/否型值True 或 False 的运算，运算结果为是/否型。逻辑运算又称布尔运算，其运算规则如表4-5所示。

表 4-5 逻辑运算规则

A	B	Not A	A AND B	A OR B	A XOR B
True	True	False	True	True	False
True	False	False	False	True	True
False	True	True	False	True	True
False	False	True	False	False	False

四种不同的运算可以组合在一起进行混合运算。优先顺序是先进行文本、数字、日期/时间的运算，再进行比较运算，最后进行逻辑运算。

2. 函数运算

SQL的常用函数包括算术函数、文本函数、日期/时间函数、聚合函数、转换函数、程序流程函数、消息函数，常用函数使用规则如表4-6所示。

表 4-6 常用函数使用规则

类型	函数名	函数格式	说 明	示 例
算术函数	绝对值	Abs(<数值表达式>)	返回数值表达式的绝对值	Abs(-3)=3
	取整	Int(<数值表达式>)	返回数值表达式的整数部分，参数为负数时，返回小于或等于参数值的最大负数	Int(5.6)=5 Int(-5.6)=-6
		Fix(<数值表达式>)	返回数值表达式的整数部分，参数为负数时，返回大于或等于参数值的最小负数	Fix(5.6)=5 Fix(-5.6)=-5
		Round(<数值表达式>[,<数值表达式>])	按照指定的小数位数进行四舍五入运算的结果。[<数值表达式>]是进行四舍五入运算小数点右边应该保留的位数。如果省略数值表达式，默认为保留0位小数	Round(3.152,1)=3.2 Round(3.152)=3
	平方根	Sqr(<数值表达式>)	返回数值表达式的平方根值	Sqr(9)=3
	符号	Sgn(<数值表达式>)	返回数值表达式值的符号值。当数值表达式值大于0时，返回值为1；当数值表达式值等于0时，返回值为0；当数值表达式值小于0，返回值为-1	Sgn(-3)=-1 Sgn(3)=1 Sgn(0)=0
	随机数	Rnd(<数值表达式>)	产生一个位于[0，1)区间范围的随机数，为单精度类型。如果数值表达式值小于0，每次产生相同的随机数；如果数值表达式大于0，每次产生不同的随机数；如果数值表达式等于0，产生最近生成的随机数，且生成的随机数序列相同；如果省略数值表达式参数，则默认参数值大于0	Int(100*Rnd())：产生[0，99]的随机整数； Int(101*Rnd())：产生[0，100]的随机整数； Int(Rnd()*6)+1：产生[1，6]的随机整数

续表

类型	函数名	函数格式	说　　明	示　　例
文本函数	生成空格字符函数	Space(<数值表达式>)	返回由数值表达式的值确定的空格个数组成的空格字符串	Space(5) 产生 5 个空格字符
	字符串查找函数	InStr(string1, string2, start_position,nth_appearance)	string1：源字符串，要在此字符串中查找 string2：要在 string1 中查找的字符串 start_position：代表从 string1 的哪个位置开始查找；此参数可选，如果省略默认为 1 字符串索引从 1 开始；如果此参数为正，从左到右开始检索，如果此参数为负，从右到左检索，返回要查找的字符串在源字符串中的位置 nth_appearance：代表要查找第几次出现的 string2，此参数可选，如果省略，默认为 1	InStr("syranmo", "s")：返回值为 1； InStr("syranmo", "ra")：返回值为 3； InStr("syranmo", "at", 1,2))：返回值为 0
	字符串长度	Len(<字符表达式>)	返回字符表达式的字符个数，当字符表达式是 Null 值时，返回 Null 值	Len("This is a book!")：返回值为 15 Len("1234")：返回值为 4 Len(" 等级考试")：返回值为 4
	字符串截取	Left(<字符表达式>,<N>)	返回从字符串左边起截取 N 个字符构成的子串	Left("abcdef ", 2)：返回值为 "ab"
		Right(<字符表达式>,<N>)	返回从字符串右边起截取 N 个字符构成的子串	Right("abcdef", 2)：返回值为 "ef"
		Mid(<字符表达式>,<N1>,[<N2>])	返回从字符串左边第 N1 个字符起截取 N2 个字符所构成的字符串。N2 可以省略，若省略了 N2，则返回的值是从字符表达式左端第 N1 个字符开始，截取到最后一个字符为止的若干个字符	Mid ("abcdef ", 2,3)：返回值为 " bcd " Mid ("abcdef", 4)：返回值为 "def"
	删除空格	Ltrim(<字符表达式>)	返回字符串去掉左边空格后的字符串	Ltrim(" abc ")：结果为 "abc "
		Rtrim(<字符表达式>)	返回字符串去掉右边空格后的字符串	Rtrim(" abc ")：结果为 " abc"
		Trim(<字符表达式>)	返回删除前导和尾随空格符后的字符串	Trim(" abc ")：结果为 "abc"
	大小写转换	Ucase(<字符表达式>)	将字符表达式中小写字母转换成大写字母	Ucase("abcdefg")：返回值为 "ABCDEFG"
		Lcase(<字符表达式>)	将字符表达式中大写字母转换成小写字母	Lcase("ABCDEFG")：返回值为 "abcdefg"

类型	函数名	函数格式	说　明	示　例
日期/时间函数	截取日期分量	Day(<日期表达式>)	返回日期表达式中日期的整数(1~31)	Day(#2020-8-9#)：返回值为9
		Month(<日期表达式>)	返回日期表达式中月份的整数(1~12)	Month(#2020-8-9#)：返回值为8
		Year(<日期表达式>)	返回日期表达式年份的4位整数	Year(#2020-8-9#)：返回值为2020
		Weekday(<日期表达式>)	返回1~7的整数，表示星期几	Weekday (#2020-8-9#)：返回值为1
	截取系统日期和系统时间	Date()	返回当前系统日期	
		Time()	返回当前系统时间	
		Now()	返回当前系统日期和时间	
	时间间隔	DateDiff(<间隔类型>,<日期1>,<日期2>)	对表达式表示的日期按照间隔加上或减去指定的时间间隔值	DateAdd("yyyy", 3, #2004-2-28#)：返回值为#2007-2-28#
		DateDiff(<间隔类型>,<日期1>,<日期2>)	返回日期1和日期2按照间隔类型所指定的时间间隔数目	DateDiff("yyyy", #2009-9-19#, #2011-2-18#)：返回值为2，两个日期相差的年数
		DatePart<间隔类型>,<日期>	返回日期中按照间隔类型所指定的时间中部分值	DatePart("yyyy",#2010-9-18#)：返回值为2010，yyyy表示年；DatePart("d",#2010-9-18#)：返回值为18，d表示日；DatePart("ww",#2010-9-18#)：返回值为38，ww表示周
	返回包含指定年月日的日期	DateSerial(<表达式1>,<表达式2>,<表达式3>)	返回指定年月日的日期，其中表达式1为年，表达式2为月，表达式3为日	Dateserial(2010,4,2)：返回#2010-4-2#；Dateserial(2009-1,8-2,0)：返回#2008-5-31#
聚合函数	总计	Sum(<字符表达式>)	返回字符表达式中值的总和。字符表达式可以是一个字段名，也可以是一个含字段名的表达式，但所含字段应该是数字数据类型的字段	
	平均值	Avg(<字符表达式>)	返回字符表达式中值的平均值。字符表达式可以是一个字段名，也可以是一个含字段名的表达式，但所含字段应该是数字数据类型的字段	
	计数	Count(<字符表达式>)	返回字符表达式中值的个数，即统计记录个数。字符表达式可以是一个字段名，也可以是一个含字段名的表达式，Count函数仅统计至少有一个字段为非Null值的记录。如果所有指定字段均为Null值，那么该记录不被统计在内	
	最大值	Max(<字符表达式>)	返回字符表达式中值的最大值。字符表达式可以是一个字段名，也可以是一个含字段名的表达式，但所含字段应该是数字数据类型的字段	
	最小值	Min(<字符表达式>)	返回字符表达式中值的最小值。字符表达式可以是一个字段名，也可以是一个含字段名的表达式，但所含字段应该是数字数据类型的字段	

续表

类型	函数名	函数格式	说　明	示　例
转换函数	字符串转换字符代码	Asc(<字符串表达式>)	返回首字符的 ASCII 码	Asc("abcde")：返回 97
	字符代码转换成字符	Chr(<字符代码>)	返回与字符代码相关的字符	Chr(97)：返回字符 a；Chr(13)：返回回车符
	数字转换成字符串	Str(<数值表达式>)	将数值表达式的值转换成字符串。当一数字转换成字符串时，总会在前面保留一个空格来表示正负。表达式值为正，返回的字符串包含一前导空格表示有一正号	Str(99)　返回 " 99"；Str(-6)　返回 "-6"
	字符转换成数字	Val(<字符表达式>)	将数字字符串转换成数值型数字。数字串转换时可自动将字符串中的空格、制表符和换行符去掉，当遇到它不能识别为数字的第一个字符时，停止读入字符串。当字符串不是以数字开头时，函数返回 0	Val("18")：返回 18；Val("123　45")：返回 12345；Val("12ab3")：返回 12；Val("ab123")：返回 0
	条件	IIf（<条件式>，<表达式 1>，<表达式 2>）	该函数是根据条件式的值来决定函数返回值。条件式的值为真（True），函数返回表达式 1 的值；条件式的值为假（False），函数返回表达式 2 的值	Max= IIf(a>b,a,b)：将变量 a 和 b 中值大的量存放在变量 Max 中
	开关	Switch（<条件式 1>,<表达式 1> [,<条件式 2>,<表达式 2>… [,<条件式 n>,<表达式 n>]]）	该函数将返回与条件式列表中最先为 True 的那个条件式所对应的表达式的值	根据变量 x 的值来为变量 y 赋值：x=-3；y=Switch(x>0,1,x=0, 0, x<0, -1)；y 的值将为 -1
消息函数	利用提示框输入	InputBox(提示[,标题][,默认值])	在对话框中显示提示信息，等待用户输入正文并按下按钮，并返回文本框中输入的内容（文本型）；默认值为可选，其显示在文本框中，如果省略默认值，文本框中显示为空	InputBox("请输入一个数","输入框",100)
	提示框	MsgBox(提示,[,按钮、图标和默认按钮][,标题])	在对话框中显示消息，等待用户单击按钮，并返回一个整型数值，告诉用户单击的是哪一个按钮	MsgBox(" 是否保存？ ", vbOKCancel+vbQuestion,"保存提示")

任务 4-22　查询 REGISTER 表中在 2010 年出院的所有学生的 SID、出院日期、出院星期。

操作提示：

SQL 语句：

```
SELECT SID,出院日期, Switch(Weekday(出院日期)=1,"星期日", Weekday(出院
日期)=2,"星期一", Weekday(出院日期)=3,"星期二", Weekday(出院日期)=4,"星期三",
Weekday(出院日期)=5,"星期四", Weekday(出院日期)=6,"星期五", Weekday(出院日
期)=7,"星期六") as 星期
 FROM REGISTER
 WHERE Year(出院日期)=2010;
```

任务 4-23 根据PHYS_EXAM表中低密度脂蛋白的指标，显示学生身份证号、性别、年龄、脂代谢情况（当低密度脂蛋白高于3毫摩尔/升，认为存在血脂高）。

操作提示：

SQL语句：

```
SELECT 身份证号,性别,年龄,IIf(低密度脂蛋白>3"脂代谢紊乱", "正常") as 脂代谢情况
FROM PHYS_EXAM;
```

任务 4-24 在SCORE表中，查询每位学生的思品、马哲、毛概三科考试的最高分。

操作提示：

SQL语句：

```
SELECT 学号,IIf (思品>马哲,IIf(思品>毛概,思品,毛概),IIf(马哲>毛概,马哲,毛概)) AS
思马毛最高分
FROM SCORE;
```

任务 4-25 在DOCTOR表中随机挑选10名医生参加抗疫活动。

操作提示：

SQL语句：

```
SELECT  top 10  *
FROM DOCTOR
ORDER BY Rnd(DID);
```

说明：任务4-25每次执行的结果都不一定相同，这个例子常用在统计分析的随机抽样中。

4.4.4 分组计算查询

使用GROUP BY 子句可按列值聚合数据集中的记录。HAVING 子句必须与GROUP一起使用，只对统计结果进行筛选。在 HAVING 子句中可以使用聚合函数。语法格式为：

```
GROUP BY  <分组字段> [,…] [HAVING <逻辑表达式>]
```

该子句的使用按如下方式进行：

（1）按分组字段值相等的原则进行分组，具有相同值的记录将作为一组，分组字段由GROUP子句指定，可以是一个，也可以是多个。

（2）在输出列中指定聚合函数，分别对每一组按照聚合函数的规定进行计算，得到各组的统计数据。

（3）如果要对统计结果进行筛选，可将筛选条件放在HAVING子句中。

注意：分组统计查询的输出列只由分组字段和聚合函数组成。

任务 4-26 分别求出 PHYS_EXAM表中男生和女生的平均体重。

操作提示：

SQL语句：

```
SELECT 性别,AVG(体重) as 平均体重
FROM PHYS_EXAM
```

```
GROUP BY 性别;
```

任务 4-27　在 SELECTION 表中统计不同课程的选课人数，按人数降序排列。

操作提示：

SQL 语句：

```
SELECT count(*) as 人数,课程编号
FROM SELECTION
GROUP BY 课程编号
ORDER BY Count(*) DESC;
```

任务 4-28　在 PHYS_EXAM 表中按照糖化血红蛋白结果（大于 6.5 异常，不大于 6.5 正常）分为两组，分别显示每组学生的平均 BMI，组内行数少于 6 行的组不显示，并观察血糖与身体质量指数（BMI 保留一位小数）。

操作提示：

SQL 语句：

```
SELECT ROUND(AVG(体重/(身高/100)^2),1) AS BMI, IIF(糖化血红蛋白>6.5, "异常","
正常") AS 糖化血红蛋白情况
FROM PHYS_EXAM
GROUP BY IIF(糖化血红蛋白>6.5, "异常","正常")  Having Count(*)>5;
```

任务 4-29　统计 PHYS_EXAM 表中腹部 B 超小结"未见异常"和"异常"的男女人次。

操作提示：

SQL 语句：

```
SELECT IIf(腹部B超小结 like  "*未见异常*","未见异常","异常")AS 腹部B超小结结果,
性别, Count(*) AS 人次
FROM PHYS_EXAM
GROUP BY IIf(腹部B超小结 like  "*未见异常*", "未见异常","异常"), 性别;
```

任务 4-30　在 PHYS_EXAM 表中根据体检小结字段，计算"内痔""外痔""混合痔""无痔疮"在不同性别上的人次分布。

操作提示：

SQL 语句：

```
SELECT 性别, Switch( 体检小结 like "*内痔*", "内痔",体检小结 like "*外痔*" ,"
外痔", 体检小结 like "*混合痔*" ,"混合痔", 体检小结 NOT like "*痔*" ,"无痔疮") AS
痔疮, Count(*) AS 人次
FROM PHYS_EXAM
GROUP BY Switch( 体检小结 like "*内痔*", "内痔",体检小结 like "*外痔*" ,"外痔",
体检小结 like "*混合痔*" ,"混合痔",体检小结 NOT like "*痔*" ,"无痔疮"), 性别;
```

任务 4-31　空腹血糖具有简单易测的优点，通过 PHYS_EXAM 表中的葡萄糖和糖化血红蛋白两个字段，分析空腹血糖与糖化血红蛋白是否具有一致性，糖化血红蛋白正常但空腹血糖异常称作假阳性；糖化血红蛋白异常但空腹血糖正常称作假阴性，其他情况称作两者一致，

查询假阳性、假阴性、两者一致的人次分布。（正常值：空腹血糖≤6.1mmd/l，糖化血红蛋白≤6.5mmd/l）

操作提示：

SQL语句：

```
SELECT Switch((葡萄糖<=6.1 and 糖化血红蛋白<=6.5) or (葡萄糖>6.1 and 糖化血红
蛋白>6.5), "两者一致", 葡萄糖>6.1 and 糖化血红蛋白<=6.5, "假阳性", 葡萄糖<=6.1
and 糖化血红蛋白>6.5,"假阴性" ) AS 一致性关系, Count(*) AS 人次
    FROM PHYS_EXAM
    GROUP BY Switch((葡萄糖<=6.1 and 糖化血红蛋白<=6.5) or (葡萄糖>6.1 and 糖化血
红蛋白>6.5), "两者一致", 葡萄糖>6.1 and 糖化血红蛋白<=6.5, "假阳性", 葡萄糖<=6.1
and 糖化血红蛋白>6.5,"假阴性" );
```

4.4.5 连接查询

Access数据库中有多个表，经常要将多个表的数据连接在一起进行查询。Access提供了两种连接查询的模式：条件连接查询和JOIN连接查询。JOIN连接查询的效率远高于条件连接查询。

进行连接查询操作时必须注意以下几点：

（1）在FROM子句中，必须写上查询所涉及的所有表名，有时可为表取别名。

（2）必须增加表之间的连接条件，连接条件一般是两个表中相同或相关的字段进行比较的表达式。

（3）由于多表同时使用，对于多个表中的重名字段，在使用时必须增加表名前缀加以区分，不重名的字段无须加表名前缀。

1. 条件连接查询

条件连接查询以WHERE子句中表之间的比较关系作为连接条件，使表与表之间建立起联系。

任务 4-32 在STUDENT、SELECTION、CURRICULUM表中查询选课学生的学号、姓名、课程名称和成绩。

操作提示：

SQL语句：

```
SELECT STUDENT.学号,姓名,课程名称,成绩
FROM STUDENT,SELECTION,CURRICULUM
WHERE STUDENT.学号=SELECTION.学号 AND SELECTION.课程编号=CURRICULUM.课程编号;
```

2. JOIN连接查询

JOIN连接查询的语句格式如下：

```
From <左数据源> {INNER|LEFT[OUTER]|RIGHT[OUTER]} JOIN <右数据源> ON <连接条件>
```

1）内部连接

内部连接运算会指示Access仅从两个表中选择具有连接匹配值的那些记录。查询结果中将忽略连接字段中的值未同时出现在两个表中的那些记录。条件连接查询就是内部连接查询。

任务 4-33 在STUDENT、SELECTION表中查询参加选修课同学的名单。

操作提示：

SQL 语句：

```
SELECT DISTINCT STUDENT.学号, STUDENT.姓名
FROM STUDENT INNER JOIN SELECTION ON STUDENT.学号=SELECTION.学号;
```

任务 4-34　在 STUDENT、REGISTER、DOCTOR 表中查询学生学号、姓名、挂号时间、医生姓名。

操作提示：

SQL 语句：

```
SELECT STUDENT.学号,STUDENT.姓名,REGISTER.挂号时间,DOCTOR.姓名
FROM (STUDENT INNER JOIN REGISTER ON STUDENT.学号 = REGISTER.SID) INNER
JOIN DOCTOR ON REGISTER.DID =DOCTOR.DID;
```

2）外部连接

外部连接运算是指示 Access 从一个表中选择所有记录，而仅从另一个表中选择在连接字段中具有匹配值的记录。存在两种类型的外部连接，分别是左连接和右连接。

任务 4-35　查看所有学生的选课情况，对未选课的学生，在选课字段标注"未选"，已选课的学生标注"已选"。

操作提示：

SQL 语句：

```
SELECT STUDENT.学号, IIf(SELECTION.课程编号 IS NOT NULL, "已选", "未选") AS
选课状态
FROM STUDENT LEFT JOIN SELECTION ON STUDENT.学号=SELECTION.学号;
```

将上面 SQL 代码中左连接改为右连接，观察结果。

```
SELECT STUDENT.学号, IIf(SELECTION.课程编号  IS NOT NULL,"已选","未选") AS
选课状态
FROM STUDENT RIGHT JOIN SELECTION ON STUDENT.学号=SELECTION.学号;
```

4.4.6　联合查询

UNION 和 UNION ALL 运算符用于合并两个 SQL 语句并生成一个只读的数据集。当运行联合查询时，Access 会按照 SELECT 语句中的位置匹配两个数据集中的列，这意味着 SELECT 语句必须具有相同的列数，并且在绝大多数情况下，两条语句中的列应该采用相同的顺序。

任务 4-36　研究血糖和高胆固醇的关系，查询 PHYS_EXAM 表中高胆固醇（总胆固醇超过 5.03mmd/l）学生人数、高血糖（糖化血红蛋白超过 6.5mmd/l）学生人数以及高胆固醇合并高血糖的学生人数。

操作提示：

SQL 语句：

```
SELECT  "高胆固醇" AS 体征, COUNT(*) AS 人数 FROM PHYS_EXAM
```

```
WHERE  总胆固醇>5.03 and 糖化血红蛋白<=6.5
UNION ALL
SELECT  "高血糖" AS 体征, COUNT(*) FROM PHYS_EXAM
WHERE  糖化血红蛋白>6.5 and 总胆固醇<=5.03
UNION ALL
SELECT  "高胆固醇合并高血糖" AS 体征, COUNT(*) FROM PHYS_EXAM
WHERE   总胆固醇>5.03 AND 糖化血红蛋白>6.5;
```

说明： UNION 运算符实际上是针对生成的数据集执行 SELECT DISTINCT。UNION 语句可以消除重复行，这里所说的重复行，指的是每个字段中的所有值在两个数据集之间都是相同的。如果在运行 UNION 查询时发现遗漏了某些记录，可以考虑使用 UNION ALL 运算符。UNION ALL 运算符执行的函数与 UNION 相同，只是它不应用 SELECT DISTINCT 语句，因此不会消除重复。

4.4.7　子查询

子查询是嵌套在其他查询中的选择查询，子查询的主要用途是允许在执行某个查询的过程中使用另一个查询的结果。使用子查询可以解答多分支问题，为进一步的选择查询指定条件，或者定义要在分析中使用的新字段。

使用子查询的规则和限制如下：

（1）子查询中至少含有一条 select...From... 语句。

（2）必须用括号将子查询括起来。

（3）从理论上讲，在一个查询中最多可以嵌套 31 个子查询。但是，具体的数字取决于所用系统的可用内存记忆子查询的复杂程度。

（4）仅当子查询是 SELECT TOP 或 SELECT TOP PERSENT 语句时，才可以在其中使用 ORDER BY 子句。

（5）不能在包含 GROUP BY 子句的子查询中使用 DISTINCT 关键字。

（6）如果主查询和子查询中均使用某个表，那么在包含该表的查询中必须使用表别名。

1. 子查询与比较运算符的使用

1）IN 和 NOT IN 子查询

IN 子查询用于检索这样的一组值，即其中记录的某一列的值都为另一个工作表或查询中的一列的值包含。它从其他工作表中只能返回一列，这是一个限制条件。如果返回的多于一列就会产生一个错误。

任　务　4-37　在 CURRICULUM 表中检索课程编号是 2001、2004、2007、2010 的课程名称。

操作提示：

SQL 语句：

```
SELECT * FROM CURRICULUM WHERE 课程编号 IN ( "2001", "2004", "2007", "2010");
```

任　务　4-38　在 STUDENT 和 SELECTION 表中检索参加选修课学生的学号和姓名。

操作提示：

SQL语句：

```
SELECT 学号, 姓名
FROM STUDENT
WHERE 学号 IN (SELECT 学号 FROM SELECTION);
```

通过使用NOT逻辑运算符，可以检索和IN子查询相反的记录

任务 4-39　检索在REGISTER表中没有人挂号的医生DID和姓名。

操作提示：

SQL语句：

```
SELECT DID, 姓名
FROM DOCTOR
WHERE DID NOT IN (SELECT DID FROM REGISTER);
```

2）ANY、SOME和ALL子查询

谓词ANY、SOME和ALL被用于比较主查询的记录和子查询的多个输出记录。ANY和SOME谓词是同义词并可以被替换使用。

当需要从主查询中检索任何符合在子查询中满足比较条件的记录时可以使用ANY或SOME谓词。谓词应该放在子查询开始的括号前面。

任务 4-40　在DOCTOR、REGISTER表中查询出诊医生的DID、姓名。

操作提示：

SQL语句：

```
SELECT *
FROM DOCTOR
WHERE DID=SOME (SELECT DID FROM REGISTER);
```

任务 4-41　在STUDENT和SELECTION表中检索参加选修课学生的学号和姓名。

操作提示：

SQL语句：

```
SELECT 学号, 姓名
FROM STUDENT
WHERE 学号=ANY (SELECT 学号 FROM SELECTION);
```

当在主查询中检索满足子查询比较条件的所有记录时使用谓词ALL。

任务 4-42　在SCORE表中查询政经得分最后一名的学生的所有科目分数。

操作提示：

SQL语句：

```
SELECT *
FROM SCORE
WHERE 政经 <=ALL(SELECT 政经 FROM SCORE);
```

任务 4-43 在SELECTION表中查询课程编号为2009的课程最低成绩。

操作提示：

SQL语句：

```
SELECT 课程编号, 成绩
FROM SELECTION
WHERE 课程编号="2009"
AND 成绩 <= ALL (SELECT 成绩 FROM SELECTION WHERE 课程编号="2009");
```

2. 非相关子查询

子查询与主查询无关的嵌套查询称为非相关嵌套查询，其子查询能够单独运行。

任务 4-44 在SELECTION和STUDENT表中查询参加选修课，并且有一门或一门以上不及格的学生学号、姓名。

操作提示：

SQL语句：

```
SELECT 学号,姓名
FROM STUDENT
WHERE 学号 IN (SELECT 学号 FROM SELECTION WHERE 成绩<60);
```

任务 4-45 在SELECTION表中查询参加选修课，并且所选课程都及格的学生学号。

操作提示：

SQL语句：

```
SELECT DISTINCT 学号
FROM SELECTION
WHERE 学号 NOT IN (SELECT 学号 FROM SELECTION WHERE 成绩<60);
```

非相关子查询的特点：查询结果出自一个表，既外层字段只来自于自身；内层查询(子查询)与主查询无关，不需要写两个表的关联条件。

3. 相关子查询

子查询与主查询相互制约的嵌套查询称为相关子查询，子查询不能够单独运行。相关子查询本质上就是反过来引用主查询中的某一行的子查询。不相关子查询运算复杂度低，相关子查询运算复杂度高。

任务 4-46 在SELECTION表中查询每位选课同学的最高成绩的记录。

操作提示：

SQL语句：

```
SELECT *
FROM SELECTION AS A
WHERE 成绩 >=ALL (SELECT 成绩 FROM SELECTION AS B WHERE A.学号=B.学号);
```

任务 4-47 在PHYS_EXAM表中查询每位学生最近一次的体检信息。

操作提示：

SQL语句：

```
SELECT *
FROM PHYS_EXAM AS A
WHERE 体检日期=(SELECT MAX(体检日期) FROM PHYS_EXAM AS B WHERE A.身份证号
=B.身份证号);
```

4. EXISTS、NOT EXISTS子查询

EXISTS谓词用于子查询中，检查在一个结果集中是否有非空值的记录。将主查询表的每一行代入子查询进行检查，如果子查询返回的结果为非空值，则EXISTS子句返回TRUE，这一行可作为主查询的结果行，否则不能作为结果。

任务 4-48　在STUDENT、REGISTER表中查询没有挂过号的学生学号和姓名。

操作提示：

SQL语句：

```
SELECT 学号,姓名
FROM STUDENT
WHERE NOT EXISTS (SELECT 学号 FROM REGISTER WHERE REGISTER.SID=STUDENT.学号);
```

4.4.8　更新查询

更新查询使用UPDATE语句与SET来修改数据集中的数据，其语法格式如下：

```
UPDATE 表名称 SET 列名称=新值 WHERE 条件
```

任务 4-49　将STUDENT表中出生日期字段用身份证号中的相应信息替换。

操作提示：

SQL语句：

```
UPDATE STUDENT SET 出生日期=Cdate (Mid(Ltrim(身份证号),7,4)+"-"+Mid(Ltrim(身份证号),
11,2)+"-"+ Mid(Ltrim(身份证号),13,2));
```

4.4.9　追加查询

数据追加查询使用INSERT INTO 语句向某个特定的表中插入新行，格式为：

```
INSERT INTO 表名称 VALUES (值1, 值2,...)
```

也可以插入指定的列，格式为：

```
INSERT INTO 表名称 (列1, 列2,...) VALUES (值1, 值2,...)
```

任务 4-50　向DOCTOR表中增加一条新医生记录（"10050","吴灵脂","女","宇宙院士","内科",38,"勤奋"）。

操作提示：

SQL语句：

```
INSERT INTO DOCTOR(DID,姓名,性别,职称,出诊科室,挂号费,特点) VALUES ("10050", "吴
灵脂", "女","宇宙院士","内科",38, "勤奋");
```

4.4.10　数据删除

DELETE 语句用于删除表中的行，格式为：

```
DELETE FROM 表名称 WHERE 条件
```

任务 4-51　将 DOCTOR 表中的 DID 是 10050 的医生删除。

操作提示：

SQL 语句：

```
DELETE FROM DOCTOR WHERE DID="10050";
```

▌4.5　数据库查询实例

对临床或生物信息数据进行分析前，经常需要利用数据库的查询功能对已有数据进行整理，这是数据分析中的一个重要环节。任务 4-52 是一个临床实际问题，可以通过前面阐述的查询命令使该问题得到解决。

任务 4-52　肝囊肿是较常见的疾病，全球肝囊肿患病率为 4.5% ~ 7.0%，腹部 B 超报告可以精确地测量囊肿的大小，总胆固醇是评定高脂血症的一项重要指标。在肝囊肿与高脂血症相关研究中，希望能够从 PHYS_EXAM 表的"腹部 B 超小结"字段中获取患者首末两次检查（至少间隔一年）的肝囊肿变化的数据，观察肝囊肿大小的变化与胆固醇的关系。

操作提示：

（1）去除"腹部 B 超小结"中未出现"肝脏囊肿"的记录。将查询结果生成表 SL_1（检查号，身份证号，年龄，体检日期，总胆固醇，腹部 B 超小结）。

SQL 语句：

```
SELECT 检查号,身份证号,年龄, 体检日期, 总胆固醇, 腹部B超小结 INTO SL_1
FROM PHYS_EXAM
WHERE 腹部B超小结 Like "*肝脏囊肿*";
```

保存查询。指定查询名称为"任务 52_1"，观察查询结果。

（2）提取字段"腹部 B 超小结"中的肝囊肿大小。经过观察发现，在"腹部 B 超小结"内容中"肝脏囊肿"后的第一个"大小"后的第一组数字就是肝囊肿的大小，该数字由一位整数和一位小数构成，因此可以依据上述特征提取肝囊肿大小。

- 去除 SL_1 表腹部 B 超小结字段的"肝脏囊肿"前面的全部字符，将查询结果生成 SL_2 表。

SQL 语句：

```
SELECT 检查号,身份证号,年龄, 体检日期, 总胆固醇, Mid(腹部B超小结, Instr( 腹部B超
小结, "肝脏囊肿")) AS B超小结 INTO SL_2
FROM SL_1;
```

保存查询。指定查询名称为"任务 52_2"，观察查询结果。

- 去除 SL_2 表"B 超小结"字段"大小"前面的全部字符，将查询结果生成 SL_3 表。

SQL 语句：

```
SELECT 检查号,身份证号,年龄, 体检日期, 总胆固醇, Mid(B超小结, Instr(B超小结, "大
小")) AS B超 INTO SL_3
FROM SL_2;
```

保存查询。指定查询名称为"任务52_3"，观察查询结果。

- 获取 SL_3 表的"B 超"字段中第一个小数点及小数点两侧的数字字符，生成囊肿大小，
  将查询结果生成 SL_4 表。

SQL 语句：

```
SELECT 检查号,身份证号,年龄, 体检日期, 总胆固醇, Mid(B超, Instr(B超, ".")-1,3)
AS 肝囊肿大小 INTO SL_4
FROM SL_3;
```

保存查询。指定查询名称为"任务52_4"，观察查询结果。

- 去除 SL_4 表肝囊肿大小为空的记录，并将肝囊肿大小字段的属性改为数值型，将查询
  结果生成 SL_5 表。

SQL 语句：

```
SELECT 检查号,身份证号,年龄, 体检日期, 总胆固醇, Val(肝囊肿大小) AS 囊肿大小 INTO SL_5
FROM SL_4
WHERE 肝囊肿大小 IS NOT NULL;
```

保存查询。指定查询名称为"任务52_5"，观察查询结果。

（3）提取每位学生第一次和末次体检中肝囊肿的大小。

- 利用"查询向导"查找重复项，将"身份证号"字段调入重复值字段框中，查找多次
  体检的学生，指定查询名称为"任务52_6"，在"任务52_6"的 SQL 代码中加入 INTO
  SL_6，如图4-63所示，重新运行"任务52_6"，将查询结果生成 SL_6 表。

保存查询。指定查询名称为"任务52_6"，观察查询结果。

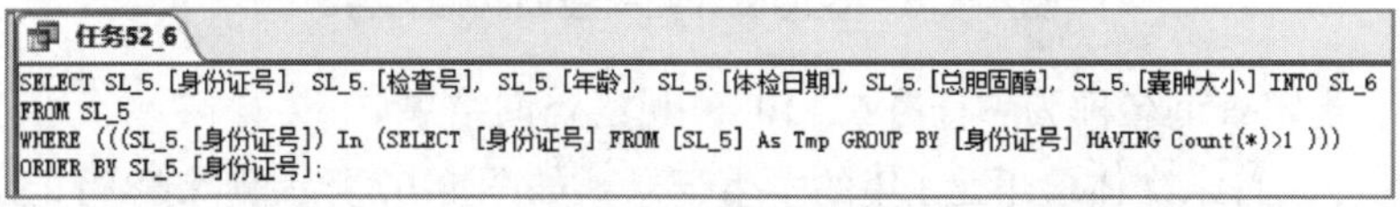

```
任务52_6
SELECT SL_5.[身份证号], SL_5.[检查号], SL_5.[年龄], SL_5.[体检日期], SL_5.[总胆固醇], SL_5.[囊肿大小] INTO SL_6
FROM SL_5
WHERE (((SL_5.[身份证号]) In (SELECT [身份证号] FROM [SL_5] As Tmp GROUP BY [身份证号] HAVING Count(*)>1 )))
ORDER BY SL_5.[身份证号];
```

图4-63　任务52_6查询代码中添加"INTO SL_6"子句

- 查询学生第一次体检肝囊肿大小，将查询结果生成 SL_7 表。

SQL 语句：

```
SELECT 检查号, 身份证号, 年龄, 体检日期, 总胆固醇, 囊肿大小, "第一次" AS 体检 INTO SL_7
FROM SL_6 AS A
WHERE 体检日期=(SELECT MIN(体检日期) FROM SL_6 AS B WHERE A.身份证号=B.身份证号);
```

保存查询。指定查询名称为"任务52_7"，观察查询结果。

- 查询学生末次次体检肝囊肿大小，生成 SL_8 表。

SQL 语句：

```
SELECT 检查号,身份证号,年龄, 体检日期, 总胆固醇, 囊肿大小 , "末次" AS 体检 INTO SL_8
```

```
FROM SL_6 AS A
WHERE 体检日期=(SELECT MAX(体检日期) FROM SL_6 AS B WHERE A.身份证号=B.身份证号);
```

保存查询。指定查询名称为"任务52_8",观察查询结果。

（4）将每位学生的两次体检肝脏囊肿和总胆固醇信息合并为一条记录,删除首末次体检不足1年的学生。

- 创建新表SL_9（身份证号,首次体检年龄,首次体检日期,首次囊肿大小,首次总胆固醇,末次体检日期,末次囊肿大小,末次总胆固醇）,如图4-64所示,其中首次囊肿大小、首次总胆固醇、末次囊肿大小,末次总胆固醇四个数字字段的字段大小设为单精度型。

SL_9	
字段名称	数据类型
身份证号	长文本
首次体检年龄	数字
首次体检日期	日期/时间
首次囊肿大小	数字
首次总胆固醇	数字
末次体检日期	日期/时间
末次囊肿大小	数字
末次总胆固醇	数字

图4-64 建立表SL_9

- 使用"查询设计"追加查询将SL_7追加到SL_9表（身份证号,首次体检年龄,首次体检日期,首次囊肿大小,首次总胆固醇）,如图4-65所示。

字段:	身份证号	年龄	体检日期	总胆固醇	囊肿大小
表:	SL_7	SL_7	SL_7	SL_7	SL_7
排序:					
追加到:	身份证号	首次体检年龄	首次体检日期	首次总胆固醇	首次囊肿大小
条件:					
或:					

图4-65 查询设计追加查询网格内容

保存查询。指定查询名称为"任务52_9",观察查询结果。

- 使用查询设计更新查询将SL_8按照身份证号更新SL_9表（末次体检日期,末次囊肿大小,末次总胆固醇）,如图4-66所示。

字段:	末次体检日期	末次囊肿大小	末次总胆固醇	身份证号
表:	SL_9	SL_9	SL_9	SL_9
更新到:	[SL_8].[体检日期]	[SL_8].[囊肿大小]	[SL_8].[总胆固醇]	
条件:				[SL_8].[身份证号]
或:				

图4-66 查询设计更新查询网格内容

保存查询。指定查询名称为"任务52_10",观察查询结果。

- 删除SL_9表首末次体检不足1年的学生记录,如图4-67所示删除58行记录。

SQL语句:

```
DELETE FROM SL_9
WHERE 末次体检日期-首次体检日期<365;
```

图4-67 删除记录确认对话框

- 保存查询。指定查询名称为“任务 52_11”，查询结果 SL_9 表如图 4-68 所示。

SL_9

身份证号	首次体检年	首次体检日期	首次囊肿大	首次总胆固	末次体检日	末次囊肿大	末次总胆固
117848193312044	85	2014/4/1	1.8	4.85	2017/6/18	1.8	4.52
117848193902231	79	2014/4/18	1.8	5.69	2017/4/12	1.8	5.11
117848194202152	76	2014/4/27	1.2	2.97	2017/4/21	1.4	3.93
117848194702060	71	2014/10/14	2.4	6.06	2017/11/9	2	4.77
117848194809254	70	2014/10/16	2.3	3.46	2017/10/16	2.5	3.49
117848194810074	70	2014/3/31	2.1	6.44	2016/4/1	2	5.81
117848194904134	69	2014/4/17	4.8	3.69	2017/5/25	6	3.27
117848195007010	68	2014/10/16	1.1	3.97	2017/10/16	1.6	3.15
117848195103093	67	2014/4/20	2.6	5.96	2017/4/16	2.6	6.06
117848195110250	67	2014/4/27	1.4	4.21	2017/6/18	1.5	4.51
117848195111053	67	2016/4/1	0.5	4.31	2017/4/7	0.6	5.09
117848195111254	67	2014/3/21	4.9	6.4	2017/3/24	5.7	4.81
117848195207120	66	2014/4/29	0.7	4.67	2017/4/10	1	5.5
117848195209200	66	2014/4/8	2.3	4.18	2017/4/6	2.5	4.25

图 4-68　SL_9 表

小　结

本章从查询向导、查询设计、SQL 查询三种查询方式对查询的不同类型进行了介绍。三种查询方法的使用并不是孤立的，而是相辅相成的，SQL 查询可以基于查询向导和查询设计进行创建，SQL 查询也可以在查询设计视图中进行编辑。Access 的查询类型选择是由查询任务决定的，根据不同的查询任务合理地选择查询类型是本章的重要内容。Access 的查询可以从一个或多个表中提取信息并组合信息，也可以对数据进行添加、更新、删除等操作，因此 Access 生成的查询可以直接作为数据源使用在窗体、报表、宏、VBA 中（见后面章节）。本章在最后一节中借助临床实例强化了不同的查询方式和查询类型在具体查询任务中的应用，可使读者加深对本章重要知识点的记忆和理解。

第5章

窗体设计与制作

【本章内容】

本章将介绍窗体的功能、视图、分类，窗体的创建、使用，窗体的设计及优化，各种常用控件的使用，控件 Tab 键的设置，计算表达式的使用，窗体的事件。通过本章的学习可以使用户更好地应用窗体进行操作。

【学习要点】

- 窗体的功能、结构、视图、种类。
- 创建窗体的各种方法。
- 窗体控件的使用。
- 窗体的设计及优化。

▌5.1 认 识 窗 体

Access 窗体（Form）是用户与 Access 数据库交互的一个窗口。通过窗体，用户可以像数据表一样查看数据库的信息，并且可以对数据进行操作。可以说窗体是数据表的延伸，不仅能够实现数据表的基本功能，还能实现更多的窗口式友好界面功能。

5.1.1 窗体的功能

窗体有多种形式，不同的窗体能够完成不同的功能。使用窗体时用户可以不用专门到数据库搜索所需的内容，因而有效的窗体可以提高数据库的使用效率。同时，视觉美观的窗体可让数据库处理工作变得更加令人愉悦和高效，并且还有助于防止输入不正确的数据。窗体中显示的信息主要有两类：一类是设计窗体时附加的提示信息；另一类是处理表或查询的记录。窗体有显示和操作数据、显示消息、控制流程、打印信息等作用。

窗体可以完成的主要功能如下。

1. 显示和编辑数据

这是窗体最基本的功能。窗体为用户数据库中数据的表示方式提供了途径，同时还可以用窗体更改或删除数据库的数据，并且可以图表形式更直观地显示数据。

2．控制应用程序的流程

窗体上可以放置各种命令按钮控件，用户可以通过控件做出选择并向数据库发出各种命令。窗体可以与宏一起配合使用，来引导过程动作的流程。用户也可以在窗体中加入 VBA 命令编程进行各种操作，例如，可以在窗体上放置按钮控件来打开窗体、运行查询或打印报表等。

3．显示信息

可以利用窗体显示各种提示信息、警告和错误信息，例如当用户输入非法数据时，信息窗体会告知用户输入错误。

4．打印数据

窗体同时具有显示数据及打印数据的功能。

5.1.2　窗体的结构

窗体主要由窗体页眉、页面页眉、主体、页面页脚、窗体页脚五个节组成，如图 5-1 所示。

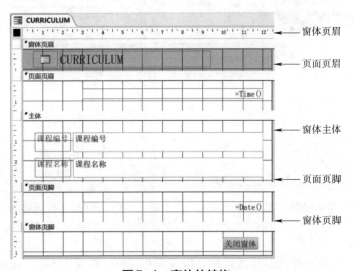

图5-1　窗体的结构

（1）窗体页眉：用于显示窗体的标题和使用说明、显示打开相关窗体或执行其他任务的命令按钮。窗体页眉显示在窗体视图中顶部或打印页的开头。

（2）页面页眉：用于显示自定义标题、列标题、日期或页码，显示在窗体中每页的顶部。

（3）窗体主体：用于显示窗体的主要部分，通常包含绑定到记录源中字段的控件，但也可以包含未绑定控件，如标签、图形等。

（4）页面页脚：用于在窗体中每页的底部显示汇总、日期或页码等。

（5）窗体页脚：用于显示窗体的使用说明、命令按钮或接受输入的未绑定控件。显示在窗体视图中的底部和打印页的尾部。

窗体中还可以包含标签、文本框、复选框、列表框、组合框、选项组、命令按钮、图像、OLE 对象、ActiveX 等控件。

5.1.3 窗体的视图

Access 2016 提供了 3 种窗体视图：窗体视图、布局视图、设计视图，不同的窗体视图具有不同的功能。单击"开始"选项卡"视图"组中的"视图"下拉按钮，弹出如图 5-2 所示的下拉列表，可以选择不同的视图。

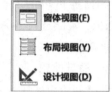

图 5-2　视图选择列表

1. 窗体视图

窗体视图显示了窗体运行的结果，如图 5-3 所示。在窗体设计过程中会反复进入窗体视图显示模式以查看窗体的设计效果，以便不断完善窗体。

2. 布局视图

布局视图显示了处于运行状态的窗体。相比窗体视图，布局视图可以修改窗体设计，如调整窗体控件的位置大小、添加删除控件等。在布局视图中，控件四周被虚线包围，表示控件可以被修改，如图 5-4 所示。

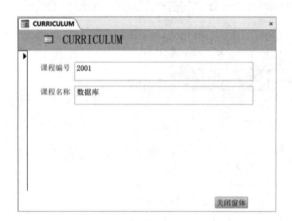

图 5-3　窗体视图

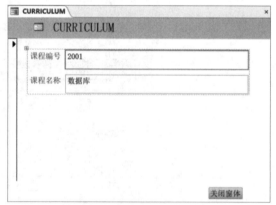

图 5-4　窗体布局视图

3. 设计视图

设计视图用于设计和修改窗体的结构，以及美化窗体，参见图 5-1。在设计视图中可以完成窗体的属性设置、编辑窗体的各个节、添加修改控件、设置控件的属性等多种操作。

5.1.4 窗体的种类

Access 2016 窗体分为 5 种：纵栏式窗体、表格式窗体、数据表窗体、主/子窗体和分割窗体。不同类型的窗体其数据的显示方式不同。

1. 纵栏式窗体

在纵栏式窗体中，每次只能显示表或者查询中的一条记录，记录中各个字段纵向排列，每个字段的标签一般放在字段左边，参见图 5-3。此类型窗体一般用于输入数据。

2. 表格式窗体

在表格式窗体中，可以显示表或者查询的全部记录，记录中各个字段横向排列，记录纵向排列，每个字段的标签都放在窗体顶部作为窗体页眉，如图 5-5 所示。当记录多时可以通过滚动条来滚动查看记录。

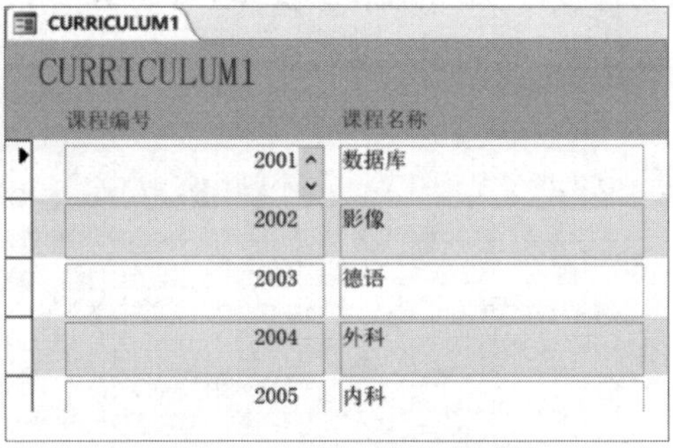

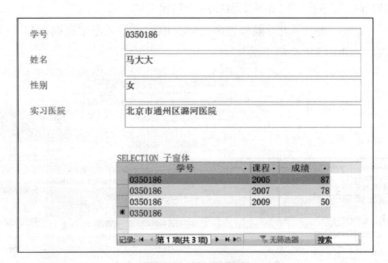

图5-5　表格式窗体

3．数据表窗体

数据表窗体的外观与数据表和查询数据显示界面相同，主要用于子窗体，如图5-6所示。

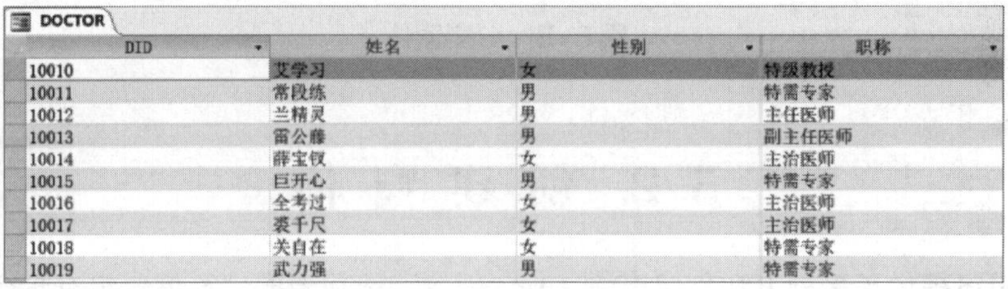

图5-6　数据表窗体

4．主/子窗体

当表或查询中的数据具有一对多的关系时，可以利用主/子窗体来显示。如图5-7所示，主窗体显示为纵栏式窗体，子窗体可以是数据表窗体或表格式窗体。子窗体还可以包含二级子窗体。

图5-7　主/子窗体

5. 分割窗体

分割窗体用于创建具有两种布局形式的窗体，窗体上半部分以单一记录形式显示数据，窗体下半部分以多条记录形式显示数据，这为用户浏览整体或局部数据提供了方便，如图5-8所示。

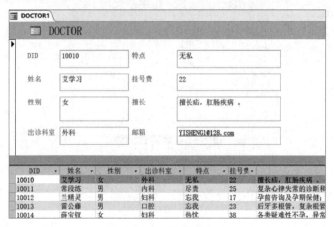

图5-8　分割窗体

5.2　创　建　窗　体

Access 2016提供了多种方法创建窗体，在"创建"选项卡的"窗体"组有多个创建窗体的按钮，如图5-9（a）所示，包括：窗体、窗体设计、空白窗体、窗体向导、导航、其他窗体。

"窗体"按钮：最快速创建窗体，并以布局视图显示窗体，来自数据源的所有字段均放在创建好的窗体中。

（1）"窗体设计"按钮：打开窗体设计视图进行窗体的设计。

（2）"空白窗体"按钮：以布局视图显示空白窗体，用户自己再添加、设置对象。

（3）"窗体向导"按钮：以向导形式引导用户创建窗体。

（4）"导航"按钮：创建带有导航按钮的窗体，以网页格式呈现数据，其下拉列表中有6种布局格式可以选择，如图5-9（b）所示。

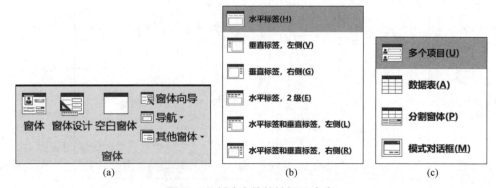

图5-9　创建窗体的按钮及命令

（5）"其他窗体"按钮：可以创建多个项目、数据表、分割窗体、模式对话框，如图5-9（c）所示。

Access 2016在"创建"选项卡新添加了"应用程序部件"按钮，利用此按钮可以创建基于模板的窗体、报表，或者带有窗体或报表的数据表，如图5-10所示。添加应用程序部件后，用户可以根据需要进行修改。

图5-10　"应用程序部件"列表

5.2.1　使用"创建"选项卡创建窗体

在Access 2016中，使用"窗体"按钮工具是创建窗体的最迅速、最简便的方法。使用"窗体"按钮可以创建一个显示选定的表或查询中所有字段的窗体。

任务 5-1　使用"窗体"按钮直接创建一个显示DOCTOR表中所有字段的窗体。

操作步骤：

（1）选择窗体数据源。在"医学信息"数据库中单击导航窗格中的DOCTOR表。

（2）创建窗体。单击"创建"选项卡，在"窗体"组中单击"窗体"按钮，系统会自动创建DOCTOR窗体，如图5-11所示。

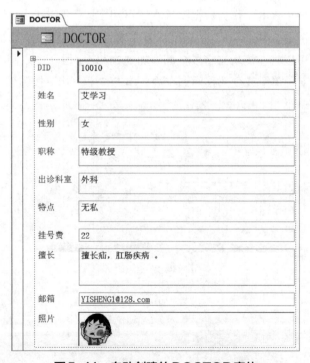

图5-11　自动创建的DOCTOR窗体

（3）保存窗体。在DOCTOR窗体标签上右击，在弹出的快捷菜单中选择"保存"命令（见图5-12），打开"另存为"对话框，输入窗体名称，单击"确定"按钮，如图5-13所示。

图5-12 "窗体"快捷菜单

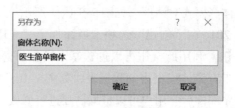

图5-13 窗体"另存为"对话框

5.2.2 使用"窗体向导"创建窗体

利用"窗体向导"创建窗体可以让用户选择输出的字段、窗体的布局和样式，使窗体满足更高的要求。

任 务 5-2 使用"窗体向导"创建一个基于DOCTOR表的窗体。

操作步骤：

（1）选择窗体数据源。在"医学信息"数据库中单击导航窗格中的DOCTOR表。

（2）打开"窗体向导"。单击"创建"选项卡"窗体"组中的"窗体向导"按钮，打开"窗体向导"对话框。

（3）设置数据源和数据字段。如图5-14所示，在"窗体向导"对话框的"表/查询"下拉列表框中选择"表：DOCTOR"作为数据源。在"可用字段"列表框中将所需字段添加到右边的"选定字段"列表框中。利用">"按钮可以将左侧选定的字段单个添加到右边"选定字段"中，利用">>"按钮可以将左侧所有字段全部添加到"选定字段"中。同理，"<"按钮和"<<"按钮可以将右侧所选字段单个或全部移回到左边，单击"下一步"按钮。

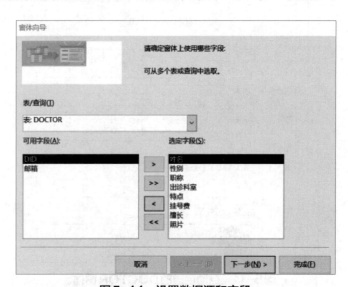

图5-14 设置数据源和字段

（4）设置窗体的布局。如图5-15所示，系统提供了四种布局：纵栏表、表格、数据表、两端对齐，此任务中选择"数据表"布局，单击"下一步"按钮。

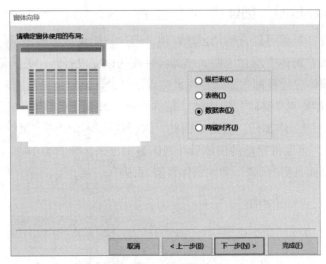

图5-15 设置窗体布局

（5）设置窗体的属性，选择完成窗体创建后的操作界面。如图5-16所示，设置窗体标题为"医生向导窗体"，并选择"打开窗体查看或输入信息"单选按钮。单击"完成"按钮，创建好的窗体如图5-17所示。

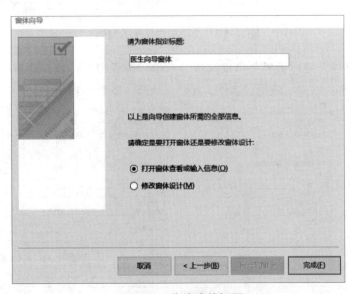

图5-16 指定窗体标题

姓名	性别	职称	出诊科室
艾学习	女	特级教授	外科
常段练	男	特需专家	内科
兰精灵	男	主任医师	妇科
雷公藤	男	副主任医师	口腔
薛宝钗	女	主治医师	妇科
巨开心	男	特需专家	内科
全考过	女	主治医师	妇科
袁千尺	女	主治医师	儿科
关自在	女	特需专家	妇科

图5-17 "窗体向导"结果

5.2.3 使用"设计视图"创建窗体

利用"窗体向导"虽然可以方便地创建窗体，但这只能满足一般显示的要求，对于用户的一些更高的要求，如在窗体中增加说明、增加各种按钮以完成打开、关闭窗体等功能，需要通过在 Access 提供的窗体设计视图中添加控件来完成，以设计出复杂灵活的窗体。

单击"创建"选项卡"窗体"组中的"窗体设计"按钮，打开窗体设计视图。默认情况下，只显示窗体设计的主体部分。右击空白处，选择快捷菜单中的"页面页眉/页脚"和"窗体页眉/页脚"命令，可以将完整的窗体设计视图显示出来，如图5-18所示。同样，也可以在快捷菜单中取消"页面页眉/页脚"和"窗体页眉/页脚"。

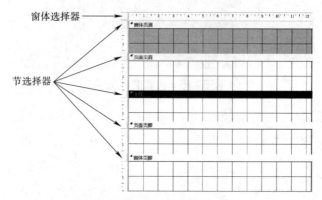

图5-18　全部节均显示的窗体

拖动"节选择器"可以调整各节的高度，双击"选择器"可以打开窗体或各节的属性窗格，包括5个选项卡：格式、数据、事件、其他、全部，如图5-19所示。

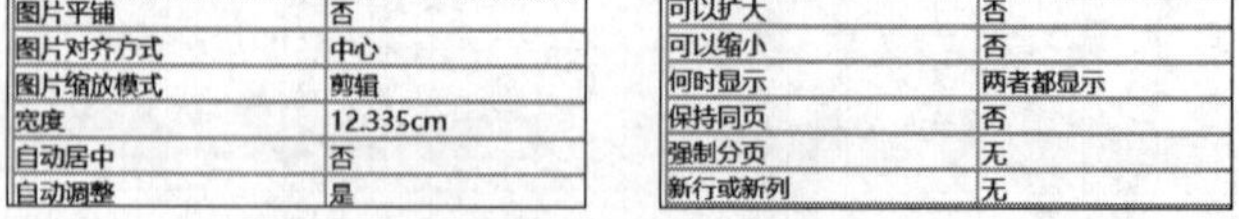

图5-19　属性表窗格

- 格式：用于设置窗体或节的显示方式。
- 数据：用于设置窗体或节的数据源、数据规则、输入掩码等。
- 事件：用于设置窗体或节对于不同事件可以执行的操作。
- 其他：用于设置窗体或节的其他属性。
- 全部：包括以上的所有属性。

打开窗体设计视图时，会出现"窗体设计工具"选项卡组，包括"设计""排列""格式"

选项卡，它们提供了窗体设计的所有工具，如图5-20所示。

图5-20 "窗体设计工具－设计"选项卡

任务 **5-3** 使用窗体"设计视图"创建一个基于STUDENT表的窗体。

操作步骤：

（1）打开窗体的设计视图。打开"医学信息"数据库，单击"创建"选项卡"窗体"组中的"窗体设计"按钮，进入窗体的设计视图。

（2）定义窗体数据源。右击"窗体选择器"，在弹出的快捷菜单中选择"属性"命令，打开窗体属性窗口；或者双击"窗体选择器"打开窗体属性窗口。在窗体"属性表"中选择"数据"选项卡，在"记录源"下拉列表框中选择数据表STUDENT以作为窗体的数据源。

（3）选择字段。在"窗体设计工具－设计"选项卡的"工具"组中，单击"添加现有字段"按钮，打开"字段列表"窗格，如图5-21所示。将窗体所需字段从"字段列表"中拖动到窗体"主体"中，并调整排列格式。

（4）显示窗体页眉/页脚。在"主体"节上右击，在弹出的快捷菜单中选择"窗体页眉/页脚"命令，打开窗体页眉/页脚。

图5-21 窗体字段列表

（5）为窗体页眉添加"徽标"控件。在"窗体设计工具－设计"选项卡的"页眉/页脚"组中，单击"徽标"按钮，打开"插入图片"对话框，选择一幅图片作为窗口的徽标。

（6）添加页标题。在"窗体设计工具－设计"选项卡的"页眉/页脚"组中，单击"标题"按钮，系统自动在页眉区添加标题控件，输入新控件标题内容为"学生情况表"。

（7）添加页脚内容。在"窗体设计工具－设计"选项卡的"页眉/页脚"组中，单击"日期和时间"按钮，打开"日期和时间"对话框，让用户选择是否包含日期、时间及其格式，确定后系统自动在页眉区添加"日期"和"时间"控件，拖动这两个控件到窗体页脚区。

（8）调整并保存窗体。调整控件的大小和位置及窗体的样式、格式，在"窗体"属性表"格式"选项卡的"图片"属性中为窗体设置图片作为背景，如图5-22所示。切换到窗体视图查看窗体结果。保存窗体，如果要修改窗体，需要切换回设计视图进行修改。

注意： 添加文本框控件时，会同时添加一个标签控件，文本框具有输入的功能，标签框仅有显示文本的功能，两个控件在移动时，拖动文本框控件或标签控件的选择框可以将控件及其标签一起调整位置，拖动文本框控件和标签控件左上角的移动句柄（大方形）可以单独调整控件或标签的位置。拖动控件的大小句柄（小方形）可以调整控件的大小。

学生设计窗体
窗体页眉
学生情况表
主体
姓名
姓名
性别
性别
血型
团员
团员
出生日期
实习医院
窗体页脚
=Date()
=Time()

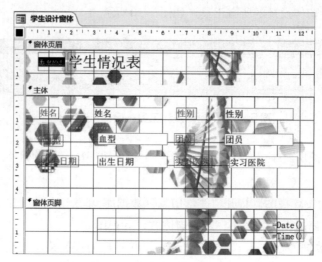

图5-22 窗体设计示意图

5.2.4 使用“其他窗体”创建窗体

使用“创建”选项卡“窗体”组的“其他窗体”可以创建一些特殊用途的窗体，包括：多个项目、数据表、分割窗体、模式对话框。

1. 多个项目窗体

“多个项目”可以在一个窗体上显示多条记录。

任务 5-4 创建一个基于学生情况STUDENT表的多个项目窗体。

操作步骤：

（1）选择窗体数据源。在“医学信息”数据库中单击导航窗格中的STUDENT表。

（2）建立多项目窗体。单击“创建”选项卡“窗体”组中的“其他窗体”按钮，在下拉列表中选择“多个项目”命令，窗体以布局视图格式显示创建结果。

（3）将窗体保存为“学生多个项目窗体”，效果如图5-23所示。

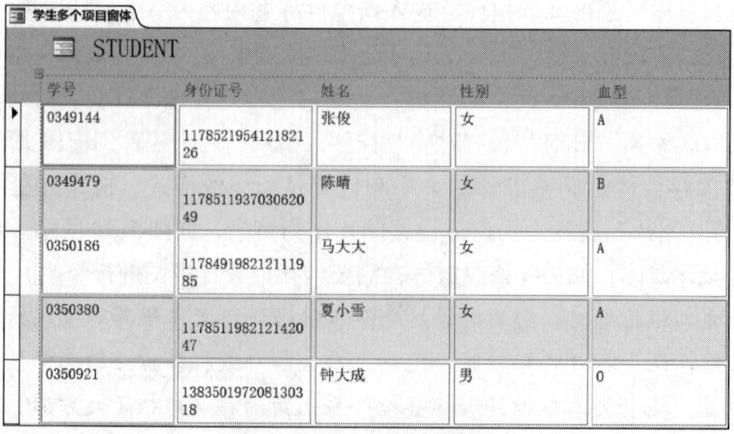

学生多个项目窗体
STUDENT
学号
身份证号
姓名
性别
血型
0349144
117852195412182126
张俊
女
A
0349479
117851193703062049
陈晴
女
B
0350186
117849198212111985
马大大
女
A
0350380
117851198212142047
夏小雪
女
A
0350921
138350197208130318
钟大成
男
0

图5-23 多个项目窗体

2. 数据表窗体

数据表窗体以行列表的形式显示数据。

任务 5-5 创建一个基于学生情况表STUDENT表的数据表窗体。

操作步骤：

（1）选择窗体数据源。在"医学信息"数据库中单击导航窗格中的STUDENT表。

（2）创建数据表窗体。单击"创建"选项卡"窗体"组中的"其他窗体"按钮，在下拉列表中选择"数据表"命令，窗体以布局视图格式显示创建结果。

（3）将窗体保存为"学生数据表窗体"，效果如图5-24所示。

学号	身份证号	姓名	性别	血型	团员
0349144	117852195412182XXX	张俊	女	A	True
0349479	117851193703062XXX	陈晴	女	B	True
0350186	117849198212111XXX	马大大	女	A	False
0350380	117851198212142XXX	夏小雪	女	A	True
0350921	138350197208130XXX	钟大成	男	O	False
0351053	117851199007121XXX	王晓宁	女	AB	True
0351316	237851196302181XXX	魏文鼎	女	B	True
0351482	117851195801030XXX	宋成城	女	B	False
0351528	117851198204152XXX	李文静	女	O	True
0352182	117849198703142XXX	张宁如	男	A	False
0352629	117853195308313XXX	王生安	女	AB	True
0352632	117851195908090XXX	张顺谷	男	O	True
0353071	117855194610313XXX	张淮淼	女	A	False

图5-24　数据表窗体

3. 分割窗体

分割窗体以两种视图显示同一数据源的数据，上半部分以单一记录显示数据，便于查看和编辑数据，下半部分以数据表显示所有数据，便于浏览和快速定位记录。

任务 5-6 创建一个基于学生情况表STUDENT表的分割窗体。

操作步骤：

（1）选择窗体数据源。在"医学信息"数据库中单击导航窗格中的STUDENT表。

（2）创建分割窗体。单击"创建"选项卡"窗体"组中的"其他窗体"按钮，在下拉列表中选择"分割窗体"命令，其上半部分以布局视图格式显示。

（3）将窗体保存为"学生分割窗体"，效果如图5-25所示。

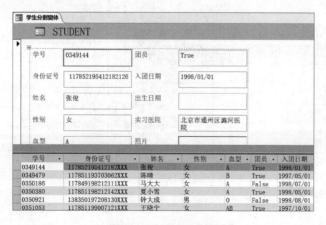

图5-25　分割窗体

4．模式对话框

模式对话框生成的窗体总是在系统操作界面的最前面，不关闭此对话框，用户不能进行其他操作，常见的登录窗体即是此类型的窗体。

任务 5-7 创建一个登录窗体。

操作步骤：

（1）创建窗体。单击"创建"选项卡"窗体"组中的"其他窗体"按钮，在下拉列表中选择"模式对话框"命令，系统自动以设计视图显示带有"确定"和"取消"命令按钮的窗体，如图5-26所示。

任务5-7

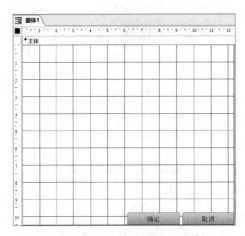

图5-26　模式对话框窗体设计

（2）设置标签。在窗体上右击，选择快捷菜单中的"窗体页眉/页脚"命令，打开窗体页眉/页脚。单击"窗体设计工具–设计"选项卡"控件"组中的"标签"按钮，在窗体页眉节区用鼠标拖动出一个大小适合的标签，输入"欢迎登录本系统！"。打开"属性表"窗格，在"格式"选项卡中设置标签的"文本对齐"属性为"居中"，并适当设置标签的字号、前景色等属性，如图5-27所示。

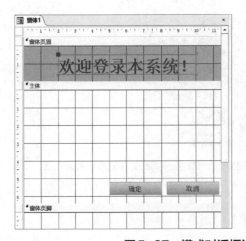

图5-27　模式对话框设置

注意：单击"窗体设计工具-设计"选项卡"工具"组中的"属性表"按钮，可以打开或关闭所选对象的"属性表"对话框。

（3）添加用户名输入控件。在"窗体设计工具-设计"选项卡"控件"组中的"其他"下拉列表中，选择"使用控件向导"命令，如图5-28所示，当用户添加控件时系统会给出向导式操作过程。单击"窗体设计工具-设计"选项卡"控件"组中的"文本框"按钮，在主体节区按住鼠标左键拖动出一个大小适合的文本框，在打开的"文本框向导"对话框中设置文本框的字体、字号、字形、特殊效果、对齐等。单击"下一步"按钮，选择输入法模式。如果文本框只接受汉字输入，可以设置输入法模式为"输入法开启"，这样当用户要在文本框输入数据时，系统会自动打开中文输入法。单击"下一步"按钮，输入文本框的名称为username，单击"完成"按钮，可在窗体中创建一个标签控件和一个文本框控件，双击标签控件，在"属性表"窗格中设置"标题"为"用户名"。

（4）添加密码输入文本框。添加第二个文本框，设置其名称为passwd，单击其"属性表"中"数据"选项卡的"输入掩码"右侧的"生成器"按钮，在打开的"输入掩码向导"对话框中选择"密码"，如图5-29所示，单击"完成"按钮。设置密码标签的"属性表"的"标题"为"密码"。

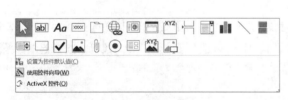

图5-28　控件列表　　　　　　　　　　图5-29　输入掩码向导

（5）保存窗体。保存此窗体名称为"登录模式对话框"，窗体设计如图5-30所示，切换到"窗体视图"查看效果，如图5-31所示。

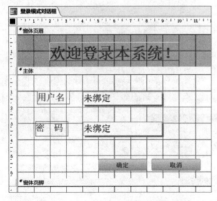

图5-30　登录窗体设计视图　　　　　　图5-31　模式对话框窗体

5.2.5 创建和使用主/子窗体

在处理关系数据时，通常需要在同一窗体中查看来自多个表或查询的数据。例如，想查看客户数据，但同时还想查看有关该客户的订单信息，可通过子窗体实现多个表的查询结果显示。

子窗体是指插入到其他窗体中的窗体。主要的窗体称为主窗体，该窗体内的窗体称为子窗体。当要显示具有一对多关系的表或查询中的数据时，使用子窗体特别有效。主窗体显示来自关系的"一"端的数据，子窗体显示来自关系的"多"端的数据。此类型窗体的主窗体和子窗体连接在一起，子窗体只会显示与主窗体中当前记录有关的记录。如果主窗体与子窗体未链接在一起，则子窗体将显示所有记录。

为达到主/子窗体最佳效果，应当先建立所需关系，从而使 Access 可以自动在子窗体与主窗体之间创建连接。在"数据库工具"选项卡的"关系"组中，单击"关系"按钮可以查看、添加或修改数据库中各表之间的关系，有关创建关系的详细信息，可参阅本书第2章相关内容。

1. 使用窗体向导创建包含子窗体的窗体

任务 5-8 使用窗体向导创建学生选课情况显示窗体。

操作步骤：

（1）建立表关系。在"医学信息"数据库中，单击"数据库工具"选项卡"关系"组中"关系"按钮，确定STUDENT表和SELECTION表已经按照"学号"建立一对多的关系。

（2）打开窗体向导。单击"创建"选项卡"窗体"组中的"窗体向导"按钮，打开"窗体向导"对话框。

（3）定义窗体数据源。在向导第一页上的"表/查询"下拉列表中，选择表：STUDENT，并添加要显示的字段到右侧的"选定字段"列表中；再选择表：SELECTION，同样选择要显示的字段到"选定字段"列表中，单击"下一步"按钮，如图5-32所示。

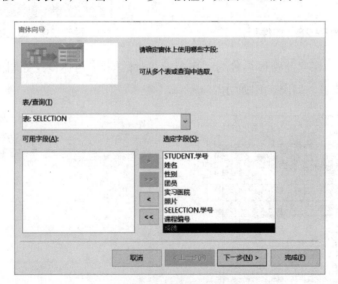

图5-32　定义窗体数据源

（4）定义主窗体。在"请确定查看数据的方式"栏中单击"通过STUDENT"，将其指定为主窗体，如图5-33所示。右侧将显示一个小窗体图，窗体下半部分中的框代表子窗体。选中"带有子窗体的窗体"单选按钮，单击"下一步"按钮。

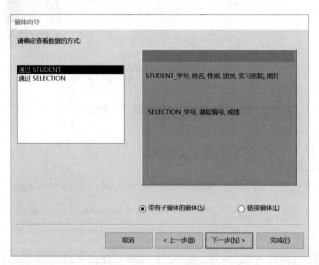

图5-33　确定主窗体

（5）定义子窗体布局。根据需要选择用于子窗体的布局："表格式"或"数据表"，此处选择"数据表"布局，单击"下一步"按钮。

（6）指定窗体标题。如图5-34所示，同时指定窗体定义完成后的状态：选中"打开窗体查看或输入信息"单选按钮可在窗体视图中打开窗体；选中"修改窗体设计"单选按钮可在设计视图中打开窗体。单击"完成"按钮。

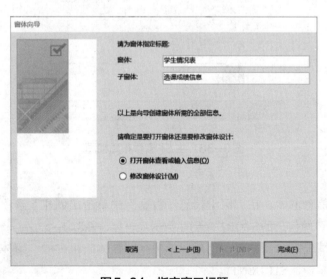

图5-34　指定窗口标题

（7）完成结果。学生情况表作为窗体的主体，其中子窗体包含了选课信息，并以数据表的形式显示，同时随主窗体中学生信息的变化而改变。保存窗体，效果如图5-35所示。

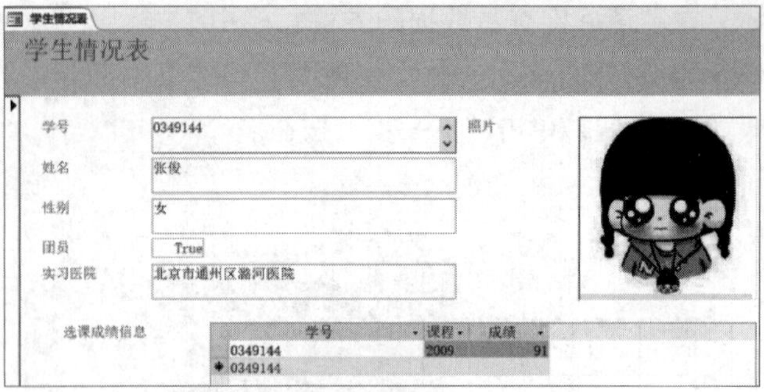

图5-35　学生选课信息结果

注意：在设计视图中可以同时对主、子窗体进行设计上的更改。

2．其他方法创建主窗体和子窗体

如果有两个现成的窗体，用户希望将一个窗体用作另一窗体的子窗体，可以通过将一个窗体拖放到另一个窗体上来创建子窗体。也可以在主窗体中利用"子窗体/子报表"控件来添加子窗体。

任务　5-9　使用拖放方式和"子窗体/子报表"控件创建子窗体，如图5-36所示。

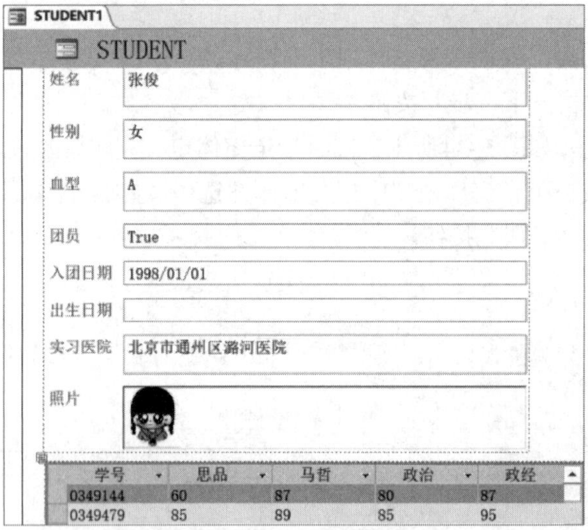

图5-36　主/子窗体布局视图

操作步骤：

（1）创建成绩信息窗体。在"医学信息"数据库中单击"创建"选项卡"窗体"组中的"其他窗体"按钮为成绩信息的SCORE表创建数据表窗体SCORE1。

（2）创建学生情况窗体。单击"创建"选项卡"窗体"组中的"窗体"按钮为学生情况STUDENT表创建简单窗体STUDENT1。

注意：当主窗体有关联的数据源时，创建主窗体时系统会自动在窗体下半部分显示子窗体，用户可以删除此子窗体。

（3）添加子窗体。在导航窗格中，将子窗体SCORE1拖动到主窗体STUDENT1上，如

图 5-36 所示。

注意：当用户新添加的子窗体数据源没有和主窗体数据源关联时，子窗体会显示全部记录。

（4）使用子窗体向导。切换到设计视图，在此窗体上删除已有的子窗体，单击"设计"选项卡"控件"组中的"子窗体"按钮，在窗体上拖动出合适的区域，打开"子窗体向导"对话框，选择"使用现有的表和查询"项，单击"下一步"按钮。

（5）定义查询结果。选择"表/查询"为"表：SCORE"，将子窗体需要的字段添加到"选定字段"列表中，单击"下一步"按钮按钮，如图 5-37 所示。

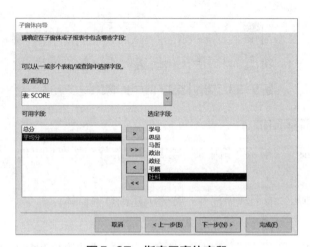

图5-37　指定子窗体字段

（6）选择主窗体和子窗体的链接字段。由于两个窗体的数据表已经关联，所以可以从系统提供的列表中选择，如图 5-38 所示。如果数据源没有关联，用户需要选择"自行定义"来确定两个窗体的关联字段，单击"下一步"按钮。

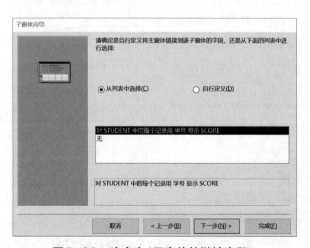

图5-38　确定主/子窗体的链接字段

（7）完成并优化窗体。指定子窗体的名称后单击"完成"按钮，调整子窗体的大小和位置后切换到窗体视图查看效果，如图 5-39 所示。此时子窗体只显示与主窗体"学号"关联的学生成绩。保存该窗体为"学生成绩主子窗体"。

姓名	张俊
性别	女
血型	A
团员	True
入团日期	1998/01/01
出生日期	
实习医院	北京市通州区潞河医院
照片	

成绩子窗体

学号	思品	马哲	政治	政经	毛概	社科
0349144	60	87	80	87	56	85

图5-39　窗体视图下的学生成绩主/子窗体

5.2.6　基于模板创建窗体

利用"创建"选项卡"模板"组中的"应用程序部件"按钮可以创建基于系统模板的各种窗体。

任务　5-10　使用"应用程序部件"按钮创建消息框窗体。

操作步骤：

（1）创建窗体。单击"创建"选项卡"模板"组中的"应用程序部件"按钮，在打开的下拉列中单击"消息框"图标，系统自动创建一个带"是""否""取消"三个按钮消息框，如图5-40所示。

（2）美化窗体。切换到设计视图，单击"设计"选项卡"控件"组中的"标签"按钮，在窗体上拖动出合适的区域，输入相应的提示文字并设置文字的字体字号等属性。删除"取消"按钮，调整"是""否"按钮的位置和对齐，如图5-41所示。

（3）保存窗体为"退出提示消息框"以备退出系统时调用。

图5-40　消息框

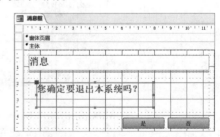

图5-41　"消息框"设计视图

▎5.3　设计优化窗体

要想设计出美观高效的窗体，必然要用到窗体中的各种控件，以及对窗体的各个对象进行各种设置。

5.3.1　常用的控件

控件是构成窗体的基本元素，Access 2016提供了多种控件，如标签、文本框、单选按钮、复选框、图形等，这些控件在窗体的设计过程中可以帮助窗体完成各种复杂的功能。控件的使用必须在设计视图中进行，大部分控件在"窗体设计工具–设计"选项卡的"控件"组，同时在"设计"选项卡的"页眉/页脚"组还有"徽标""标题""日期和时间"三个控件，如图5–42所示。控件名称及功能如表5–1所示。

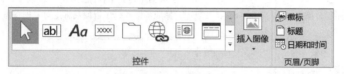

图5–42　控件按钮

表 5–1　常用控件及功能

控 件 按 钮	控 件 名 称	控 件 功 能
	选择	用于选择窗体或窗体中的控件
abl	文本框	用于在窗体、报表中查看和编辑数据
Aa	标签	用于显示说明文字
xxxx	命令按钮	用于调用宏或运行VBA程序，以执行某种动作
	选项卡	用于创建多页的窗体，可以在文件夹形式的界面中显示多页
	超链接	用于创建指向网页、图片、电子邮件地址或程序的连接
	Web浏览器	在窗体插入浏览器
	导航	在窗体中插入导航条
XYZ	选项组	显示一组有限的替代选项，一次只能从选项组中选择一个选项
	分页符	指定多页窗体的分页位置
	组合框	文本框和列表框的组合，可以输入数据，也可以从列表中选择数据
	图表	插入图表对象
\	直线	插入直线，可以突出显示数据或分割不同数据
	切换按钮	代表"是/否"型数据，按下表示"是"
	列表框	显示可供选择的数据
	矩形	绘制矩形，可以突出显示某些数据
✓	复选框	插入表示是/否的小方框，选中表示"是"，未选表示"否"
	未绑定对象框	可显示没有存储于表中的图片、图表或任一OLE对象。例如，可以使用未绑定对象框来显示在Microsoft Graph中创建并保存的图表

控 件 按 钮	控 件 名 称	控 件 功 能
	附件	插入附件
	选项按钮	插入表示是/否的小圆按钮，选中表示"是"，未选表示"否"
	子窗体/子报表	创建子窗体/子报表
XYZ	绑定对象框	用来显示在Access数据库的表中存储的图片、图表或任何OLE对象。例如，如果在Access的表中存储职员图片，可以使用绑定对象框在窗体或报表上显示这些图片
	图像	插入静态图片
	设置为控件默认值	将已设置好的控件属性设为默认值，以后添加的同类控件均使用此默认值
	控件向导	打开或关闭控件创建向导
✗	ActiveX控件	打开ActiveX控件列表，供用户选择插入特殊功能的对象，如日历、媒体播放器等，需要在控件事件中编程实现相应的操作

控件根据用途和数据源的关系，可以分为三类：绑定控件、未绑定控件和计算控件：

（1）绑定控件：控件的数据源是表或查询中的字段，这类控件称为绑定控件，如任务5-3所创建的控件。使用绑定控件可以显示、输入、更新数据库中字段的值。绑定的方法有：单击"设计"选项卡"工具"组中的"添加现有字段"按钮，打开"字段列表"窗格，直接从"字段列表"窗格将字段拖动到窗体或报表。也可以通过在控件内部输入字段的名称，或者在控件的属性表中的"控件来源"属性框中输入字段的名称来绑定控件。

（2）未绑定控件：不具有数据源（如字段或表达式）的控件称为未绑定控件，如本任务5-7所创建的控件。可以使用未绑定控件显示信息、图片、线条或矩形。例如，显示窗体标题的标签就是未绑定控件。

（3）计算控件：其数据源是表达式（而非字段）的控件称为计算控件。通过定义表达式来指定要用作控件的数据源的值。表达式可以是运算符、控件名称、字段名称、返回单个值的函数以及常数值的组合。例如，表达式"=[挂号费] * 0.5"，将"挂号费"字段的值乘以常数值（0.5）计算打折后的费用。表达式可以使用来自窗体或报表的基础表或查询中的字段的数据，也可以使用来自窗体或报表中的另一个控件的数据。

将标签控件粘贴到其他控件上可以将标签附加到相应的控件上，从而为控件指定标签。在窗体视图下，如果文本框的内容较多显示不全时，可以选中文本框后按【Shift+F2】组合键显示一个"缩放"对话框以显示文本框中的更多内容。利用"格式刷"可以为多个控件设置相同格式。

1. 使用命令按钮

命令按钮用于调用宏或运行VBA程序，以执行某种动作，如查找记录、打开操作等。Access 2016命令包括6类：记录导航、记录操作、窗体操作、报表操作、应用程序、杂项。

任务 5-11 在窗体中添加命令按钮，实现对课程信息CURRICULUM表的添加、删除、更新记录功能以及打印、关闭窗体功能。

操作步骤：

任务5-11

（1）选择窗体数据源。在"医学信息"数据库左侧的导航窗格中选择CURRICULUM表。

（2）创建简单窗体。单击"创建"选项卡"窗体"组中的"窗体"按钮创建简单窗体CURRICULUM，切换到设计视图。

（3）添加关闭窗体按钮。在"窗体设计工具－设计"选项卡的"控件"组中，选择"其他"|"使用控件向导"命令，单击"控件"组中的"按钮"图标，在"窗体页脚"节中合适位置拖动，放置命令按钮并自动打开"命令按钮向导"对话框，在"类别"列表框中选择"窗体操作"，在"操作"列表框选择"关闭窗体"，单击"下一步"按钮，如图5-43所示。

图5-43　定义按钮功能

（4）定义按钮标题文本。如图5-44所示，在"命令按钮向导"对话框中选中"文本"单选按钮，单击"下一步"按钮。

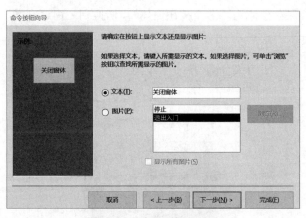

图5-44　定义按钮标题

（5）定义按钮名称。在"命令按钮向导"对话框中为按钮指定名称为"关闭窗体"，单击"完成"按钮。

（6）添加并设置打印窗体按钮。用同样的方法在窗体页眉区添加记录命令按钮，操作类别为"窗体操作"，操作内容为"打印当前窗体"，按钮显示文本和按钮名称为"打印窗体"。

（7）"添加记录"按钮的设置。窗体主体节添加命令按钮，向导中选择操作类别为"记录操作"，操作内容为"添加新记录"，如图5-45所示。设置显示文本和按钮名称为"添加记录"。

（8）"删除记录"按钮的设置。在窗体主体节添加删除记录命令按钮，在其向导中选择操作类别为"记录操作"，操作内容为"删除记录"，按钮显示文本和按钮名称为"删除记录"。

（9）"保存记录"按钮的设置。在窗体主体节添加更新记录命令按钮，在其向导中选择操作类别为"记录操作"，操作内容为"保存记录"，设置按钮显示文本和按钮名称为"保存记录"。

（10）窗体中调整按钮位置。在设计视图中按住【Shift】键单击，同时选中"添加记录""删除记录""保存记录"三个按钮，在"窗体设计工具-排列"选项卡的"调整大小和排序"组中，选择"对齐"|"靠上"命令使三个按钮顶端对齐，利用"大小/空格"下拉列表中的命令调整三个按钮的间距；利用"格式"选项卡"背景"组中的"背景图像"按钮为窗体添加适合的背景，如图5-46所示。

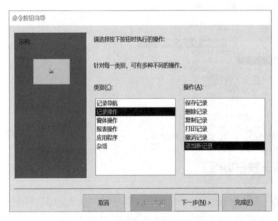

图5-45 添加记录按钮设置

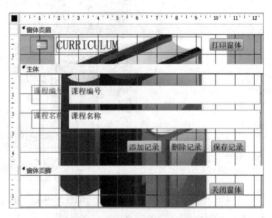

图5-46 命令按钮设计窗体

（11）运行窗体。保存窗体为"命令按钮窗体"，切换到"窗口视图"查看结果，如图5-47所示。

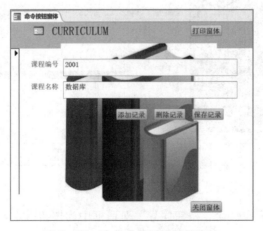

图5-47 含命令按钮控件的窗体

单击"打印窗体"按钮即可打开"打印"对话框进行打印操作，单击"关闭窗体"按钮立即关闭此窗体。

单击"添加记录"按钮可向窗体中添加新记录，输入完毕单击"保存记录"按钮。

使用窗体底部的记录翻阅按钮查看"第一条记录""上一条记录""下一条记录""尾记录"，单击"新（空白）记录"也可以添加新记录，在"搜索"框中输入内容可以搜索相应数据。

单击"尾记录"显示刚添加的最后一条记录，修改课程名称后单击"保存记录"按钮更新记录，打开 CURRICULUM 表查看修改、删除结果。

单击"删除记录"按钮，系统弹出对话框以确认是否删除当前记录，确认删除。

2. 使用文本框、选项卡、图像、非绑定对象框、绑定对象框、直线、矩形控件

文本框是用于在窗体和报表中查看和编辑数据的标准控件。文本框中可以显示许多不同类型的数据，还可以使用文本框来进行计算。绑定文本框可以显示表或查询中的字段内的数据。在窗体中，可以使用绑定到可更新记录源的文本框来输入或编辑字段中的数据，在文本框中所做的更改将反映在数据表中。未绑定文本框不连接到表或查询中的字段，可用于显示计算的结果或接收用户不想直接存储在表中的输入。

选项卡控件用于创建多页的窗体，可以在文件夹形式的界面中显示多页，每一页都可以作为文本框、组合框或命令按钮等其他控件的容器。向窗体中添加选项卡可使窗体更加有条理、更加易用，特别是当窗体中包含许多控件时，通过将相关控件放在选项卡控件的各页上，可以减轻混乱程度，并使数据处理更加容易。

图像控件可以在窗体上添加占位图片，用于美化窗体或显示图像。

非绑定对象框可显示没有存储于表中的图片、图表或任一链接或嵌入对象，对于每条记录，未绑定对象框中的对象都是相同的。例如，可以使用未绑定对象框来显示在 Excel 中创建并保存的电子表格。该控件允许用户使用创建对象的应用程序来创建或编辑该对象。可以在窗体或报表中使用未绑定对象框或图像控件来显示未绑定图片。使用未绑定对象框的优点是可以直接从窗体或报表中编辑对象；使用图像控件的优点是显示的速度比较快。

绑定对象框控件可以用来显示在数据库表中存储的图片、图表或任何 OLE 对象。绑定对象框可以绑定到基础表中的某一字段，该字段的数据类型必须为 OLE 对象。对于每条记录而言，绑定对象框中的对象是不同的。例如，如果在表中存储了人员图片，可以使用绑定对象框在窗体或报表上显示这些图片。该控件类型允许用户使用 OLE 服务器在窗体或报表内创建对象或编辑其中的对象。

直线控件可以在窗体上显示水平线、垂直线或对角线，用于分割。矩形控件可以在窗体添加任意颜色、大小的矩形，用于强调数据。

任务 5-12 向窗体添加文本框、选项卡、图像、非绑定对象框、绑定对象框、直线、矩形控件。

任务5-12

操作步骤：

（1）选择窗体数据源。选择"医学信息"数据库中的学生情况 STUDENT 表。

（2）定义窗体数据源。单击"创建"选项卡"窗体"组中的"窗体设计"按钮，进入窗体的设计视图，在窗体"属性表"中设置窗体的"记录源"为 STUDENT 表。

（3）将选项卡控件放置到窗体上。在"窗体设计工具－设计"选项卡的"控件"组中，单击"选项卡控件"按钮，在窗体主体节上单击要放置该选项卡控件的位置，如图5-48所示。

（4）在属性表上指定数据源。在"窗体设计工具－设计"选项卡的"工具"组中，单击"添加现有字段"图标，打开"字段列表"窗格。在"字段列表"窗格中，展开包含要绑定到文本框的字段的STUDENT表。

（5）添加绑定字段的文本框。将"学号""姓名""性别"字段从"字段列表"窗格拖动到选项卡"页1"合适的位置，此时选项卡的该页会变黑，以指示字段将附加到该页上。如图5-49所示，拖动标签或者控件的左上角移动句柄可以单独调整控件标签或控件的位置。

图5-48　向窗体添加选项卡控件

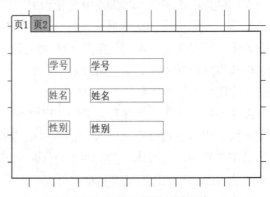

图5-49　添加了控件的选项卡

（6）添加照片字段。在"窗体设计工具－设计"选项卡的"控件"组中，单击"绑定对象框"按钮，在窗体主体节的合适位置放置此控件，在其"属性表"中设置标签的"标题"属性为"照片"，控件的"名称"属性为"照片"，"控件来源"为字段"照片"，"允许的OLE类型"为"嵌入"，"缩放模式"为"拉伸"，窗体视图效果如图5-50所示。

（7）定义政治面貌情况页。单击选项卡"页2"，使用标签控件为页2输入标题"政治面貌"，"字号"为22，"文本对齐"为"居中"，"字体粗细"为"加粗"；使用直线控件在标题下画出一水平分割线，"特殊效果"为"凹陷"；将"团员""入团日期"字段从"字段列表"窗格拖动到合适位置，使用图像控件在页面右下角放置一幅图以美化窗体，调整各个控件的位置和大小，如图5-51所示。如果控件不合适，可以右击，选择"删除"命令删除该控件。

图5-50　添加绑定对象框的窗体

图5-51　选项卡页2设置

（8）插入新的选项卡页。右击选项卡控件，在弹出的快捷菜单中选择"插入页"命令，系统会在现有页的末尾添加一个新空白页，使用矩形控件添加矩形，设置"特殊效果"为"凸起"，"背景色"为浅蓝色。右击要删除的选项卡页，在弹出的快捷菜单中选择"删除页"命令，Access 将删除页以及页中包含的所有控件。右击一个选项卡，或者右击选项卡控件顶部的空白区域，选择"页次序"命令，在"页序"对话框中选择要移动的页，单击"上移"或"下移"即可按照用户需要的顺序排列页。

（9）插入非绑定对象。将"实习医院"字段从"字段列表"窗格拖动到新选项卡页面的合适位置，选择"非绑定对象框"控件，在页面上单击弹出 Microsoft Access 对话框，选择"由文件创建"，单击"浏览"按钮找到要插入的对象"医学生誓言.docx"文件，单击"确定"按钮，设置该控件"缩放模式"为"拉伸"，窗体设计视图如图 5–52 所示。

（10）重命名选项卡页。在要重命名的选项卡上右击，在弹出的快捷菜单中选择"属性"命令，打开"属性表"窗格，或者直接按功能键【F4】作为"属性表"任务窗格的显示/关闭开关。在"属性表"的"格式"选项卡上，修改"标题"属性框中的文本。

（11）日期控件的使用。保存窗体并命名窗体为"学生详细情况窗体"，效果如图 5–53 所示。"入团日期"字段为日期型，可使用 Access 2016 窗体中提供的日期选取器输入。

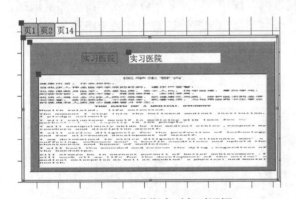

图 5–52　插入非绑定对象对话框

图 5–53　复杂窗体效果图

3. 使用复选框、选项按钮、切换按钮、选项组、列表框、组合框控件

Access 提供复选框、选项按钮和切换按钮，用户可以用它们来显示和输入"是/否"值。这些控件提供了"是/否"值的图形化表示，以便于使用和阅读。

选项组控件是显示一组有限的替代选项，一次只能从一个选项组中选择一个选项。选项组由一个组框和一组复选框、切换按钮或选项按钮组成。如果将选项组绑定到字段，则只是将组框本身绑定到了该字段，而框内包含的控件并没有绑定到该字段。不要为选项组中每个控件设置"控件来源"属性，而应该将每个控件的"选项值"属性设置为与组框所绑定到的字段有意义的数字。在选项组中选择选项时，Access 会将选项组所绑定到的字段的值设置为选定选项的"选项值"属性的值，因此相应的表中必须具有为此目的指定的"数字"数据类型的字段。还可以将选项组设置为表达式，也可以是未绑定的，用户可以使用自定义对话框中的未绑定选项组来接收用户输入，然后根据输入内容执行操作。

在窗体上输入数据时，从列表中选择一个值，要比记住一个值然后输入更加快捷和简便。

选择列表还可以确保在字段中输入的值是正确的。列表控件可以连接到现有数据，也可以显示在创建该控件时输入的固定值。Access 2016提供了两种列表控件：列表框和组合框。

列表框控件是显示值或选项的列表，列表框包含数据行，并且通常设置了大小以便始终都可以看到几个行。数据行可以有一个或多个列，这些列可以显示或不显示标题。如果列表中包含的行数超过控件中可以显示的行数，则 Access 将在控件中显示一个滚动条。用户只能选择列表框中提供的选项，而不能在列表框中输入值。

组合框控件以更紧凑的方式显示选项列表，单击其右侧的按钮可显示下拉列表，否则下拉列表一直处于隐藏状态。组合框允许用户输入不在列表中的值，因此它合并了文本框和列表框的功能。

任务 5-13 向窗体添加复选框、选项按钮、切换按钮、选项组、列表框、组合框控件。

任务5-13

操作步骤：

（1）打开任务5-12所创建的"学生详细情况窗体"，切换到设计视图。

（2）添加复选框。单击打开"政治面貌"选项卡，删除已有的团员文本框，在"窗体设计工具-设计"选项卡的"控件"组中，单击"复选框"按钮，在刚才删除位置单击添加复选框控件，设置该控件"属性表"中的"控件来源"为"团员"字段，调整控件的大小和位置，如图5-54所示。右击复选框，指向快捷菜单中的"更改为"，然后选择"切换按钮"或"选项按钮"命令可以更改复选框的类型。

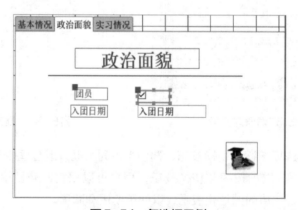

图5-54 复选框示例

（3）添加列表框控件。打开"基本信息"选项卡，删除"性别"文本框控件，单击"窗体设计工具-设计"选项卡"控件"组的"列表框"按钮，在主体节拖动出一个合适大小的列表框，当"控件"组的"使用控件向导"按钮处于选定状态时，自动打开"列表框向导"对话框，选择"自行键入所需的值"，单击"下一步"按钮。

（4）输入列表框显示值。列表框的默认设置列数为"1"，在第一行单元格中输入"男"，在第二行单元格中输入"女"，单击"下一步"按钮，如图5-55所示。

（5）设置列表框的绑定字段及标签。选择"将该数值保存在这个字段中"为"性别"，如图5-56所示。当列表框的值被修改后，系统会在数据表的相应字段中保存此修改，单击"下一步"

按钮。设置列表框的标签为"性别",单击"完成"按钮,调整控件的大小位置,查看效果。

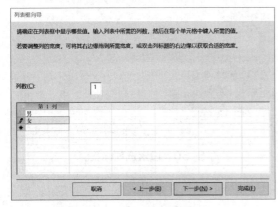

图5-55 输入列表框显示值

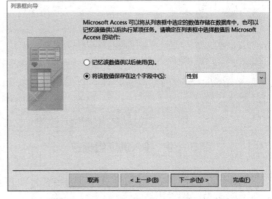

图5-56 设置列表框的绑定字段

(6)插入组合框控件。在"窗体设计工具–设计"选项卡"控件"组中单击"组合框"按钮,在主体节拖动出一个合适大小的组合框,选择"自行键入所需的值",在列表值中输入四种血型,如图5-57所示。设置组合框数值保存在"血型"字段中;标签名为"血型",完成后在窗体视图查看效果,如图5-58所示。

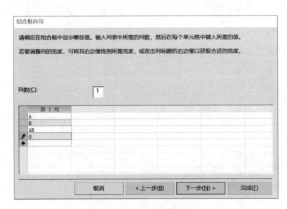

图5-57 组合框向导

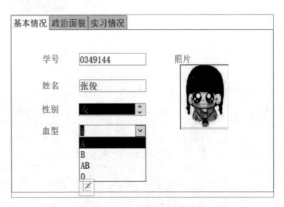

图5-58 组合框效果图

(7)在学生情况表中添加字段。打开学生情况STUDENT表,在表中添加字段"专业",类型为"数字",字段大小为"整型",保存并关闭此表。

(8)添加选项组控件。打开"学生详细情况窗体",切换到设计视图,打开"基本信息"页面,单击"窗体设计工具–设计"选项卡"控件"组中的"选项组"按钮,在主体节拖动出一个合适大小的选项组,系统自动打开"选项组向导"对话框,如图5-59所示。输入每个标签的名称,单击"下一步"按钮,选择"是,默认选项是(Y)",默认值为"基础医学",单击"下一步"按钮。

(9)为选项组赋值并设置绑定字段。输入数字代表相应的专业,如图5-60所示。单击"下一步"按钮,设置绑定字段中"在此字段中保存该值"为"专业",单击"下一步"按钮。

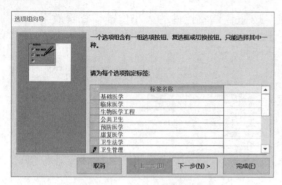

图5-59　输入选项组标签

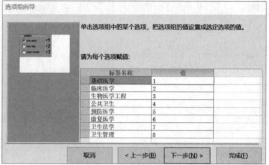

图5-60　设置选项标签值

（10）设置控件类型和样式。选择"选项按钮""阴影"样式，单击"下一步"按钮，指定选项卡名称为"专业"后完成选项卡的添加操作，在窗体视图查看效果，如图5-61所示。

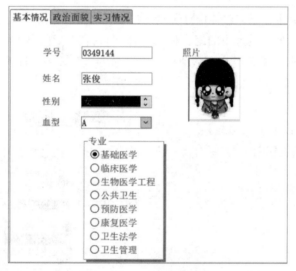

图5-61　选项组效果图

如果要将现有控件移动到组中，仅仅将控件拖动到选择组中并不能使其成为选项组的一部分，用户必须剪切控件并将其粘贴到组中，才能使其成为一个选项。

4. 使用图表控件

利用图表控件可以在窗体上创建一个基于数据源的图表，更加形象直观地显示数据。

任务 5-14　利用图表控件在窗体中显示数据。

操作步骤：

（1）创建新窗体。单击"创建"选项卡"窗体"组中的"空白窗体"按钮，新建一个空白窗体，保存为"成绩图表"，切换到设计视图。

（2）创建查询。单击窗体"属性表"中"来源"右边的"生成"按钮，打开查询设计视图，设置查询内容为学生的学号、姓名、课程编号、课程名称、成绩，查询设计视图如图5-62所示，保存此查询为"选课成绩"，关闭此查询。

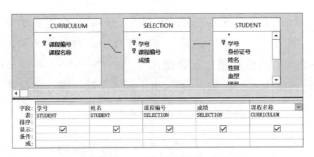

图5-62　"选课成绩"查询

（3）添加图标控件。单击"窗体设计工具–设计"选项卡"控件"组中的"图表"按钮，在主体节拖动出一个合适大小的图表区域，系统自动打开"图表向导"对话框，如图5-63所示。选择查询数据源为"查询：选课成绩"，视图为"查询"，单击"下一步"按钮。

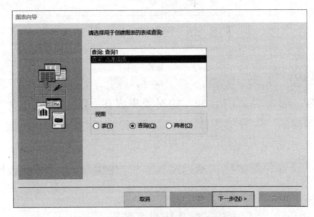

图5-63　指定图表的数据源

（4）添加统计项目并选择图表类型。将"姓名""成绩""课程名称"字段添加到"用于图表的字段"列表中，单击"下一步"按钮，选择柱形图，单击"下一步"按钮。

（5）指定数据在图表中的布局方式。"姓名"为坐标轴，"成绩"为数值轴，"课程名称"为分类系列，如图5-64所示。单击"下一步"按钮，在窗体字段和图表字段列表框中均选"无字段"，单击"下一步"按钮。

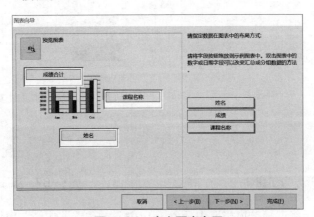

图5-64　定义图表布局

（6）指定图表的标题及图例。输入"选课成绩"为标题，设置显示图例，单击"完成"按钮后调整窗体大小和图表控件的大小和位置，在窗体视图查看效果。双击图表区进入图表编辑环境可以对图表的各个对象进行调整，具体操作与 Excel 中相同，调整坐标轴的字体，双击图表区域之外的空白区回到窗体视图模式，效果如图5-65所示，保存窗体为"成绩图表"。

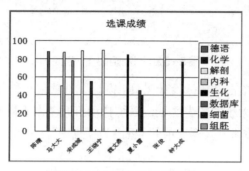

图5-65　图表控件效果图

5.3.2　特殊窗体的创建

为了操作简单方便，常常需要将数据库的对象集成在一起，形成一个应用系统，这就需要用到 Access 提供的新型窗体——导航窗体，同时可以设置系统自动启动窗体。

1．创建导航窗体

在导航窗体中可以设置导航按钮，通过这些导航按钮将已建立好的数据库对象集成在一起形成一个应用系统。

任 务 5-15　利用导航按钮创建"学生信息系统"。

操作步骤：

（1）创建导航窗体。单击"创建"选项卡"窗体"组中的"导航"按钮，选择"垂直标签，左侧"命令，系统进入导航窗体的布局视图，如图5-66所示。

（2）添加导航项。将"导航窗格"中的"学生详细情况窗体"拖动到"新增"按钮上，Access 将创建新导航按钮并在对象窗格中显示窗体，如图5-67所示。

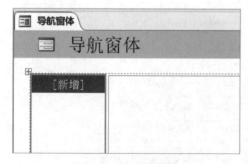

图5-66　导航窗体

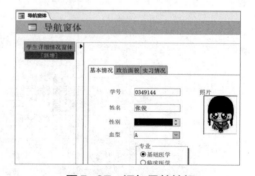

图5-67　添加导航按钮

（3）添加导航项。将"导航窗格"中任务5-14创建的"选课成绩"窗体拖动到"新增"按钮上，创建成绩图表窗体的导航按钮并在对象窗格中显示窗体，如图5-68所示。

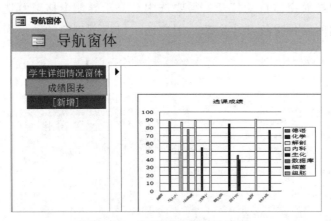

图5-68　添加窗体后导航按钮

（4）编辑导航项标题。修改"学生详细情况窗体"导航按钮的"标题"属性为"学生信息"，"选课成绩"导航按钮的"标题"属性为"成绩信息"，修改导航窗体的"标题"为"学生信息系统"，如图5-69所示。可以根据情况切换到设计视图进一步优化窗体。

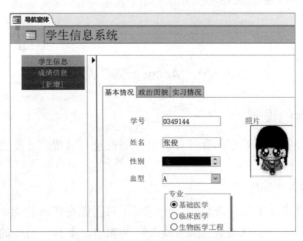

图5-69　导航窗体布局视图

（5）保存窗体为"学生信息"，切换到窗体视图查看效果，单击"导航"按钮可以打开相应的窗体。

2．自动启动窗体

在数据库中窗体需要双击才能打开，如果用户希望打开数据库时自动打开某个窗体，则需要将此窗体设置为启动窗体。

选择"文件"选项卡中的"选项"命令，打开"Access选项"对话框，单击左侧的"当前数据库"，在右侧窗格中设置"应用程序标题"为"学生信息"，"显示窗体"为"学生信息"，"导航"中取消选中"显示导航窗格"复选框（见图5-70），单击"确定"按钮，弹出提示框以提示关闭数据库后用户所做设置才生效，关闭数据库，再次打开此数据库查看效果。

取消自动启动窗体，需要在图5-70所示的对话框中设置"显示窗体"为"无"。如果打开数据库时希望导航窗体自动打开，需要选中"显示导航窗格"复选框。更改选项的设置后需要关闭数据库后再次打开才生效。用户还可以将所创建的数据库的应用程序图标修改为指定图标。

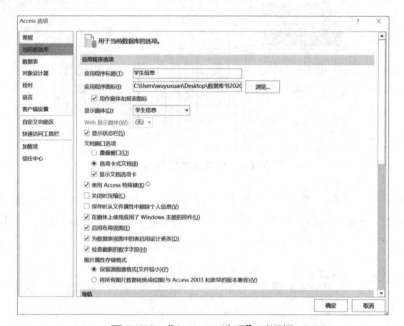

图5-70 "Access选项"对话框

5.3.3 窗体与控件的设置

在设计窗体时，经常需要对窗体和控件的各个属性进行设置，才能达到用户所需要的效果和功能。

1. 设置窗体与控件的属性

窗体和控件的属性决定了其外观结构，还定义了其所能完成的功能。通过在设计视图中双击窗体或控件，或者单击"窗体设计工具–设计"选项卡"工具"组中的"属性表"按钮，打开属性对话框，进行必要的属性设置。

控件的属性对话框与窗体的属性对话框类似，由"格式""数据""事件""其他""全部"五部分构成。根据所选择对象的不同，属性表中的内容会发生相应的改变，因此在查看属性表时，需要首先选择要设置的对象，或者注意属性表上端的名称显示，表明当前属性表显示的是哪个对象的属性。

为了便于编程实现数据库的高级操作，事件属性是必须要掌握的。"事件"指定在对象上执行某种操作后触发的操作，除了可以在窗体或控件的属性表中静态地设置其各个属性外，在后面章节的VBA或宏操作中可以针对对象的不同事件动态地设置窗体或控件的属性。如Form! 窗体名称.控件名称.属性名称=属性值，Me.控件名称.属性名称=属性值，Me表示当前窗体。窗体和控件的常用事件如表5-2所示。

表 5-2 窗体和控件的常用事件

事件类别	事件名称	触发时机
窗体	Open	在打开窗体，但第一条记录尚未显示时，该事件发生
	Load	在打开窗体并显示其记录时发生
	Activate	该事件在窗体获得焦点并成为活动窗口时发生
	Resize	在打开窗体时，只要窗体大小有更改，该事件就会发生
	Unload	该事件发生在将窗体关闭之后，但从屏幕上删除之前。当重新加载窗体时，Access 将重新显示窗体并重新初始化其中所有控件的内容
	Deactivate	当焦点从窗体移到其他窗口时，该事件发生
	Close	当窗体关闭并从屏幕上删除时，该事件发生
鼠标	Click	当在一个对象上单击时，该事件发生
	DblClick	当双击并释放鼠标左键时，将发生该事件
	MouseDown	当按下鼠标按钮时，就会发生该事件
	MouseMove	移动鼠标时，发生该事件
	MouseUp	当释放鼠标按钮时，将发生该事件
	MouseWheel	当在窗体视图、布局视图中滚动鼠标滚轮时发生该事件
键盘	KeyUp	当窗体或控件具有焦点时，如果释放某个键，则该事件发生
	KeyPress	当窗体或控件具有焦点时，当按下并释放一个键或组合键时，发生该事件
	KeyDown	当在窗体或控件获得焦点的情况下按下某个键时，发生该事件
焦点	GotFocus	当指定对象获得焦点时，发生该事件
	LostFocus	当指定的对象失去焦点时，发生该事件
数据	AfterInsert	在添加新记录之后，发生该事件
	AfterUpdate	在控件中的数据发生更改或记录得到更新之后，发生该事件
	BeforeInsert	在新记录中输入第一个字符后，但在实际创建该记录之前，发生该事件
	BeforeUpdate	在控件或记录中更改的数据得到更新之前，将发生该事件
	AfterDelConfirm	该事件在用户确认删除操作并且实际删除了记录之后或者在取消删除操作时发生
	BeforeDelConfirm	将一条或多条记录删除以放入缓冲区之后，Access 显示对话框让用户确认删除操作之前，发生该事件
	Change	当控件内容发生改变时，发生该事件
计时器	Timer	在窗体的计时器间隔（TimerInterval）属性指定的固定时间间隔（单位 ms）时发生该事件
命令	CommandExecute	指定的命令执行后，发生该事件。如果要在某个特定命令执行后执行一组命令，则可使用该事件

2. 为控件设置 Tab 键次序

在使用窗体时，可以通过按 Tab 键在控件之间进行切换焦点。可以指定窗体上的控件响应 Tab 键的顺序。这些控件应按逻辑顺序对 Tab 键做出响应（例如，从上到下和从左至右），以便窗体更易于使用。

任务 5-16 调整控件的 Tab 键次序，设置并查看命令按钮的事件属性。

操作步骤：

（1）打开 Tab 键次序对话框。打开任务 5-11 创建的"命令按钮窗体"，切换到设计视图，单击"基本信息"页面，在"窗体设计工具–设计"选项卡的"工具"组中，单击"Tab 键次序"图标，打开"Tab 键次序"对话框，如图 5-71 所示。

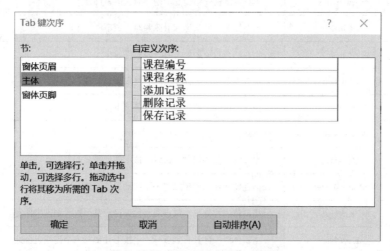

图 5-71 "Tab 键次序"对话框

（2）设置 Tab 键次序。单击控件名称左侧的选择栏可以选中该控件，单击并拖动可以选中多个控件，上下拖动选中行可以调整控件的 Tab 键次序；单击"自动排序"使系统创建从上到下的 Tab 键次序。

（3）创建自定义的 Tab 键次序。在控件属性表的"其他|Tab 键索引"中修改其数值，如图 5-72 所示。Tab 键索引数值从 0 开始，数值大小代表 Tab 键的次序，数值越小 Tab 键次序越靠前。将某一控件的"制表位"属性设为"否"即可从 Tab 键次序删除该控件。

（4）利用第四章的 SQL 语句生成一个"选课学生信息查询"。具体语句如下：

```
SELECT STUDENT.姓名, SELECTION.学号, SELECTION.成绩FROM (SELECTION INNER
JOIN STUDENT ON SELECTION.学号=STUDENT.学号) INNER JOIN CURRICULUM ON
SELECTION.课程编号=CURRICULUM.课程编号
WHERE SELECTION.课程编号=[FORMS]![命令按钮窗体]![课程编号];
```

该语句中[FORMS]![命令按钮窗体]![课程编号]的目的是查询当前"命令按钮窗体"的"课程编号"文本框中显示的课程的学生选课情况。

（5）利用控件向导在窗体"添加记录"按钮左侧添加"杂项|运行查询"按钮。向导设置如图 5-73 所示，单击"下一步"按钮，设置该按钮运行刚刚建立的"选课学生信息查询"；单

击 "下一步" 按钮，设置按钮显示文本为 "选课信息"，单击 "完成" 按钮，在窗体视图单击 "选课信息" 按钮测试效果。

（6）查看事件属性。在设计视图下，选中 "关闭窗体" 按钮，单击该控件 "属性表" 中 "事件" 选项卡中的 "单击" 属性最右侧的 "生成" 按钮 ，可以打开宏设计窗口查看该控件的单击响应，相关命令的设置参见第7章。

图 5-72　修改 Tab 键索引数值

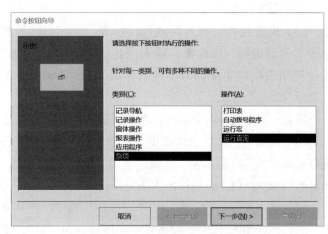

图 5-73　"命令按钮向导" 对话框

3. 在窗体中使用计算表达式

表达式是指计算结果为单个值的数学或逻辑运算符、常量、函数、表字段、控件和属性的组合，表达式相当于 Excel 中的公式。可以使用表达式计算值、验证数据以及设置字段或控件的默认值。

在表达式中引用控件时，需要先通过控件的 "名称" 属性为该控件设置名称。在窗体上的所有控件名称中，该名称必须是唯一的，它还必须不同于在该控件的表达式中使用的任何字段或控件名称，而且应该不同于基础表或查询中的任何字段名称。当要引用窗体或报表上其他表达式中控件的值时，也可以使用此名称。

任 务 5-17 使用表达式设置控件值。

操作步骤：

（1）添加非绑定文本框。打开任务5-13所创建的 "学生详细情况窗体"，切换到设计视图，单击 "政治面貌" 页面，在 "窗体设计工具-设计" 选项卡的 "控件" 组中单击 "文本框" 控件，在窗体中添加文本框，将其标签改为 "团龄"。注意此处不使用控件向导。

（2）设置表达式。在文本框属性表的 "数据" 选项卡或 "全部" 选项卡上，单击文本框的 "控件来源" 属性，然后输入 =Year(Date())－Year([入团日期])。或单击属性框右侧的 "生成" 按钮，打开 "表达式生成器" 对话框创建或修改表达式，如图5-74所示。也可以在文本框中直接输入带等号的计算公式。

通常可以在表达式框中手动输入表达式，也可以从表达式生成器下半部分分别进行定义：

选择元素"函数"|"内置函数"中的"日期/时间"类别的 Year 表达式值，双击此值即可将其放入表达式框中 Year(«date»)，在表达式框选中«date»后，再次双击 Date 表达式值将«date»替代为 Date()，在英文输入状态下输入减号，用同样的方法输入 Year(«date»)，选中«date»后选择元素"学生详细情况窗体"，在表达式类别中双击"入团日期"则系统自动将函数中选中的«date»替代为"[入团日期]"，单击"确定"按钮完成表达式的生成。注意，计算表达式必须以等号开始，否则无法计算。

（3）设置控件的有效性规则。选择"入团日期"控件，在属性表的"数据"选项卡中单击"验证规则"属性框，输入表达式"<Date()"，或者单击属性框右侧的"生成"按钮，通过使用表达式生成器来创建表达式。"验证文本"中可以输入当用户输入有误时给用户的提示文字。

注意：在创建验证规则时，不要在表达式的前面加上 等号运算符(＝)。

（4）查看效果。在窗体视图中，单击"入团日期"的日期选取器选择"今日"，确定后系统自动弹出警告框提示输入有误。单击"确定"按钮后，当光标处于控件中时可以按 Esc 键以恢复原始或默认值，也可以输入满足验证规则的值。

（5）输入控件的默认值。选中"性别"控件，在其属性表的"数据"选项卡中单击"默认值"属性框，输入"男"，设置性别的默认值为"男"，或者单击"默认值"右侧的"生成"按钮通过使用表达式生成器来创建默认表达式。

（6）保存窗体，窗体视图效果如图 5-75 所示。

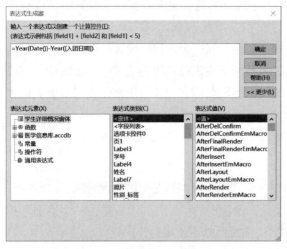

图5-74　文本框中输入表达式　　　　　　图5-75　计算控件效果图

4. 应用主题

Access 2016 在"设计"选项卡的"主题"组中预存了多种"主题""颜色""字体"供用户选择，用户也可以保存自己设计好的格式，或新建颜色或字体，如图 5-76 所示。

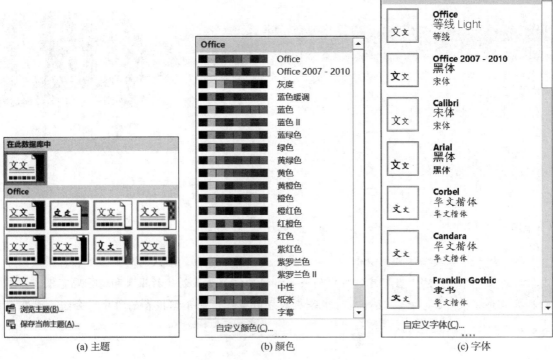

(a) 主题　　　　　　　　　(b) 颜色　　　　　　　　　(c) 字体

图5-76　系统主题、颜色和字体

▌小　结

　　本章介绍了窗体的功能、视图、分类，各种类型窗体的创建、使用，窗体的布局及格式调整，命令按钮、文本框、选项卡、复选框、选项按钮、切换按钮、选项组、列表框、组合框、绑定对象框、非绑定对象框等控件的使用，控件 Tab 键的设置，计算表达式的使用，窗体的事件。通过学习了解窗体的基础知识，可掌握窗体的创建方法、窗体的布局及格式调整方法以及各种控件的使用。

第6章

报表

【本章内容】

　　报表是Access数据库数据输出的一种对象，是按照格式化的形式向用户显示和打印数据库中数据的一种有效方法。数据库项目中的许多维护工作都涉及创建新报表和增强现有报表。本章将着重介绍报表的创建、设计及打印等基本应用操作，并介绍报表的排序、分组，以及交叉、弹出与图形报表等高级形式。

【学习要点】

- 报表的基本概念。
- 不同类型报表的创建、编辑方法。
- 报表的排序、分组和汇总，报表中计算控件的设计使用。
- 子报表的创建和应用。
- 报表的输出与美化。

▌6.1　报表对象概述

　　报表是为了以纸张的形式按照用户所需进行数据组合而保存或输出数据的一种形式。利用报表可以控制数据内容的大小和外观，并可以进行排序、汇总等相关操作，从而方便快捷地完成复杂的打印工作。

6.1.1　报表的功能与分类

　　报表功能是显示经过格式化的数据，并将它们打印出来。报表不仅可以执行简单的数据浏览和打印功能，还可以从一个或多个表中对数据进行分组、排序和汇总；报表可以使用页眉、页脚、主体等部分，以及颜色、字体、剪贴画、图片等标识信息进行编辑和外观美化；报表还可以提供单个记录的详细信息。在Access 2016中，报表主要分为纵栏式报表、表格式报表、图表式报表和标签式报表四种类型。

1. 纵栏式报表

纵栏式报表又称窗体报表。这种报表通常在一页的主体节内以垂直方式显示一条或多条记录，也可以显示合计内容，如图6–1所示。

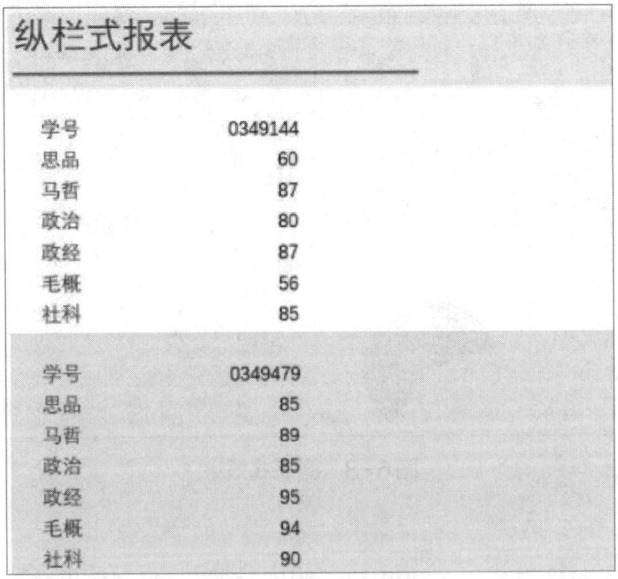

图6–1　纵栏式报表

2. 表格式报表

表格式报表以行列形式显示记录数据。与窗体或数据表不同，表格式报表通常会按一个或多个字段进行数据分组。这种报表通常一行显示一条记录，一页显示多行记录，可以在其中设置分组字段、显示分组统计数据。与纵栏式报表不同，字段标题信息并非在每页的主体节内显示，而是在页面页眉显示，如图6–2所示。

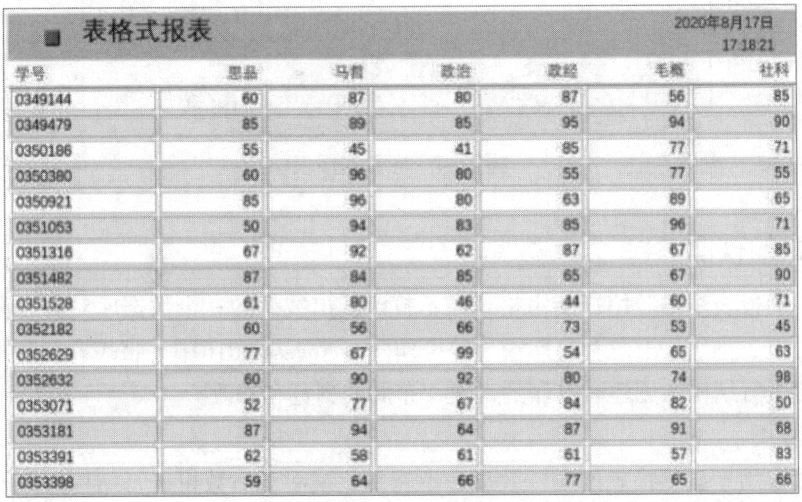

表格式报表　2020年8月17日 17:18:21

学号	思品	马哲	政治	政经	毛概	社科
0349144	60	87	80	87	56	85
0349479	85	89	85	95	94	90
0350186	55	45	41	85	77	71
0350380	60	96	80	55	77	55
0350921	85	96	80	63	89	65
0351053	50	94	83	85	96	71
0351316	67	92	62	87	67	85
0351482	87	84	85	65	67	90
0351528	61	80	46	44	60	71
0352182	60	56	66	73	53	45
0352629	77	67	99	54	65	63
0352632	60	90	92	80	74	98
0353071	52	77	67	84	82	50
0353181	87	94	64	87	91	68
0353391	62	58	61	61	57	83
0353398	59	64	66	77	65	66

图6–2　表格式报表

3. 图表式报表

图表式报表是使用图表直观地表示出数据之间关系的报表。这种报表通常可使结果清晰、直观、美化，如图6-3所示。

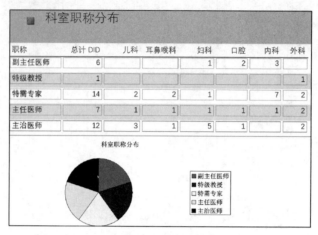

图6-3　图表式报表

4. 标签式报表

标签式报表是一种特殊类型的多列报表。利用这种报表可制作出数据标签，如在实际应用中用户会经常用到的物品标签、客户标签等，如图6-4所示。

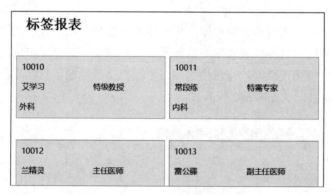

图6-4　标签式报表

6.1.2　报表的视图

Access中的报表是按照用户指定格式显示打印输出数据的一个数据库对象，利用报表可以对数据进行分组、排序、汇总和打印输出等操作。在Access 2016中，报表有四种视图，可以帮助用户对报表进行结构的创建、打印的设置、布局的浏览和修改。

1. 报表视图

报表视图仅用于显示报表的实际效果，不能在此视图下对数据进行结构修改及数据修改等操作，如图6-5所示。在报表视图下，还可以对报表中记录实现筛选、查找等操作。

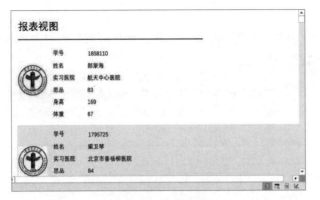

图6-5　报表视图

2. 打印预览视图

打印预览视图用来显示报表的分页打印效果，可利用预览功能显示不同缩放比例的报表，并可实现对页面的设置操作，如图6-6所示。

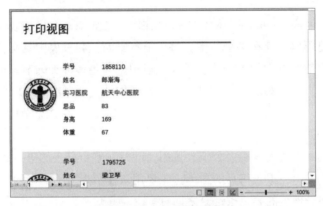

图6-6　打印预览视图

3. 布局视图

布局视图用于显示报表的效果，可以在显示数据的同时调整报表的布局，如字段列宽和位置的调整、分组级别和汇总选项的添加等。布局视图下显示的报表与打印的报表虽然非常相近，但并不完全相同，如布局视图中没有分页符，如图6-7所示。

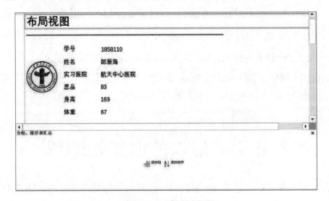

图6-7　布局视图

4. 设计视图

设计视图用于对报表进行结构的创建和编辑，用户可根据需要向报表中添加字段、控件等对象，并设置对象的属性，如图6-8所示。

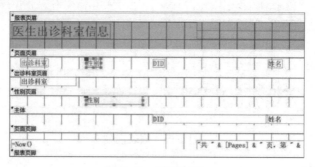

图6-8　设计视图

6.1.3　报表的组成

Access报表支持区段（Banded）设计方法。在设计视图中，区段被表示成带状形式，称为"节"。报表中的信息可以设计在多个节中，每个节在页面上和报表中具有特定用处并按照用户设计顺序打印输出。与窗体中的节相比，报表区段被分为更多种类的节，通常由报表页眉、报表页脚、页面页眉、页面页脚、组页眉、组页脚及主体共七个节组成，除组页眉、组页脚之外的五个节称为基本节。用户可以将任意类型的文本或文本框放在任意节中。参考图6-8设计视图，各主要组成部分如下：

（1）报表页眉：每份报表只有一个报表页眉，即只在整个报表的第一页输出一次。

（2）页面页眉：显示在报表每页的顶部，主要用来显示报表的页标题。

（3）组页眉：在处理组的第一条记录之前打印。

（4）主体：用来打印表或查询记录数据的主体部分，是报表显示数据的主要区域。

（5）组页脚：用于打印每个组的结尾信息，在报表的每页底部打印输出，通常显示分组统计数据。

（6）页面页脚：用于打印报表每页的底部信息，通常包含页码、控制项的合计内容或每页特定的显示信息。

（7）报表页脚：打印整个报表的结尾信息，它的内容只在报表最后一页的底部打印输出。

在报表设计五个基本节区域的基础上，还可以使用"分组、排序和汇总"属性来设置组页眉或组页脚区域，以实现报表的分组输出和分组统计。图6-8显示了以"出诊科室"字段和"性别"字段为分组的组页眉。用户可以根据需要建立多层次的组页眉及组页脚，但建议控制在六层以内。

6.2　报表的创建和编辑

在Access 2016中，可根据需要将数据库中的表和查询结果生成报表并进行编辑。报表的数据源可以基于单一数据表，也可以基于多重数据表，报表的形式可以是简单报表、纵栏、表格、图形或标签报表，还可根据需要对报表进行美化和打印操作。

6.2.1　创建基于单一数据源的报表

单一数据源的报表是针对单一的表或查询结果来完成的。通过单击“创建”选项卡“报表”组中的相应按钮实现多种报表的创建：“空报表”按钮可创建新报表；“报表向导”和“标签”按钮可根据向导创建报表；“报表”按钮可为“当前查询或表中的数据”创建基本报表；“报表设计”按钮可在设计视图中创建一个新报表。

任务 6-1　创建单一数据源的“医生基本信息”报表。

操作步骤：

（1）打开“医学信息”数据库，单击导航窗格中的DOCTOR表。

（2）创建简单报表。单击“创建”选项卡“报表”组中的“报表”按钮，系统自动创建DOCTOR报表，如图6-9所示。

（3）保存报表。单击窗口左上角的“保存”按钮，将此报表保存为“医生基本信息”报表。

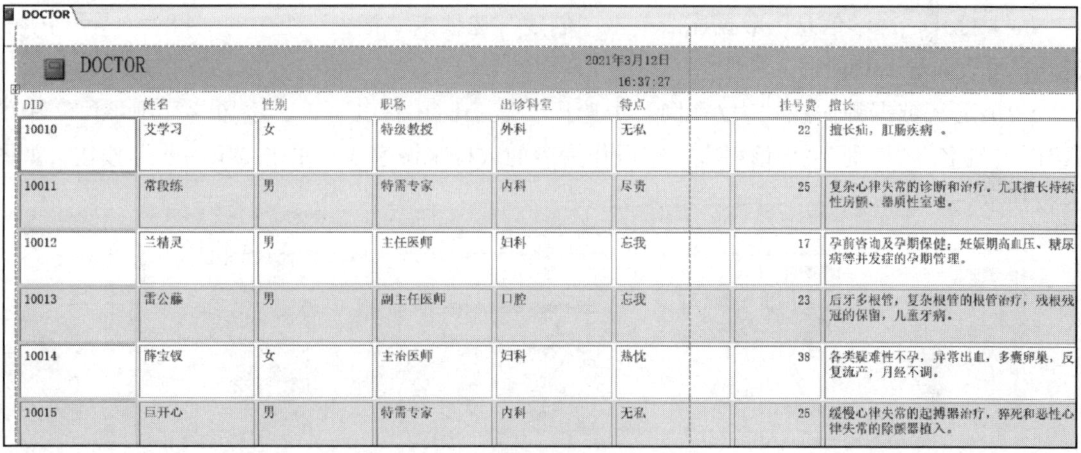
DOCTOR

DOCTOR　2021年3月12日 16:37:27

DID	姓名	性别	职称	出诊科室	特点	挂号费	擅长
10010	艾学习	女	特级教授	外科	无私	22	擅长疝，肛肠疾病 。
10011	常段练	男	特需专家	内科	尽责	25	复杂心律失常的诊断和治疗。尤其擅长持续性房颤、器质性室速。
10012	兰精灵	男	主任医师	妇科	忘我	17	孕前咨询及孕期保健；妊娠期高血压、糖尿病等并发症的孕期管理。
10013	雷公藤	男	副主任医师	口腔	忘我	23	后牙多根管，复杂根管的根管治疗，残根残冠的保留，儿童牙病。
10014	薛宝钗	女	主治医师	妇科	热忱	38	各类疑难性不孕，异常出血，多囊卵巢，反复流产，月经不调。
10015	巨开心	男	特需专家	内科	无私	25	缓慢心律失常的起搏器治疗，猝死和恶性心律失常的除颤器植入。

图6-9　“医生基本信息”报表

任务 6-2　使用空报表创建学生基本信息报表。

操作步骤：

（1）打开“医学信息”数据库，定义数据源。单击“创建”选项卡“报表”组中的“空报表”按钮，进入空报表“布局视图”，单击右侧“字段列表”任务窗格的“显示所有表”，打开如图6-10所示“字段列表”。

（2）定义数据区。双击“STUDENT”表，打开所属字段。通过拖放或双击，将“学号”“姓名”“性别”字段从“字段列表”放到空报表编辑区域，形成报表，其布局视图如图6-11所示。

（3）保存报表。单击窗口左上角的“保存”按钮，将此报表保存为“学生基本信息”报表。

报表向导是一种直观、导引的报表创建方法，可以帮助用户创建简单的自定义报表。

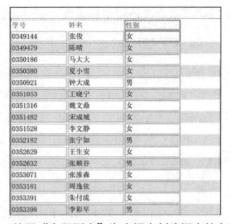

学号	姓名	性别
0349144	张俊	女
0349479	陈晴	女
0350186	马大大	女
0350380	夏小雪	女
0350921	钟大成	男
0351053	王晓宁	女
0351316	魏文鼎	女
0351482	宋成城	女
0351528	李文静	女
0352182	张宁如	男
0352629	王生安	女
0352632	张顺谷	男
0353071	张淮森	女
0353181	周逸依	女
0353391	朱付流	女
0353398	李彩早	男

图6-10 "字段列表"窗格   图6-11 使用"字段列表"为空报表创建报表的布局视图

任务 6-3 使用报表向导创建单一数据源的报表。创建"医生出诊科室信息"报表。

操作步骤：

（1）打开"医学信息"数据库。单击"创建"选项卡"报表"组中的"报表向导"按钮，打开"报表向导"对话框。

（2）定义数据源。在"表/查询"中选择"表：DOCTOR"表，添加"可用字段"中的"DID""姓名""性别""出诊科室"字段作为表的数据来源字段，单击"下一步"按钮，如图6-12所示。

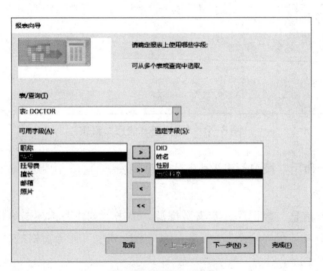

图6-12 定义数据源

（3）定义分组。设置"出诊科室"、"性别"为分组字段，单击"下一步"按钮，如图6-13所示。

（4）定义排序方式。设置DID为升序，单击"下一步"按钮，如图6-14所示。

（5）定义布局。系统默认"布局"为"递阶"，"方向"为"纵向"，单击"下一步"按钮，如图6-15所示。

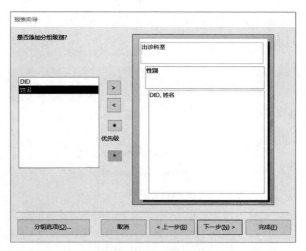

图6-13　定义分组级别

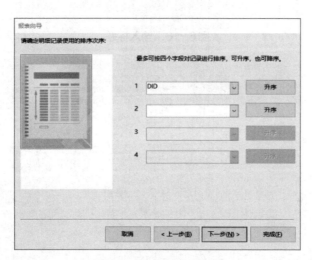

图6-14　定义排序方式

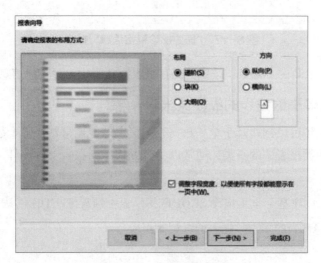

图6-15　定义报表布局

（6）输入标题。定义标题为"医生出诊科室信息"，如图6-16所示。单击"完成"按钮完成创建，结果如图6-17所示。

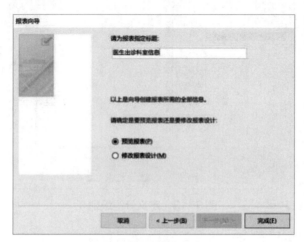

图6-16 输入标题

医生出诊科室信息			
出诊科室	性别	DID	姓名
儿科			
	男		
		10037	陈近南
		10048	车前子
	女		
		10017	桑千尺
		10025	王语嫣
		10031	阿尔泰紫苑
		10033	杜杰
耳鼻喉科			
	男		
		10023	段誉
		10047	许愿
	女		
		10041	白术
		10043	石决明

图6-17 "医生出诊科室信息"报表

（7）单击窗口左上角的"保存"按钮，保存报表为"医生出诊科室信息"。

6.2.2 创建基于多重数据表的纵栏式报表

在Access中，除了可以创建基于单一数据表的报表外，还可基于多个数据表进行报表的创建。纵栏式报表为四类报表中的一类，通常以垂直方式排列报表上的控件，在每页中可以显示一条或多条记录。

任务 6-4 创建基于学生成绩SCORE表、学生情况STUDENT表、学生体检PHYS_EXAM表的多重数据表的纵栏式报表。

操作步骤：

（1）打开"医学信息"数据库，创建查询设计。在"显示表"对话框中依

任务6-4

次选择STUDENT表、SCORE表、PHYS_EXAM表，以学号为公共字段建立三个表之间的关系。

（2）创建查询。在查询编辑窗口的下端，分别添加字段为"STUDENT.学号""STUDENT.姓名""STUDENT.实习医院""SCORE.思品""PHYS_EXAM.身高""PHYS_EXAM.体重"，如图6-18所示，保存查询为"多重数据表查询"。

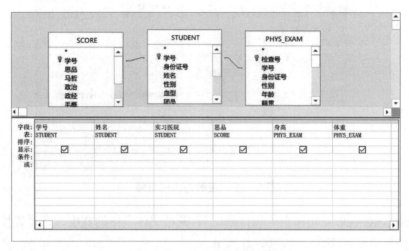

图6-18　定义查询输出字段

（3）打开报表向导定义数据源。单击"创建"选项卡"报表"组中的"报表向导"按钮，打开"报表向导"对话框，选择"多重数据表查询"，再单击 >> 按钮，选中所有字段，单击"下一步"按钮，如图6-19所示。

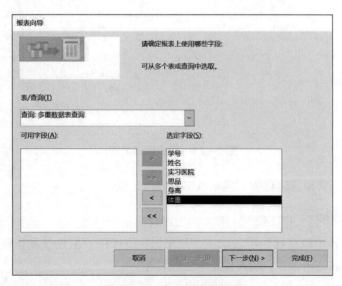

图6-19　定义报表数据源

（4）设置报表布局。在报表的分组、排序中使用默认设置，布局设置中，选择"纵栏表"，如图6-20所示。

（5）输入标题。输入报表标题为"多重数据表查询"，单击"完成"按钮。

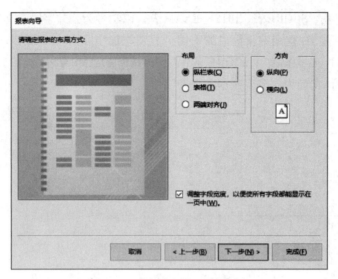

图 6-20 设置为纵栏布局

（6）调整报表各控件。切换至"设计视图"，调整主体节中的宽度，且设置控件为"文本右对齐"，切换至"报表视图"，如图6-21所示。

多重数据表查询

学号	1858110
姓名	郎渐海
实习医院	航天中心医院
思品	83
身高	169
体重	67
学号	1795725
姓名	梁卫琴
实习医院	北京市垂杨柳医院
思品	84
身高	160
体重	62

图 6-21 报表预览效果

（7）保存报表。将报表保存为"多重数据表查询"报表。

6.2.3 创建标签报表

标签报表是一种特殊格式的报表形式，用来为数据库中数据批量制作包含主要数据属性、规格相似的标签，如商品标签、病人住院床头标签等。

任务 6-5 为医生创建尺寸为4厘米×7厘米胸牌标签报表。

操作步骤：

（1）打开"医学信息"数据库，选中导航窗格含有医生信息的DOCTOR表。

（2）打开标签向导。单击"创建"选项卡"报表"组中的"标签"按钮，

任务6-5

打开"标签向导"对话框，如图6-22所示。

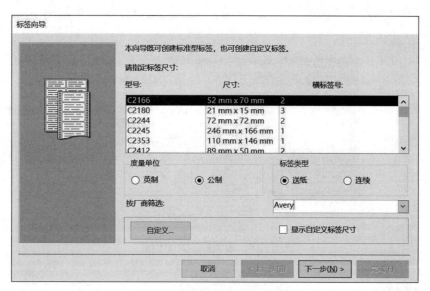

图6-22 标签向导对话框

（3）定义标签尺寸。单击"自定义"按钮，在"新建标签尺寸"对话框中单击"新建"按钮，打开"新建标签对话框"。将标签名称命名为"医生胸牌"，为标签设置尺寸：纸张外边距为1厘米，标签内边距为0.2厘米，标签间边距为0.5厘米，标签尺寸为4厘米×7厘米，如图6-23（a）所示。单击"确定"按钮后，如图6-23（b）所示"新建标签尺寸"，单击"关闭"按钮，完成新标签定义，回到标签向导，单击"下一步"按钮。

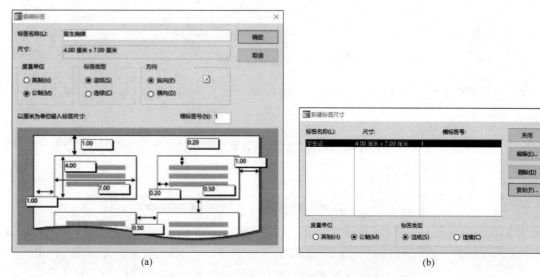

(a)   (b)

图6-23 "新建标签"对话框中设置标签尺寸

（4）设置文本格式。设置字体为"微软雅黑"、字号为10，单击"下一步"按钮，如图6-24所示。

（5）确定标签内容。将"DID""姓名""职称""出诊科室"字段分三行添加到"原型标签"框中（注意字段间空格及回车换行），单击"下一步"按钮，如图6-25所示。

图6-24　设置标签文本格式

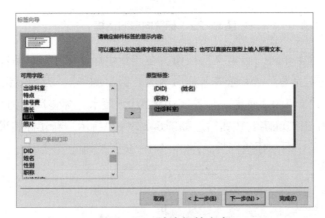

图 6-25　确定标签内容

（6）设置排序依据。设置DID为"排序依据"，单击"下一步"按钮，如图6-26所示。

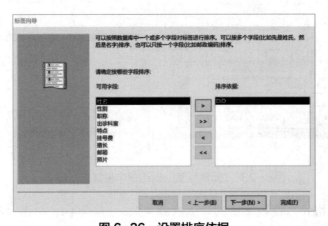

图 6-26　设置排序依据

（7）完成标签。输入标签名称为"医生标签报表"，单击"完成"按钮生成标签，如图6-27所示。

在报表的打印预览视图下，单击"打印预览"选项卡上的"页面设置"可打开相应对话框，设置打印方式。例如，标签的打印列数设置，如图6-28所示。

图 6-27　生成标签

图 6-28　页面设置打印列

6.2.4　利用报表设计视图进行对象操作

在Access的报表设计视图中可以利用各种控件和分组排序等功能来创建更加个性化的报表。与窗体创建过程类似，创建报表结构后，再使用设计视图进行外观、功能的美化，从而提高报表设计的效率。

在"创建"选项卡的"报表"组中单击"报表设计"按钮可以打开新报表的设计视图。已经创建的"报表"，在左侧导航窗格的"报表"中，选择已经创建的报表，右击，在弹出的快捷菜单中选择"设计报表"命令，也可打开此报表的设计视图。报表的设计视图下，在功能区添加"报表设计工具"选项卡组，包括"设计"、"排列"、"格式"和"页面设置"四个选项卡，如图6-29所示。

图6-29　"报表设计工具"功能选项

（1）"设计"选项卡：完成报表的视图、主题、分组和汇总、控件、页眉/页脚、工具的设置。

（2）"排列"选项卡：完成表、行和列、合并/拆分、移动、位置、调整大小和排列的设置。

（3）"格式"选项卡：完成所选内容、字体、数字、背景和控件格式的设置。

（4）"页面设置"选项卡：完成页面大小、页面布局的设置。

任务 6-6　在报表设计视图下，使用控件、属性表编辑报表。

任务6-6

操作步骤：

（1）打开"医学信息"数据库，左侧导航窗格双击打开任务6-3所建的"医生出诊科室信息"报表。

（2）切换到设计视图。单击"开始"选项卡中的"视图"按钮，选择"设计视图"。进入设计视图将出现"报表设计工具"选项卡组。

（3）在页眉添加日期和时间。在"报表设计工具－设计"选项卡"页眉/页脚"组中，单击"日期和时间"按钮，在打开的"日期和时间"对话框中选择时间格式，单击"确定"按钮，如图6-30所示。

（4）调整报表中控件的大小和位置。使用"报表设计工具－排列"选项卡"调整大小和排序"组中相应的按钮，调整"出诊科室""性别""DID""姓名"的大小和位置。

图6-30　日期和时间格式设置

同时，选中页面页眉中的四个标签，单击"排列"选项卡"调整大小和排序"组中的"大小/空格"按钮，从下拉列表中选择"正好容纳"，将标签框缩小，如图6-31（a）所示；选中页面页眉中的"性别"标签和"性别"页眉中的"性别"字段，单击"对齐"按钮，从下拉列表中选择"靠左"，如图6-31（b）所示；调整控件大小和位置后，留出空余位置。

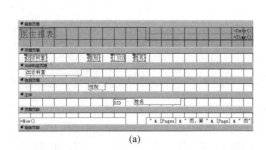

(a)

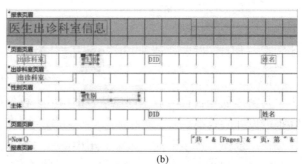

(b)

图6-31　调整控件的大小和位置

（5）添加现有字段。在"报表设计工具－设计"选项卡的"工具"组中，单击"添加现有字段"图标，打开"字段列表"窗格，将"职称"字段拖放到报表主体节的"姓名"框后，删除同时出现的"职称"标签框。

（6）添加标签控件。在"报表设计工具－设计"选项卡的"控件"组中，单击标签图标，在报表的页面页眉节中添加内容为"职称"的标签控件，在标签的"格式"属性中设置合适的字体；调整大小和位置，结果如图6-32所示。

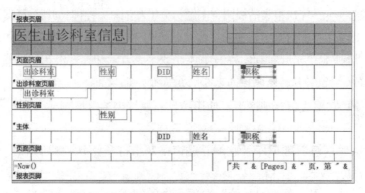

图6-32　"医生出诊科室信息"设计视图

（7）查看结果。单击"开始"选项卡中的"视图"按钮，切换到报表视图，查看报表效果（见图6-33），对比图6-17观察两者区别。

医生出诊科室信息				2021年6月18日 11:01 下午
出诊科室	性别	DID	姓名	职称
儿科				
	男			
		10037	陈近南	特需专家
		10048	车前子	主治医师
	女			
		10017	裘千尺	主治医师
		10025	王语嫣	特需专家
		10031	阿尔泰紫葛	主治医师
		10033	杜杰	主任医师

图 6-33　"医生报表"编辑后报表视图

6.2.5　报表的简单美化

对于做了简单设计的报表，用户往往还需要利用添加控件、添加字段、添加图标、调整数据的对齐方式等工具对报表进行进一步的编辑和美化操作。报表的编辑通常利用"报表设计工具"中的"设计""排列""格式""页面设置"选项卡中的工具来完成。

1. 选择主题

调整布局后，可使用"设计"选项卡"主题"组中的控件来更改报表的颜色、字体和整体外观。单击"主题"按钮将打开一个包含多种主题的库，如图6-34所示。

2. 设置页眉/页脚

使用"报表设计工具–设计"选项卡"页眉/页脚"组中的"页码""徽标""标题""日期和时间"按钮可对页眉/页脚进行设置。

在"报表设计工具–设计"选项卡的"控件"组中，单击"页码"按钮，打开"页码"对话框，如图6-35所示，可设置页码格式、位置及对齐方式；单击"日期和时间"按钮，打开"日期和时间"对话框，参考图6-19，可为报表设置"包含日期""包含时间"的日期和时间；单击"徽标"按钮，可以为报表添加图片作为徽标；单击"标题"按钮，可以在报表中显示标题。

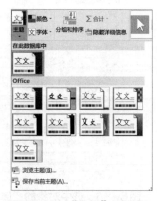

图 6-34　"主题"对话框

图 6-35　"页码"对话框

3. 添加与删除字段

利用"报表设计工具–设计"选项卡"工具"组中的"添加现有字段"按钮，在右侧打开"字段列表"窗格，显示可用字段列表。也可通过单击"显示所有表"显示所有其他可用表及相关字段。

添加字段时，从字段列表中将选中字段拖动到报表指定位置，删除字段时，选中字段后按Delete键删除即可。

4. 移动与调整大小和排序

利用"报表设计工具–排列"选项卡"移动"组中的"上移"按钮和"下移"按钮工具，可以实现选中对象在以节为单位的区域内上移与下移；利用"调整大小和排序"组中的"大小/空格"按钮，可以实现对象间的大小、间距、网格和分组操作；利用"对齐"按钮可以实现对象间的上、下、左、右及网格对齐效果；利用"置于顶层"和"置于底层"按钮，可以实现对象间的前后层次效果。

5. 字体和数字

使用"报表设计工具–格式"选项卡"字体"组中的工具，可完成字体大小、字形、颜色、背景色、文本对齐及格式刷的设置；使用"报表设计工具–格式"选项卡"数字"组中的工具，可完成数字的数据类型、格式的设置。

6. 背景设置

利用"报表设计工具–格式"选项卡"背景"组中的工具，可完成"背景图像""可选行颜色"的设置。

注意：虽然背景设置与徽标均为图片的加载，但背景设置加载的图片是作为窗体背景图片出现，而徽标是作为图像对象出现的。

7. 表的属性设置

使用"报表设计工具–排列"选项卡"表"组中的工具，可设置选中对象的"网格线""堆积""表格""删除布局"；使用"行和列"组中的工具可基于选中对象实现"在上、下、左、右方的插入"、"选择布局""选择行、列"等；使用"合并/拆分"组中的工具可以实现选中对象的"合并"及"垂直、水平拆分"。

8. 属性表的使用

使用"报表设计工具–设计"选项卡"工具"组中的属性表，可为选中的对象设置属性表，包括"所选内容的类型"以及"格式""数据""事件""其他""全部"选项卡，如图6-36所示。在属性表中的"所选内容的类型"下拉列表中，列出当前报表中的全部对象，属性表的内容会根据选中对象而变化。

（1）格式：设置"标题""图片类型""图片对齐方式"等格式。

（2）数据：选择作为"记录源"的表或查询，也可以单击 ⊡ 按钮来显示查询生成器，还可设置筛选、排序依据等。

图6-36　选中对象的"属性表"

（3）事件：设置与事件相关的任务，如与鼠标、键盘的按下、释放等相关事件的设置。

（4）其他：设置"弹出方式""模式""日期分组""循环""记录锁定"方式等。

（5）全部：基于对象的所有属性可在此选项卡中做统一设置。

6.2.6　预览和打印报表

报表通常是需要作为纸版文件进行打印使用的。为了保证打印出的报表美观、符合用户的需求，通常先进行预览。

1. 报表的预览

预览报表可有多种方法：

（1）打开报表，右击报表空白处，在弹出的快捷菜单中选择"打印预览"命令。

（2）单击"开始"选项卡中的"视图"按钮，选择"打印预览"命令。

（3）选择"文件"｜"打印"命令，单击"打印预览"按钮。

（4）在报表视图下，单击右下角视图栏中的"打印预览"按钮，其右侧的百分比滑尺可以调整预览显示的比例。

执行以上任一操作，将进入打印预览模式，同时出现"打印预览"选项卡，如图6-37所示。"打印预览"选项卡中包括打印机与打印纸张的设置、页面布局的设置、显示比例的设置，以及Access数据库数据与其他文件格式间转换的设置，这些操作可以通过图6-37中"打印"组、"页面大小"组、"页面布局"组、"显示比例"组和"数据"组中的设置工具完成。

图 6-37　"打印预览"选项卡

如果报表记录很多，还可利用Access界面底部的页面指示栏在各页间进行切换。

2. 报表的打印与输出

通过单击"文件"｜"打印"｜"快速打印"按钮，可以直接驱动打印机输出报表。通过"文件"｜"打印"｜"打印"按钮，或者单击打印预览视图下"打印预览"选项卡中的"打印"按钮，可打开"打印"对话框，如图6-38所示，设置输出打印机及纸张，再进行打印操作。

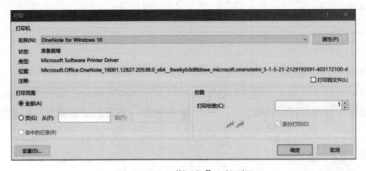

图 6-38　"打印"对话框

任务 6-7 简单美化"多重数据表查询"报表并进行打印预览及PDF文件格式的输出。

操作步骤：

（1）打开"医学信息"数据库，在"设计视图"打开任务6-4所建的"多重数据表查询"报表。

（2）主题设置。使用"报表设计工具-设计"选项卡"主题"组中，选择Office主题。

（3）调整报表对象位置。拖动鼠标，选中"主体"中的所有对象，将这些对象左边框移至标尺"3"的位置。

（4）插入徽标。单击"报表设计工具-设计"选项卡"页眉/页脚"组中的"徽标"按钮，将文件6-7-1.jpg插入报表，并拖动至主体节左侧的空白处。单击右侧"属性表"窗格的"格式"选项卡，设置图片宽度与高度均为2 cm。

（5）设置页眉。在属性表中，将报表页眉的背景色设置为白色。页面页眉中，在"控件"组中插入"直线"，设置"边框宽度"为2 pt，"边框颜色"为灰色。

（6）设置页面布局。单击"报表设计工具-页面设置"选项卡"页面布局"组中的"列"按钮，打开"页面设置"对话框的"列"选项卡，设置"列"参数为2，并选中"列尺寸"区域的"与主体相同"复选框，单击"页面布局"组中"横向"按钮。

（7）设置页面页脚。将"页面页脚"节中"Now（）"函数移至最左侧，并拖动 ="共" & [Pages] & "页，第" & [Page] & "页" 向左侧移动，至标尺刻度14之内，然后调整整个报表的右边距栏从标尺24处缩至14处，此时设计视图状态如图6-39所示。

（8）发布PDF文件。在打印预览视图中，报表效果如图6-40所示；在"打印预览"选项卡"数据"组中单击"PDF或XPS"按钮，打开"发布为PDF或XPS"对话框，输入文件名，单击"发布"按钮。

图6-39 "多重数据表查询"设计视图

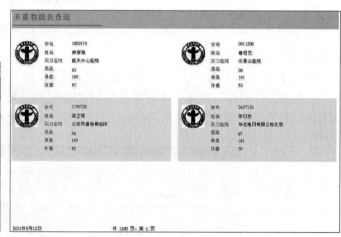

图6-40 "多重数据表查询"打印预览视图

（9）保存报表。

6.3　报表的排序、分组和汇总

为了使报表上的数据发挥最大的作用，应对报表数据进行良好的组织。报表的排序和分组是 Access 2016 报表的重要功能。排序的目的就是使报表按某个字段值将记录排序，分组的目的是以某指定字段为依据，将与此字段有关的记录归类在一起。

6.3.1　记录排序和分组

通过单击"设计"选项卡上的"分组和汇总"组中的"分组和排序"按钮，可打开"分组、排序和汇总"对话框。

记录排序分为对单字段排序和对多字段排序两种排序方法。对于报表中单字段的排序，可以在布局视图或设计视图中，通过右击该字段，在弹出的快捷菜单中选择"升序"或"降序"命令来完成。此时，在设计视图下，如果"分组、排序和汇总"窗格已经打开，则可以看到在窗格中增加了"排序依据"行。

当采用上述方法对单个字段进行排序时，一次只能对一个字段排序，如果再次按上述操作对另外一个字段进行排序，则会取消对第一个字段的排序。因此，如果需要对多字段进行排序操作，则需要在报表布局视图或报表设计视图下功能区的"设计"选项卡的"分组和汇总"组单击"分组和排序"按钮，通过"分组、排序和汇总"窗格来完成。

报表中单字段的分组，可以在布局视图或设计视图中，通过右击该字段，在弹出的快捷菜单中选择"分组形式"来完成。此时，将添加分组级别，并在设计视图下为该分组字段添加组页眉。在"分组、排序和汇总"窗格中可以看到在窗格中增加了"分组形式"行，如图 6-41 所示。选中该行，单击最后的删除按钮，即可删除该分组和排序。

图 6-41　添加分组字段后的"分组、排序和汇总"窗格

对于分组后的报表，可以对分组字段按升序或降序进行记录的布局。若继续单击"添加组"和"添加排序"，可添加第二个分组和排序功能，从而实现多字段排序的效果。

6.3.2　记录汇总

报表中的数据，可通过汇总计算某字段下的"平均值""记录计数"等汇总数据，并在报表的页脚添加一个计算文本框控件，在该控件输出汇总结果。如果报表上已经设置了分组，则将添加分组页脚，并在每个组页脚中添加分组汇总小计。

在设计视图下完成定义汇总时，通过右击相应字段选择"汇总"命令，即可为该字段设置求和、平均值、记录计数、值计数、最大值、最小值、标准偏差或方差，其中记录计数指统计所有记录的数目，值计数指只统计此字段中有值记录的数目。也可通过单击"报表设计工具–设计"选项卡"分组和汇总"组中的"合计"按钮来完成汇总。

报表的布局视图或设计视图中，单击"报表设计工具–设计"选项卡"分组和汇总"组中的"分组和排序"按钮，将出现分组、排序和汇总窗格，如图6-42所示。

图6-42 "分组、排序和汇总"窗格

单击"添加组"或"添加排序"按钮，可以添加排序和分组级别，并在"分组、排序和汇总"窗格中添加一个新行。图6-43所示，为添加"学号"字段为分组字段且为"升序"排序的"分组、排序和汇总"窗格状态。

图6-43 "分组、排序和汇总"窗格

一个报表最多可以定义10个分组和排序级别，单击当前分组、排序和汇总设置右侧的"删除" ✖ 按钮可删除定义；定义了多个分组或排序级别时，使用右侧的"上移" ⬆ 和"下移" ⬇ 按钮进行调整；单击分组形式中"升序"右侧的下拉按钮，可以选择排序方式；单击分组形式中"更多"右侧三角按钮，可设置进行分组间隔（单击"按整个值"）、汇总字段、汇总类型和标题、有无页眉页脚节及是否将组放在同一页上等，如图6-44所示。

图6-44 分组、排序和汇总的设置

分组、排序和汇总的具体设置如下：

1. 分组方式

分组的方式与分组字段的类型相关，单击分组形式中"按整个值"右侧的下拉按钮，根据所选字段数据类型的不同，弹出对应菜单。

（1）文本字段："按整个值"指按照字段或表达式相同的值对记录进行分组；"按第一个字符"指按照字段或表达式中第一个字符相同的值对记录进行分组；用户可以利用"自定义"选项，根据需要输入分组方式内容，系统将按照字段或表达式中前几个字符相同的值对记录进行分组，如图6-45（a）所示。

（2）日期字段："按整个值"指按照字段或表达式相同的值对记录进行分组；"按年"指按照同一年中的日期对记录进行分组；可以利用"自定义"选项，根据需要输入的分钟、小时、天对记录进行分组，如图6-45（b）所示。

（3）自动编号、货币或者数字字段："按整个值"指按照字段或表达式中相同数值对记录进行分组；"按5条"指按照5个间隔的值对记录进行分组；还可利用"间隔"选项，根据需要按照位于指定间隔中的值对记录进行分组，如图6-45（c）所示。

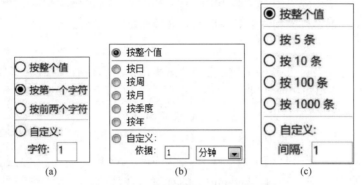

图6-45　不同类型字段的分组方式

2．汇总方式

单击分组形式中的"无汇总"右侧的下拉按钮，打开"汇总"菜单，如图6-46所示。其中：

（1）"汇总方式"下拉列表框中可选择汇总字段；"类型"下拉列表框中可选择"值计数""记录计数"等汇总类型。

（2）"显示总计"：指在报表的页脚添加总计。

（3）"显示组小计占总计的百分比"：指在组页脚中添加用于计算每个组的小计占总计的百分比的控件。

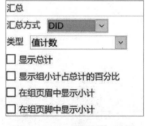

图6-46　"汇总"菜单

（4）"在组页眉中显示小计"或"在组页脚中显示小计"：指将汇总数据显示在所需的组的页眉或页脚位置。

当为报表中某一字段完成了上述所有选项后，还可从"汇总方式"下拉列表中选择另一个字段，重复上述过程以对新字段进行汇总方式的设置。单击"汇总"菜单以外任何位置可关闭菜单。

3．标题

编辑标题可以为当前汇总定义一个名称。单击"有标题"后面的蓝色字，将打开"缩放"对话框，在该对话框中输入新的标题后，单击"确定"按钮即可。

4．有/无页眉节

单击此项右侧的下拉按钮，可以添加或移除每个组前面的页眉节。在添加页眉节时，Access将把分组字段移到页眉。

5．有/无页脚节

单击此项右侧的下拉按钮，可以添加或移除每个组后面的页脚节。

6．将组放在同一页上

单击此项右侧的下拉按钮，设置在打印报表时页面上组的布局方式。其中：

（1）不将组放在同一页上：指组将被分别放置在不同页上。

（2）将整个组放在同一页上：指尽可能少的使用分页符，尽量将组放在同一页上。当页面中的剩余空间不足以容纳下一个组的记录时，Access将保留这些空间为空白，然后从下一页开始打印该组。

（3）"将页眉和第一条记录放在同一页上"：如果页眉后没有足够的空间至少打印一行记录，则该组将从下一页开始。

任务 6-8 根据科室和性别对医生人数进行汇总。

操作提示：

（1）在设计视图下打开任务6-3中所建的"医生出诊科室信息"报表，单击"报表设计工具-设计"选项卡"分组和排序"，打开对应窗格。

（2）设置出诊科室的汇总方式。在分组形式"出诊科室"中单击"更多"按钮，将汇总方式设置为DID，类型设置为"记录计数"，并选中"在组页脚中显示小计"复选框。如图6-47所示。在组页脚出现内容为"=count()"的标签，在其前面添加标签，输入"科室总人数"。

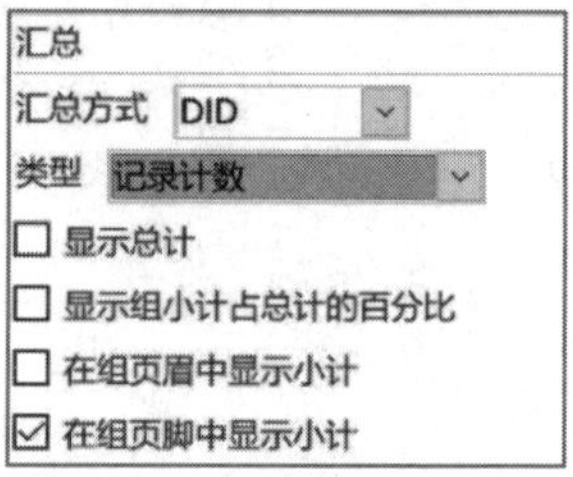

（3）设置性别的汇总方式。在分组形式"性别"中单击"更多"按钮，将汇总方式设置为DID，类型设置为"记录计数"，并选中"在组页脚中显示小计"复选框。在组页脚出现内容为"=count()"的标签，在其前面添加标签，输入"小计"。最后设置如图6-48（a）所示。切换到报表视图，查看报表效果，如图6-48（b）所示。

（4）保存报表。

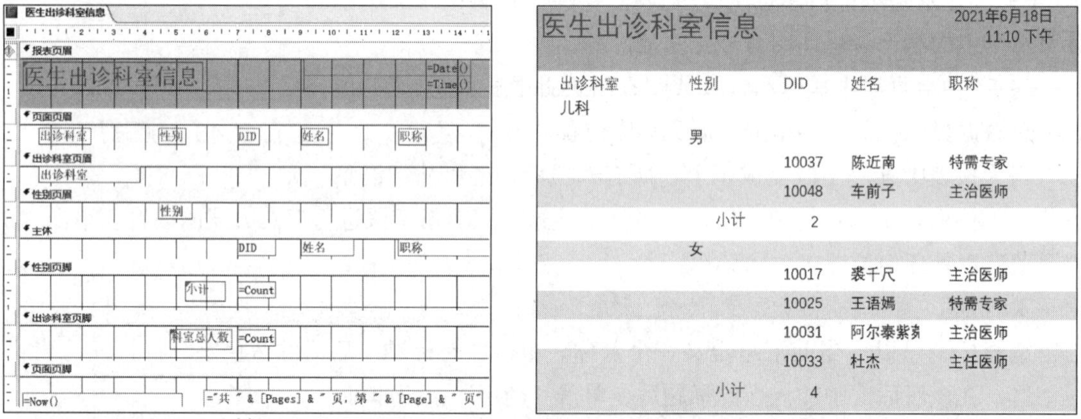

图6-47 设置汇总方式

汇总
汇总方式 DID
类型 记录计数
☐ 显示总计
☐ 显示组小计占总计的百分比
☐ 在组页眉中显示小计
☑ 在组页脚中显示小计

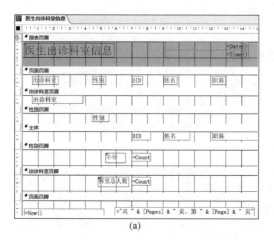

（a）　　　　　　　　　　　　　　　　　（b）

图6-48 报表预览效果

6.3.3 报表添加计算控件

在Access 2016中，提供了多种控件用于报表中数据的计算。控件可以是直接输入以等号开头的表达式的文本框，也可以利用表达式生成器来创建计算表达式。

1. 使用文本框

可以单击报表布局视图或设计视图功能区"设计"选项卡"控件"组中的"文本框"按钮插入文本框控件，在标识为"未绑定"的文本框中，输入以"="开头的表达式即可。具体的语法格式可参考第5章5.3.3节的内容。

2. 使用表达式生成器

表达式生成器可轻松地查找和插入包含函数、运算符、常量和标识符在内的各种组件，如数据库中的字段和控件名称，以及在编写表达式时系统提供的许多内置函数。

使用表达式生成器时需要先选中对象，并在布局视图或设计视图下打开该对象的"属性表"窗格。通过单击"属性表"中"数据"选项卡"控件来源"项右侧的 按钮，打开"表达式生成器"对话框，再根据需要选择"表达式元素""表达式类别""表达式值"等内置组件完成表达式的输入。

任务 6-9 在"多重数据表查询"报表中添加计算控件，统计BMI数值，以及肥胖程度计算控件。

操作步骤：

（1）打开"医学信息"数据库，在设计视图下打开任务6-7所建的"多重数据表查询"报表。

（2）添加计算BMI文本框控件。在"体重"框下面添加一个文本框，设置文本框属性，"其他"选项卡中设置"名称"为BMI，在"数据"选项卡单击"控件来源"右侧的 按钮，打开"表达式生成器"对话框，输入"=[体重]/(([身高]/100)*([身高]/100))"。将该文本框对应的标签改为BMI，并调整位置，与上面的标签文本框对齐。

（3）添加计算肥胖程序文本框控件。在BMI框下面添加一个文本框，设置文本框属性，在"数据"选项卡单击"控件来源"右侧的 按钮，打开"表达式生成器"对话框，输入"IIf([BMI]>28,"肥胖","正常")"，如图6-49所示。将该文本框标签改为"肥胖程度"，并调整位置，与上面的标签文本框对齐。

（4）调整并保存报表。适当调整报表中各个对象的大小、对齐等，保存报表为"肥胖指数"，结果如图6-50所示。

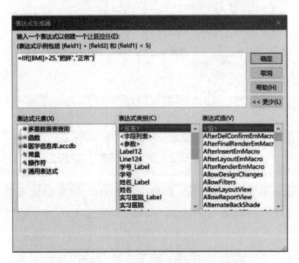

图 6-49 "用表达式生成器"对话框

图 6-50 编辑后的多重数据表查询报表

6.4 创建高级报表

在 Access 中，用户还可以根据需要创建更加高级形式的报表，如主/次报表、交叉报表、图形报表和弹出式报表。

6.4.1 子报表

在 Access 中，根据用户需要，一个报表中可以包含两个以上的报表，即一个主报表和多个子报表。建立子报表的方法是在主报表的设计视图中添加一个子报表控件。

任务 6-10 使用子报表显示学生选课情况。

操作步骤：

（1）在"医学信息"数据库中，选中包含成绩信息的 SCORE 表。

（2）创建主报表。单击"创建"选项卡"报表"组中的"报表"按钮。切换至设计视图，向下拉宽主体节，为子报表预留出位置。

任务6-10

（3）创建子报表。单击"报表设计工具 – 设计"选项卡"控件"组中的"子窗体/子报表"按钮，在主体节区域的预留位置拖动鼠标，画出子报表，在打开的"子报表向导"中选择"使用现有的表和查询"，单击"下一步"按钮。

（4）定义子报表数据源。在"表/查询"区选择"表：STUDENT"，添加"可用字段"的"学号""思品""马哲""政治""政经""毛概"至"选定字段"，单击"下一步"按钮，如图 6-51 所示。

（5）指定连接字段。选中"从列表中选择"单选按钮，选择"对 STUDENT 中的每个记录用学号显示 SCORE"，定义学号为连接字段。单击"下一步"按钮，如图 6-52 所示。

图 6-51 定义子报表数据源

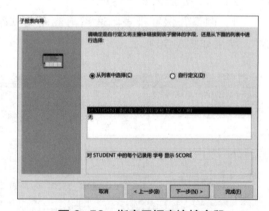

图 6-52 指定子报表连接字段

注意： 子报表与主报表直接的联系是通过连接字段完成的，需要二者都有一个类型相同且有相同取值的字段。在定义子报表的可用字段时，必须添加此连接字段，如果没有选择导航将要求指定连接字段。本任务中连接字段为"学号"。

（6）输入子报表名称。输入子报表名称为"学生成绩"，单击"完成"按钮返回报表编辑。

（7）编辑报表格式。在"设计视图"中，为子报表中字段设置列宽及对齐，右击子报表，

在弹出的快捷菜单选择“布局”|“堆积”命令，结果如图6-53所示。

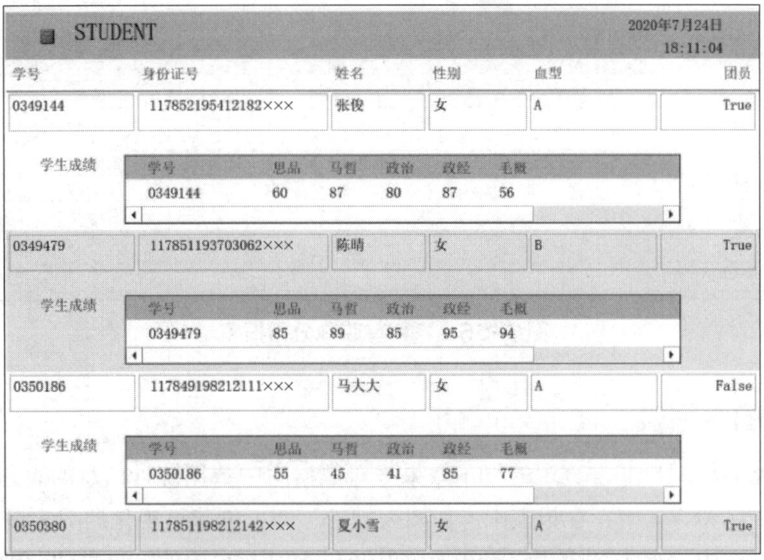

图6-53　“主/次报表”报表视图效果

（8）保存报表为“学生选课情况”。

6.4.2　创建交叉报表

在Access中，交叉报表的实质是建立在交叉查询基础上的报表，建立交叉报表的方式与普通报表的建立方式相同，只是报表的数据来源是交叉查询。

任务6-11　建立各个科室不同职称人数统计的交叉报表。

操作步骤：

（1）打开“医学信息”数据库，在导航窗格选中包含医生信息的DOCTOR表。

（2）创建交叉查询。单击“创建”选项卡“查询”组中的“查询向导”按钮，在打开的“新建查询”对话框中选择“交叉表查询向导”；指定数据源“表：DOCTOR”；选择“职称”字段为行标题；选择“出诊科室”字段为列标题；选择DID的计数（Count）为交叉表计算值，生成交叉查询，如图6-54所示。保存为“科室职称分布”。交叉表查询向导的使用可参考本书第4章4.2.2节的相关内容。

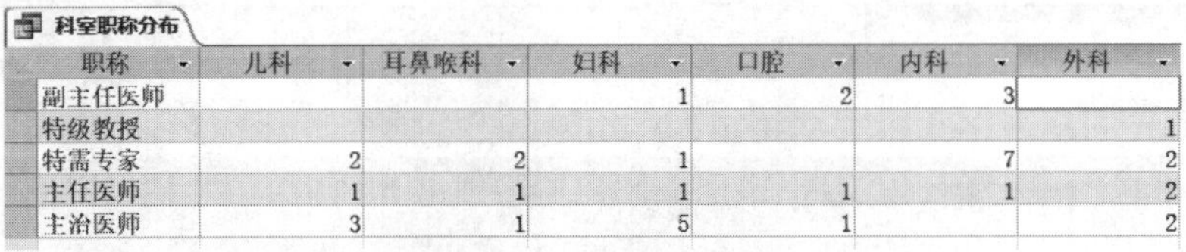
科室职称分布

职称	儿科	耳鼻喉科	妇科	口腔	内科	外科
副主任医师			1	2	3	
特级教授						1
特需专家	2	2	1		7	2
主任医师	1	1	1	1	1	2
主治医师	3	1	5	1		2

图6-54　交叉查询结果

（3）交叉报表的建立。在导航窗格中选中“科室职称分布”查询，使用“创建”选项卡中的“报表”按钮建立交叉报表，如图6-55所示。

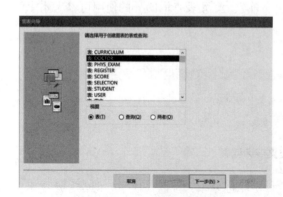

职称	儿科	耳鼻喉科	妇科	口腔	内科	外科
副主任医师			1	2	3	
特级教授						1
特需专家	2	2			7	
主任医师	1	1	1	1	1	2
主治医师	3	1	5	1		2

图6-55　各科室职称分布报表

6.4.3　创建图表报表

图表通常能够给用户非常直观的显示效果，对数据库中数据统计信息的表达起到了生动的图形表示效果。在Access中，在报表中添加图表控件，即可创建可视化的图表报表。

报表设计视图中，单击"报表设计工具－设计"选项卡"控件"组中的"图表"控件，在报表中拖动鼠标画出一个图表框，打开"图表向导"对话框，按图表向导创建一个初始图表。通过双击图表或在图表上右击选择"图表对象"|"编辑"命令，可以进入类似Word或Excel中的图表编辑状态。

任务 6-12　创建基于"医生基本信息"报表的各科室人数的图表报表。

操作步骤：

（1）在医学信息数据库中，打开任务6-1创建的"医生基本信息"报表，并切换至设计视图。

（2）打开图表向导定义数据源。扩大报表页眉区域，单击"报表设计工具－设计"选项卡"控件"组中的"图表"控件，在报表页眉节中拖动鼠标画出一个图表框，打开图表向导对话框，选择"表：DOCTOR"，单击"下一步"按钮，如图6-56所示。

（3）定义图表字段。将DID、"职称"和"出诊科室"字段依次添加入"用于图表的字段"，单击"下一步"按钮，如图6-57所示。

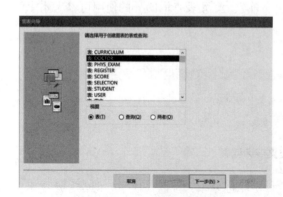

图6-56　定义图表数据源

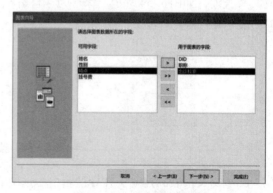

图6-57　定义图表字段

（4）定义图表类型。选择"图表的类型"为"柱形图"，单击"下一步"按钮，如图6-58所示。

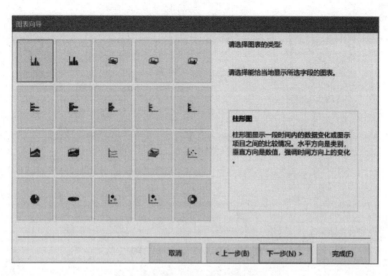

图6-58 选择图表类型

（5）定义统计信息。将右侧DID拖动到Y轴"数据"位置，"职称"拖动到图例旁边的位置，"出诊科室"拖动到X轴的位置，单击"下一步"按钮，如图6-59所示。

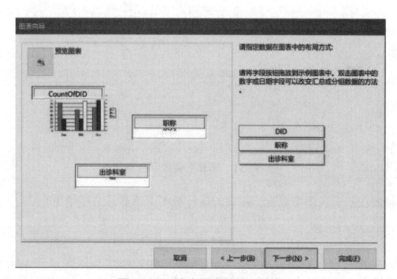

图6-59 定义图表的统计信息

（6）定义连接字段。如图6-60所示，设置连接字段为空。

（7）修改图表标题。标题为"按出诊科室统计不同职称的医生人数"，单击"完成"按钮。此时，双击图表或在图表上右击，在弹出的快捷菜单中选择"图表对象"|"编辑"命令，进入图表编辑状态。右击图表，在弹出的快捷菜单中选择"图表选项"命令，打开"图表选项"对话框，可设置图表标题。

（8）调整报表位置并保存。单击报表页眉空白处，返回报表编辑状态，切换到报表视图，查看报表效果，如图6-61所示。

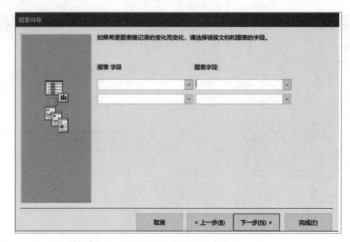

图 6-60 定义连接字段

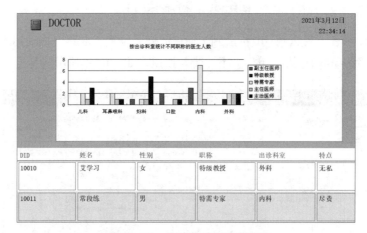

图 6-61 图表报表显示效果

报表的结果需在报表视图下查看，报表的设计视图下不显示数据结果。

6.4.4 创建弹出式报表

为了更加方便用户使用，常常需要将报表拖动到屏幕的任意位置，而不受Access限制。这种可以任意被用户拖动的报表称为弹出式报表。创建弹出式报表的主要操作是修改弹出方式。

任务 6-13 将学生选课情况子报表"学生信息"报表修改为弹出式报表。

操作步骤：

（1）打开任务6-10所创建的"学生选课情况"报表，并切换至设计视图。

（2）打开子报表"学生信息"的属性表。在设计视图下打开属性表窗格，单击子报表"学生信息"报表编辑框右下角，属性表中即为子报表的属性，如图6-62所示。

（3）设置弹出属性。单击属性表中的"其他"选项卡，在"弹出方式"中选择"是"。

（4）运行结果。双击 Access 主界面左侧的"学生信息"，弹出式报表如图 6-63 所示。

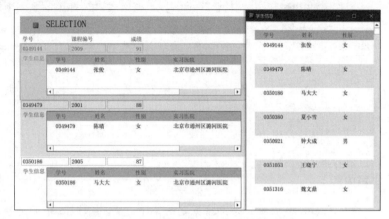

图 6-62　弹出方式属性表设置　　　　图 6-63　"学生情况"子报表弹出式报表

小　结

本章着重讲述了与报表相关的内容，主要包括报表对象概述、报表分类与视图、报表的创建与修改、报表中排序和分组操作，报表的计算控件及统计计算、报表的打印与输出，以及报表的高级操作等。

第7章

宏操作

【本章内容】

宏是Access数据库的六大对象之一，早期Access版本中的宏缺少变量和错误处理，现在的Access中包含了这些功能，使得宏成为一种简化的编程方法，也是一种VBA的替代方法。构建结构化的宏，可以在不编写VBA程序的前提下，实现对应用程序的自定义操作。

【学习要点】

- 熟悉宏。
- 宏的功能和类型。
- 宏的创建与设计。
- 宏的基本操作。
- 宏的运行调试方法。
- 宏的安全设置。

7.1　宏的基础知识

本节介绍关于宏的基础知识，包括宏的概念、功能和类型，同时介绍了Access数据库宏的设计视图。通过本节的学习，在掌握宏的基础知识的同时了解宏的创建和编辑环境。

7.1.1　宏的功能与类型

对数据库的处理和操作过程中，VBA是完成自定义设置功能的重要工具，但VBA的使用对编写程序有一定的要求，宏的应用可成为VBA的一种替代方法。构建宏要比编写VBA代码轻松得多。

1. 宏的概念

宏是一种工具，可以自动完成各种任务，宏操作是构成宏的基本元素。宏操作由内置的VBA (Visual Basic for Applications)程序模块所构成，用户无须编写代码，也不需要知道宏操作代码是如何实现的，只需要理解操作所完成的任务，并对宏操作进行简单的设置即可。

宏可以看作是一系列的操作，并可以逐步地自动执行，用户可以将这些操作按照自己的要求进行排列，并在指定的时间，或者设置的事件发生时，执行这些操作。每个宏操作有自己特定的名称，并需要设置操作参数。

2. 宏的功能

大部分数据库的操作，都可以使用宏来完成。对宏的灵活运用与掌握，可以极大提高数据库的应用效率，同时保证数据库操作的准确性。特别是对于需要重复操作的工作，如表、查询、窗体、报表等数据库对象的打开和关闭操作。

3. 宏的类型

宏的类型与宏的打开方式、触发形式及操作对象有关，宏的设计视图都是相同的，但是打开宏的设计视图的方式不同。按照打开的方法可以将宏分为三类：

（1）独立宏。独立宏是一个独立的 Access 对象，可以出现在导航窗格中，独立于表、窗体、查询、报表等对象之外，并可直接运行。

（2）嵌入宏。与独立宏相对应的是嵌入宏，嵌入宏不会出现在导航窗格中，而是作为窗体、报表的嵌入对象，或者控件的属性，在一定的操作事件触发下才能运行。

（3）数据宏。数据宏专门对应于表的操作宏，可以看作是对表的特定事件所设置的验证规则，是对数据库中表的管理操作。数据宏在任何使用表的地方都有效。

4. 事件的概念

事件是指对象所能检测到并做出反应的动作，当某个对象的状态发生改变，或者某个动作应用这个对象时，对象所发生的反应，或者说对象为此所触发的动作，即为事件。事件可以事先定义，可以定义为宏操作。例如，当窗体上名字为"退出"的按钮被单击这个动作发生时，可以触发一个关闭窗口的事件，这个关闭窗口的事件可以由一个宏操作来完成。

宏的操作很多与事件相关，事件的触发大多是由控件的属性设置完成的。例如，窗体中的大多数控件，包括窗体本身，其属性设置中都有"事件"这一分类，大多对象都有"单击"事件。

7.1.2 宏的设计视图

尽管打开宏的设计视图的方法不同，但无论哪一种类型的宏，操作的设计视图都是完全相同的。以创建独立宏为例，了解宏的设计视图。单击"创建"选项卡"宏与代码"组中"宏"按钮，打开宏的设计视图，如图7-1所示。宏的设计视图中主要包括两部分：宏生成器和操作目录。左侧包含一个下拉列表框的是宏生成器，右侧是包含树形结构的操作目录。

1. 宏生成器

宏生成器类似于程序编辑器，宏命令的编辑、宏的内容添加、删除都是在这里完成。宏生成器中只有一个下拉列表框，可在列表框中直接输入宏命令，也可单击右侧下拉按钮，打开列表框从中选择宏命令，如图7-2（a）所示。

宏命令的添加、删除、顺序调整等操作，以及单个宏命令的条件设置、操作参数设置等，都是在宏生成器中完成的。

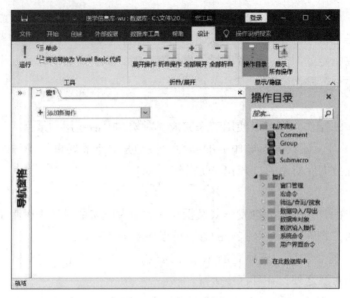

图7-1 宏的设计视图

2. 操作目录

操作目录窗格在宏生成器的右侧，以树形结构列出了三个主目录，分类列出了所有的宏命令，同时列出了当前数据库中已存在的窗体和宏的情况。

（1）"程序流程"目录。如图7-2（b）所示，主要包括用于程序流程控制的四个宏操作：

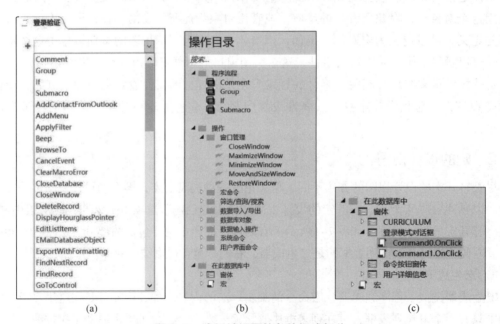

图7-2 宏设计视图的各位组成部分

- Comment（注释）：对宏的整体或部分进行的说明，对宏的运行没有任何影响。
- Group（组）：组是对宏操作进行分组，使得宏的结构更为清晰。

- If（条件宏）：通过使用宏的条件表达式，来控制宏的流程走向，与程序设计语言中的分支语句结构类似。
- Submacro（子宏）：用于创建宏组，宏组的作用是将多个不同功能的独立宏组合在一起进行管理，这个组单独命名，宏组仍然是独立宏，可以指定其中的宏单独运行，也可直接运行宏组，其中所有的操作都会按顺序执行。

（2）"操作"目录。此部分包含了所有宏命令，并按照宏命令的功能进行了分类，共分 8 个子目录，打开对应的子目录，选择宏命令后，拖动到宏生成器中，即可完成宏命令的添加，如图 7-2（b）所示。宏生成器下拉列表框中的宏命令，与操作目录中的宏命令是相同的，区别在于下拉列表框中是按照字母顺序排列的。

（3）"在此数据库中"目录，用于显示当前数据库中已经存在的宏，除了独立宏之外，嵌入在窗体、报表等对象中的嵌入宏也在这里显示，如图 7-2（c）所示。这项功能极大地方便了所有宏的编辑工作，使得嵌入宏的打开，不必一定要从窗体、报表等对象进入。

3. "宏工具–设计"选项卡

宏的设计视图中，"宏工具–设计"选项卡提供了一系列功能操作，用来辅助宏的常用操作和运行。主要的功能包括："运行"按钮可执行当前宏；"单步"按钮每单击一次，执行当前宏当中的一个宏命令，多次单击顺序执行；（全部）展开/折叠按钮，对当前宏生成器中的宏命令进行展开或折叠显示；"操作目录"按钮是开关键，完成操作目录窗格的显示/隐藏；"将宏转换为 Visual Basic 代码"按钮可实现宏向 VBA 转换代码。

▎7.2　宏的创建与设计

宏的创建和设计方法，与前面章节所涉及的 Access 的其他对象有很大的不同，宏的创建和编辑都是从 Access 所提供的宏操作中进行选取，这些功能可以组合，但不能自定义，没有类似查询向导之类的操作向导，只能是通过宏的设计视图，直接创建和设计宏的内容。

7.2.1　独立宏

独立宏是可以出现在导航窗格的宏，需要单独命名。独立宏的运行可以通过导航窗格，也可以通过引用其宏名，或者被窗体、报表中的控件调用。独立宏是最基本的宏类型。

根据宏运行时的状态可以将独立宏分为三种：包含一个或多个宏操作序列的宏；由若干个操作系列形成的宏组成的宏组；使用条件表达式决定宏的运行分支的条件宏。

1. 操作序列组成的单个宏

由操作序列组成的单个宏，通过引用宏的名称可以被执行。单个宏的创建比较简单，进入宏的设计视图，顺序添加宏命令，并设置操作参数。宏命令的添加有两种方法：

在宏生成器中选择宏命令，并设置操作参数。宏命令的添加可以通过宏生成器中的下拉列表框直接输入或者打开下拉列表选择；或者，从设计视图的操作目录窗格中按照分类选择宏命令后，拖动到宏生成器中。

任务 7-1 在"医学信息"数据库中，创建一个名为"添加新用户"的宏对象，对包含用户信息的 USER 表，新增一条记录，Login 字段中输入用户名为 test，PWD 字段中输入 12345。

操作步骤：

（1）进入宏设计视图。单击"创建"选项卡"宏与代码"组中"宏"按钮。

（2）添加并设置宏命令。在宏生成器的下拉列表框中选择 OpenTable，设置表名称为 USER，视图为"数据表"，数据模式为"增加"，如图 7-3 所示。

（3）保存宏。单击快速访问工具栏中的"保存"按钮，或者右击宏的标签，选择"保存"命令，在打开的"另存为"对话框中输入宏名称，如图 7-4 所示。导航栏上出现"添加新用户"宏，如图 7-5 所示。

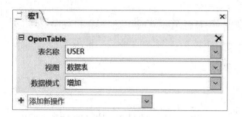

图7-3　设置宏命令

图7-4　保存宏

（4）运行宏。在宏设计视图下，单击"宏工具–设计"选项卡"工具"组中的"运行"按钮，或者双击导航栏上"添加新用户"宏运行宏。运行结果为打开 USER 表，显示为空白表，只能输入新记录，如图 7-6（a）所示。

使用 OpenTable 操作时，数据模式定义的是表的打开方式，有增加、编辑和只读三种。选择编辑方式，与表的编辑视图完全相同，会显示所有记录，同时在下方"*"号行可添加新记录，且依然能看到编辑的光标，如图 7-6（b）所示；选择只读方式，可显示全部记录，但不能修改和添加新记录，下方没有"*"号行，也没有可编辑的光标显示，如图 7-6（c）所示。

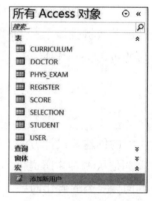

图7-5　导航栏上的宏

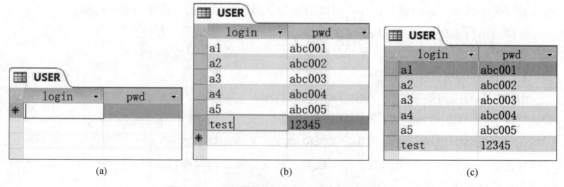

图7-6　三种数据模式定义方式的运行效果

2. if条件宏

条件宏可以使宏的操作流程依据一个条件的判断结果而进行分支。条件宏中的else项是可选的，没有此项时，可以认为是对包含在if结构中的宏操作设置了执行条件。带有else项可将操作流程分为两条分支；使用elseif可以增加新的判断条件，实现操作流程两个以上分支，也可认为是在else分支里嵌套了新的if结构。

1）If...then...else...endif分支结构

if后面的条件表达式的判定为真时，执行then后面的操作，表达式判定为假时执行else后面的操作，两种操作选其一。

任务 7-2

任务 7-2 在"医学信息"数据库中，创建显示学生信息及选课情况的SELECTION窗体，使用宏对学生成绩进行分类显示，成绩低于60分的成绩显示为红色。

操作步骤：

（1）创建显示学生信息及选课情况的SELECTION窗体。单击"创建"选项卡"窗体"组中的"窗体设计"按钮，在窗体设计视图下，在窗体页眉插入标签框，输入SELECTION；定义窗体的属性：属性表"数据"选项卡"记录源"中单击 ⊞ 打开查询生成器，添加SELECTION和STUDENT表，设置查询设计，如图7-7（a）所示，更新后的窗体属性如图7-7（b）所示，回到窗体设计视图，定义窗体布局，如图7-7（c）所示。保存窗体名称为SELECTION。

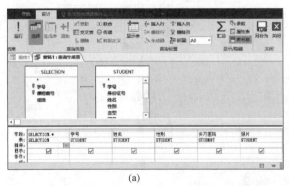

(a)　　　　　　　　　(b)　　　　　　　　　(c)

图7-7　创建SELECTION窗体

（2）进入宏设计视图。单击"创建"选项卡"宏与代码"组中的"宏"按钮。

（3）添加if条件。下拉列表框中选择if，单击then前的表达式生成器按钮 △，在生成器中定义条件，如图7-8所示。或直接输入[Forms]![SELECTION]![成绩]>=60。

（4）设置满足条件操作。在if下面的"添加新操作"组合框中添加宏操作SetProperty，控件名称为SELECTION窗体中的"成绩"控件，属性为"前景色"，属性的值为 #000000

（黑色）。

（5）设置else分支操作。单击"添加Else"，在Else下方添加新操作为SetProperty操作，设置"成绩"控件"前景色"属性的值为"#FF0000"（红色），如图7-9所示。

（6）保存宏。将宏保存为"及格判定"。

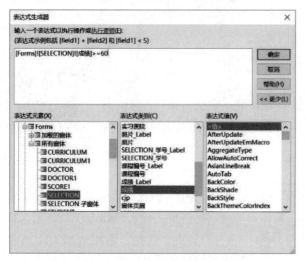

图7-8　表达式生成器的设置

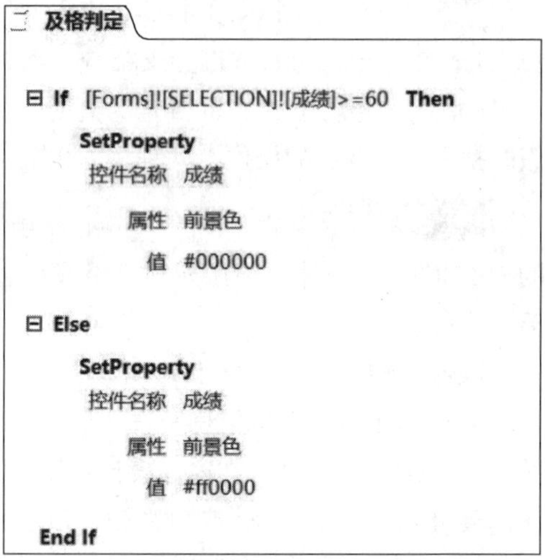

图7-9　及格判定宏的内容

（7）设置SELECTION窗体事件。打开已创建的窗体SELECTION，在设计视图下，设置窗体的属性，在属性表"事件"选项卡"成为当前"属性的下拉列表中选择"及格判定"，也可直接输入，如图7-10所示。

（8）调试运行。在窗体视图打开SELECTION窗体，使用导航栏前后翻页，查看60分以下的成绩是否红色显示，如图7-11所示。

图7-10　窗体的属性设置

图7-11　运行结果

说明：宏除了可在设计视图下直接运行外，更多的是与对象的事件结合，如窗体、控件等。这类宏在设计时，需要注意调用的控件，使用对象的名称进行设置或调用，SetProperty操作专门用于设置控件的属性，通过改变属性值完成。

与对象的事件相关的宏，通常不能单独运行，必须在其设置的条件下，例如，控件所属的窗体在窗体视图下，才会有对应的事件触发。如果在宏设计视图下直接单击"运行"按钮通常会出现错误提示而中断。这是因为宏当中所调用的控件等对象在宏设计视图下无法对应。

2）If...then...endif 条件设定结构

当没有 else 分支时，只有 if 后面的表达式为真时，then 后面的操作才得以执行。实际上是为这些操作设置了执行条件。

任务 7-3　对"医学信息"数据库中的医生信息进行筛选显示，在"医生信息"窗体中，使用列表框选择科室名称，筛选显示所选科室的医生信息。

任务7-3

操作步骤：

（1）打开"医生信息"窗体的设计视图。导航窗格中选择第5章任务5-1生成的"医生简单窗体"，在右键快捷菜单中选择"重命名"命令，将其命名为"医生信息"，之后打开此窗体的设计视图。

（2）添加科室名称列表框。添加列表框控件，选择自行输入列表值，如图7-12（a）所示，输入各个出诊科室名称，如图7-12（b）所示，并设置列表框标签为"选择出诊科室"，如图7-12（c）所示。

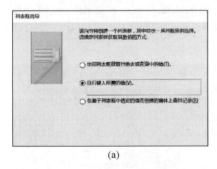

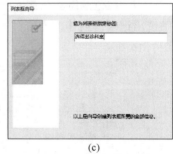

| (a) | (b) | (c) |

图7-12　列表框的设置

（3）设置列表框的名称属性。在窗体设计视图下，选择新添加的列表框，在其属性表窗格的"其他"选项卡中设置"名称"属性为"选择科室"。

（4）建立"筛选科室"宏。单击"创建"选项卡"宏与代码"组中的"宏"按钮，进入宏设计视图，保存宏名称为"筛选科室"。

（5）使用 if 设置筛选条件。添加 if 条件为：[Forms]![医生信息]![选择科室].[ListIndex]=0，此表达式判定的是"医生信息"窗体中"选择科室"列表框的索引值。也可使用表达式生成器生成此表达式，如图7-13所示。

说明： 列表框的索引值表示列表项的序列值，从0开始计数，第1项为0，第2项为1，依此类推，此处第1项为"内科"。

（6）设置满足条件操作。Then 后添加 ApplyFilter 宏操作，对 DOCTOR 表进行筛选设置。设置筛选名称为10，当条件为：[DOCTOR]![出诊科室]="内科"。筛选名称是自定义的内容。

（7）重复第（5）、（6）步骤，添加其他科室的判定。最后完成的宏，部分内容如图7-14所示。

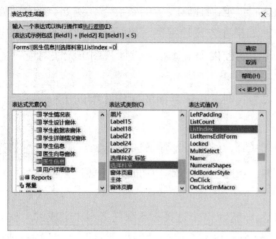

图7-13　表达式生成器设置筛选条件

图7-14　"筛选科室"宏的部分内容

（8）设置窗体中的"选择科室"列表框事件。在窗体"医生信息"设计视图下，选中"选择科室"列表框，在列表框的属性表窗格"事件"选项卡的"单击"属性中，添加"筛选科室"宏，如图7-15所示。

（9）运行调试。在窗体视图下打开"医生信息"窗体，单击选择科室，记录内容根据选择筛选出记录，窗体的导航栏上的筛选显示会变成"已筛选"，单击此按钮可取消筛选，结果如图7-16所示。

图7-15　"选择科室"列表框的属性设置

图7-16　医生信息窗体上筛选效果

3）条件宏的嵌套使用

多层if嵌套可以实现流程的多个分支，可直接在if后增加新的if判断，形成多个条件的判断。也可通过添加elseif，实现连续的条件判断。

任务 7-4　使用条件宏，实现登录窗体的密码验证功能，用户名和密码均正确时打开"医生信息"窗体，同时关闭"登录窗体"；密码错误时，给出相应信息提示对话框，并清空错误的输入。

操作步骤：

（1）打开"登录窗体"。在导航窗格中选中第5章任务5-7生成的"登录模式对话框"窗体，重命名为"登录窗体"，选择用于输入用户名的文本框，定义名称为username，选中用于输入密码的文本框，定义名称为 passwd。

（2）创建"登录验证"宏。创建空白宏进入宏设计视图，并将其保存为"登录验证"。

（3）添加 if 条件。外层的 if 条件判断用户名（username）文本框的输入是否正确，条件框内输入：[Forms]![登录窗体]![username]="test"。

（4）添加嵌套 if。添加新操作为内层 if，其条件判断密码（passwd）文本框的输入是否正确，条件框内输入：[Forms]![登录窗体]![passwd]="12345"。

（5）正确分支。内层 if 条件后为满足所有条件（用户名和密码都正确）的正确分支，添加 OpenForm 操作，打开"医学信息"窗体，添加 CloseWindow 操作，关闭"登录窗体"。具体参数设置如图 7-17（a）所示。

（6）内层错误分支。在内层 if 后添加 else，之后添加错误处理，添加 MessageBox 操作，显示错误信息提示的对话框，提示密码输入错误；并添加 SetProperty 操作，将密码对话框（passwd）的错误输入清除，如图 7-17（b）所示。

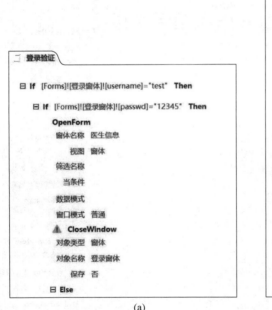

(a)

(b)

图7-17　登录验证宏的内容

（7）外层错误分支。添加外层 if 的错误处理 else 分支，并添加 MessageBox 操作，提示用户名输入错误；使用 SetProperty 操作，将用户名对话框（username）的错误输入清除。具体参数设置如图 7-17（b）所示。

（8）设置按钮事件。在"登录窗体"设计视图下，选中"确定"按钮，属性表窗格"事件"选项卡"单击"设置为"登录验证"宏。

（9）调试运行。在"登录窗体"在窗体视图下，输入用户名和密码，单击"确定"按钮，输入错误时出现消息框提示输入错误，选择"确定"后将清除错误输入，如图 7-18 所示。全部正确时将关闭"登录窗体"并打开"医生信息"窗体。

3. 宏组与子宏

宏组就是包含了多个宏的组合，是多个子宏的集合。宏组的应用可以使得导航窗格中，宏对象的管理更加方便简洁。宏组中每个子宏相对独立，可独立运行操作，子宏添加通过submacro操作完成，每一个子宏必须设置其子宏名。可以把宏组看成一个大的独立宏，其中又包含了许多独立的小宏。

宏组的运行通常要指明运行其中的哪一个子宏，引用的格式是"宏组名.子宏名"。可以把宏组看作是宏的一种组织方式，通常不单独运行宏组。如果单独运行宏组，写在最前面的如果是子宏，则只有第1个子宏被执行。写在最前面的如果是宏的操作命令，则只运行这些操作命令，后面的所有子宏将被忽略。

例如，图7-19所示的宏1，在宏的设计视图下直接运行，将只出现消息框，后面的子宏都被忽略，如果删除MessageBox宏操作，子宏01在起始位置，设计视图下直接运行时会打开DOCTOR表，后面的子宏02将被忽略。

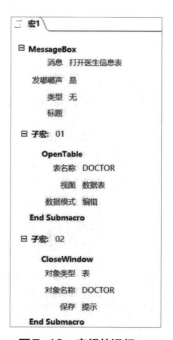

图7-18 登录验证时的错误提示效果　　　　　**图7-19 宏组的运行**

在设计Access的应用系统时，常有些宏操作，在不同的位置，需要反复调用，这些宏往往只有一个或两个宏操作，如果都作为独立宏对象，会使得宏的管理很繁杂，宏组可以将这些独立的宏整合在一起，既可以独立执行，又便于整体管理和修改。

任务 7-5　使用宏组，为"医生信息"窗体添加一个右键快捷菜单，完成刷新显示所有记录、预览打印报表、关闭当前窗体操作。

操作步骤：

（1）创建宏组。单击"创建"选项"宏与代码"组中的"宏"按钮，进入宏设计视图，保存宏为"快捷菜单"。

（2）刷新显示所有记录子宏。添加宏操作 Submacro，命名为"刷新所有记录"，添加宏操作 ShowAllRecords，如图 7-20（a）所示。

（3）预览打印报表子宏。添加子宏，命名为"预览打印报表"，添加宏操作 OpenReport，参数设置如图 7-20（b）所示。

（4）关闭当前窗体子宏。添加子宏，命名为"关闭"，添加宏操作 CloseWindow，参数设置如图 7-20（c）所示。

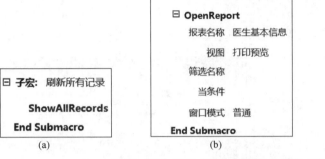

图 7-20　宏组"快捷菜单"中的三个子宏

（5）设置自定义功能区。右击 Access 功能区空白处，在弹出的快捷菜单中选择"自定义功能区"命令，如图 7-21 所示。打开"Access 选项"对话框，在右侧"自定义功能区"下拉列表中选择"工具选项卡"，下方选择"宏工具"中的"设计"，单击"新建组"按钮；左侧"从下列位置选择命令"下拉列表中选择"不在功能区中的命令"，其下方列表中选择"用宏创建快捷菜单"，单击中间的"添加"按钮，加入到"新建组"中，如图 7-22 所示。单击"确定"按钮回到宏设计视图，在功能区"设计"选项卡最后出现"新建组"，此时"用宏创建快捷菜单"按钮是灰色的。

图 7-21　功能区空白处右键快捷菜单

图 7-22　自定义功能区添加新组

（6）自定义快捷菜单。保存"快捷菜单"宏，在导航窗格选中"快捷菜单"宏，"宏工具－设计"选项卡的"用宏创建快捷菜单"按钮变为可用，单击此按钮完成设置。

（7）设置窗体快捷菜单属性。在设计视图下打开"医生信息"窗体，属性表窗格选择窗体的属性，在"其他"选项卡的"快捷菜单栏"项下拉列表中可见"快捷菜单"宏，如图7-23所示。

（8）运行效果。将"医生信息"切换到窗体视图，在窗体的任意空白位置右击，出现快捷菜单，如图7-24所示。

图7-23　窗体的属性设置

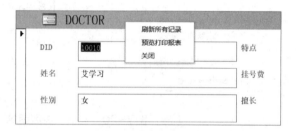

图7-24　快捷菜单的运行结果

说明：必须在导航栏中选中相应的宏，"用宏创建快捷菜单"按钮才能有效。作为快捷菜单的宏如果有修改和编辑，必须保存后再次单击"用宏创建快捷菜单"按钮，才能使修改生效。子宏的名字就是快捷菜单的菜单项。

此快捷菜单应用后，会覆盖原有的快捷操作，如窗体的选项卡中原来可进行窗体视图切换的快捷菜单将失效。

7.2.2　嵌入宏

嵌入宏是嵌入到窗体、报表或控件的事件属性当中的宏，是所嵌入对象的一部分，相当于对象的一个属性。嵌入宏在导航窗格中是不可见的，也没有独立的名称，嵌入宏的编辑和修改，离不开它的宿主对象，如果宿主对象被删除，嵌入宏也将被删除。嵌入宏的运行离不开宿主对象。

有两种方法可以创建嵌入宏：一是在使用控件向导添加控件时自动创建，参考第5章任务5-11创建的"命令按钮窗体"中各个按钮的插入方法。自动添加宏会直接在对象相应的事件属性中看到设置为"嵌入的宏"。二是自定义控件或窗体等对象的事件属性，使用宏生成器自行输入宏操作，当对象的事件发生时，触发宏的运行。

注意：按钮控件添加按钮时会自动进入控件向导，如需自定义设置宏，在自动打开的命令按钮向导对话框中选择"取消"，关闭导航之后，再进行属性设置。

嵌入宏不会出现在导航窗格，但可以在宏设计视图下的操作目录中找到，参考本章图7-2（c）。

任务 7-6 在任务7-2的基础上，增加学生成绩窗体功能，照片字段没有内容时不显示，添加新的标签控件，单击此控件时显示照片，双击关闭显示。

操作步骤：

（1）重新布局任务7-2所创建的SELECTION窗体。在设计视图下打开SELECTION窗体，删除原来的照片字段匹配的标签框，添加新的标签框，设置名称属性为"显示照片"，标题为"单击此处显示照片"；设置图片控件"照片"的可见属性为"否"；将窗体页眉标签的标题修改为"学生信息"；修改后的SELECTION窗体控件布局整理结果、照片和显示照片控件的属性设置如图7-25所示。

图7-25 重新布局的SELECTION窗体及相关控件的属性

说明：原来与照片图像框配套的标签框是自动生成匹配的，不具有事件属性，因此必须更换成普通的标签控件。

（2）设置窗体启动时图片框的初始状态。在宏设计视图下打开任务7-2生成的"及格判定"宏，增加if宏操作，判定条件为：[Forms]![SELECTION]![照片] Is Null，使用表达式生成器输入条件，如图7-26所示。

使用SetProperty宏操作，满足判定条件时，设置"显示照片"标签控件的标题属性为"照片未上传"，同时设置图片控件"照片"的"可见"属性的值为0；不满足条件时，"显示照片"标签控件的标题属性为"单击此处显示照片"，图片控件"照片"的"可见"属性值为–1。保存宏。修改后的"及格判定"宏增加的内容如图7-27所示。

说明：增加的部分所实现功能为判断窗体中图片控件所对应的照片字段，如果为空，就将图片控件隐藏，同时"显示照片"标签控件的标题为"照片未上传"，否则标题为"单击此处查看照片"。

控件的"可见"属性取值为0时为不可见，取值为–1时为可见。宏在保存且运行过一次后，输入的0会自动转换为False，输入的–1会转换成True。

条件表达式：[Forms]![SELECTION]![照片] Is Null判定的是SELECTION窗体中照片控件所对应的照片字段内容是否为空。

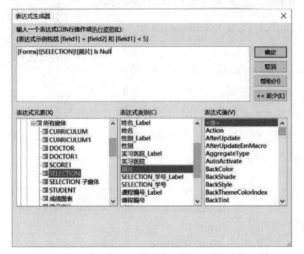

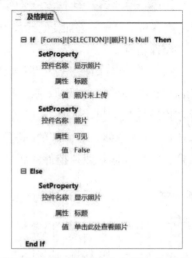

图7-26　使用表达式生成器完成条件表达式　　　**图7-27　"及格判定"宏增加的部分**

（3）为标签控件"显示照片"添加单击事件的嵌入宏。选择"显示照片"控件，在属性表的"事件"选项卡中"单击"属性右侧的 ⋯ 按钮，打开"选择生成器"对话框，选择"宏生成器"，进入宏设计试图。添加if宏操作，判断条件为：[显示照片].[Caption] Like "单击*"，满足条件时，使用SetProperty宏操作设置"照片"控件的"可见"属性值为−1，设置"显示照片"的标题属性为"双击此处隐藏照片"，如图7-28所示。单击"设计"选项卡"关闭"组中的"保存"按钮保存此嵌入宏，单击"设计"选项卡"关闭"组中的"关闭"按钮返回窗体的设计视图。

图7-28　"显示照片"控件单击事件的嵌入宏

说明：嵌入宏的"设计"选项卡与独立宏的有所不同，增加了"关闭组"，包含"保存""另存为""关闭"三个按钮。嵌入宏不能单独保存成为有名字的宏，这里的"保存"是将嵌入宏的保存，单击后不会弹出对话框。

嵌入宏没有名字，只有调用的位置，在宏的标题卡上显示的是"SELECTION:显示图片:单击"，操作目录中也可看到是SELECTION窗体中"显示照片"控件的单击事件（OnClick）。

单击"关闭"按钮可返回窗体的设计视图，"显示图片"控件的单击事件的属性会出现"[嵌入的宏]"标识，如图7-29所示。如果在此位置删除"[嵌入的宏]"这几个字，会直接删除嵌入的宏。

条件判断表达式：[显示照片].[Caption] Like "单击*"，是对"显示照片"的标题内容进行模糊匹配判定，标题内容以"单击"开头时，执行后面操作。当条件满足时，对两个控件进行了属性值的修改，图像框"照片"的"可见"属性为True，照片得以显示，同时标签框"显示照片"的标题内容即提示信息变为了"双击此处隐藏照片"。

（4）为标签控件"显示照片"添加双击事件的嵌入宏。参照单击事件的嵌入宏的方法，设置"显示照片"控件的"双击"属性，嵌入宏的内容如图7-30所示。

图7-29 插入嵌入宏后的属性表

图7-30 双击事件中的嵌入宏内容

（5）调试运行。在窗体视图下打开SELECTION，使用导航栏前后翻页，有图片的记录会显示"单击此处显示照片"，照片显示后，提示信息为"双击此处隐藏照片"，没有图片的记录会显示"照片未上传"，三种状态如图7-31所示。

图7-31 任务7-6运行结果

说明：在SetProperty宏命令中，"可见"属性值设置时是用0和-1设置的，嵌入宏保存并关闭之后，再次打开或进入设计视图时，"可见"的属性值将会由0或-1自动变成True或者False。

7.2.3 数据宏

数据宏是专门针对表的管理操作，可以把数据宏看成是有效性规则，只是比一般的有效性规则要更加智能化。数据宏多应用于对某个数值的阈值限定，或者是数据输入过程中的数值转换等。数据宏的优点在于，任何使用表的时候数据宏都将有效。由于是在表级别的应用，特别是在Web应用上，表的任何操作，均可引发相应的数据宏，可真正实现对数据表的监控，同时自动控制对数据表的修改。

数据宏与普通宏的最大区别是操作功能的有限性，数据宏所能提供的宏命令有限，相比普通的宏要少很多，且不同的表事件所能提供的宏略有不同。

1. 表事件

数据宏是专门应对于表的操作的，类似于嵌入宏必定依托于某个对象的某个事件，数据宏的应用需要依托于数据表的事件。表事件有两类：

（1）前期事件有两种：更改前和删除前。更改前是当数据表中的记录被用户、应用或VBA程序修改之前，即可触发。删除前是当数据表的记录被删除时触发的事件。前期事件不支持所有的宏操作，仅支持一小部分，在前期事件的宏设计器中可以看到，宏操作的下拉列表中，只有少数的几个宏操作，如图7-32（a）所示。

（2）后期事件有三种：插入后、更新后和删除后。对应添加记录、更新记录和删除记录后触发的事件。后期时间所具有的宏操作比前期事件多一些，主要增加了对数据记录的相关操作，以及数据导出的操作，如图7-32（b）所示。

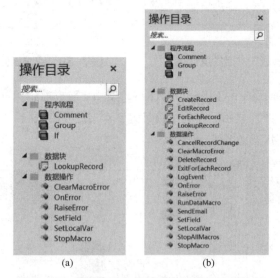

图7-32　前期事件与后期事件的操作目录比较

任务 7-7　在医学信息数据库中，为包含医生信息的DOCTOR表创建一个"更改前"的数据宏，用于限制输入的挂号费字段，副主任医师的挂号费不得超过30，若输入超过限定值，则会弹出消息框进行相应的提示。

任务7-7

操作步骤：

（1）打开医学信息数据库DOCTOR表的数据表视图。在功能区选择"表格工具"的"表"选项卡，单击职称字段的下拉按钮，选择升序对职称字段进行升序排序，如图7-33所示。

DID	姓名	性别	职称	出诊科室	特点	挂号费	
10013	雷公藤	男	副主任医师	口腔	忘我	23	后牙多根管，复杂根管的根管治疗，残根残冠
10027	游麦	男	副主任医师	口腔	忘我	23	牙体牙髓，牙齿矫正，牙周疾病。
10029	马齿苋	男	副主任医师	内科	忘我	23	高血压、冠心病、心肌疾病诊断治疗
10036	胡八一	男	副主任医师	内科	热忱	23	擅长各类快速性心律失常的射频消融治疗，包
10038	何首乌	女	副主任医师	内科	无私	23	复杂心律失常的诊断和治疗。尤其擅长持续性
10039	魏延宁	女	副主任医师	妇科	热心	23	妇科及妇科内分泌相关疾病诊治，如多囊卵巢
10010	艾学习	女	特级教授	外科	无私	22	擅长疝，肛肠疾病。
10011	常段练	男	特需专家	内科	尽责	25	复杂心律失常的诊断和治疗。尤其擅长持续性
10015	巨开心	男	特需专家	内科	无私	25	缓慢心律失常的起搏器治疗，猝死和恶性心律
10018	关自在	女	特需专家	妇科	尽责	25	腹腔镜下复杂子宫肌瘤剔除、深部子宫内膜异
10019	武力强	男	特需专家	外科	热忱	25	胃肠道肿瘤的微创治疗和综合治疗，微创减肥
10023	段誉	男	特需专家	耳鼻喉科	忘我	25	耳畸形，中耳炎

图7-33　数据表视图下的数据宏编辑

（2）添加"更改前"数据宏。单击"前期事件"组中的"更改前"按钮，进入数据宏设计视图。添加宏操作if条件判断，条件为 [职称] Like "*副主任*" And [挂号费]>30，满足条件时给出错误警告，使用宏操作RaiseError，具体操作设置如图7-34所示。

说明： 进行条件判断时，使用模糊匹配判断 [职称] Like "*副主任*"，是要求职称字段中包含"副主任"三个字。

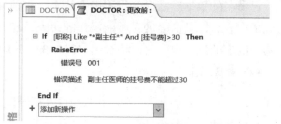

图7-34　"更改前"数据宏的设置

RaiseError操作是自定义一个错误类型，需要自己定义错误编号，同时给出错误提示。类似于宏操作MessageBox的效果，所有的数据宏都不包含MessageBox操作。

（3）保存数据宏。单击"保存"按钮，完成后单击"关闭"按钮返回数据表视图。表事件相关的数据宏设计视图，与嵌入宏的设计视图相同，唯一区别是"运行"按钮无效，可参考图7-34。

（4）数据宏的运行。数据表被执行更改操作时，数据宏都将生效：

- 数据表视图下：修改职称为副主任医师的一条记录，将挂号费改为45，并将光标移动到下一行记录时，系统会有错误提示，如图7-35（a）所示。
- 窗体视图下：打开医生信息窗体，在职称为副主任医师的记录中更改挂号费，单击导航栏的下一条记录，会出现错误提示信息，如图7-35（b）所示。

说明： 数据宏是在表的层面设置，因此任何表被编辑的状态下，都将启动相应的数据宏。

表事件"更改前"是指在整条数据被更改完成时触发的，效果为在数据表视图时，更改了挂号费后如果使用向左或向右光标键；更改同一记录的其他字段时，数据宏不被触发，没有错误提示；只有当转换到下一记录时，错误才会被判定。同样，在窗体视图，更改当前记录的其他字段值不会使得错误的挂号费被数据宏识别。只有选择下一条记录，本条记录的更改操作才被触发。

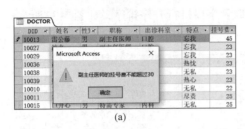
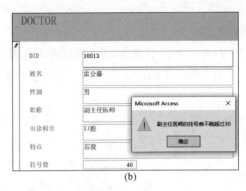

(a)   (b)

图7-35 数据宏在不同视图下的运行效果

2. 可调用的数据宏

除了与事件相关的数据宏之外，"已命名的宏"可以看成是一种独立的数据宏，这类数据宏可以被独立保存，并可以用标准宏来调用。由于数据宏可以直接操作表中的数据，可以在宏的设计中，调用已经创建的数据宏，对表进行操作。

已命名的数据宏在命令设置的方法上，与前面提到的宏没有区别。已命名的数据宏的操作目录的内容，即已命名的宏所能操作的命令，与表的后期事件相似，参考图7-32（b）。在进入已命名的宏的设计视图后，将看到如图7-32（b）所示的操作目录。

任务 7-8 在医学信息数据库中，为包含学生成绩的SCORE表创建一个用于计算学生总分的数据宏，并且用计算结果更新SCORE表的"总分"字段。

操作步骤：

（1）打开数据库医学信息的SCORE表，并切换到数据表视图。

（2）创建SCORE表的已命名数据宏。在"表格工具–表"选项卡中单击"已命名的宏"下拉按钮，选择"创建已命名的宏"命令（见图7-36），进入已命名数据宏的设计视图。

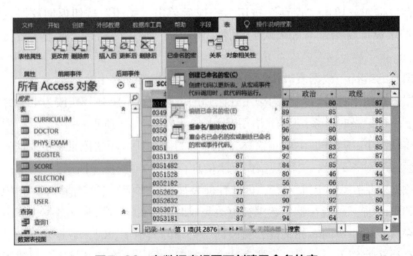

图7-36 在数据表视图下创建已命名的宏

（3）设置数据操作。在操作目录的数据操作类别中，选择ForEachRecord命令并双击，或者在宏生成器中添加此宏命令，将出现"对于所选对象中的每个记录"，在下拉列表中选择SCORE表，如图7-37所示。

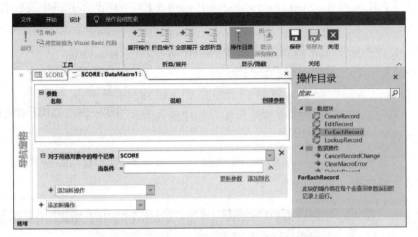

图7-37　设置ForEachRecord数据操作

（4）在"对于所选对象中的每个记录"区域内，添加两个宏命令。

- 设置存储变量。在"当条件"下方的"添加新操作"下拉列表框中选择SetLocalVar命令，在"名称"中输入自定义变量名Stotal，"表达式"中输入计算公式"[Score.[思品]+[Score].[马哲]+[Score.政治]+[Score].[政经]+[Score.[毛概]+[Score].[社科]"。
- 修改表记录。在SetLocalVar下方同级位置，添加EditRecord命令，在EditRecord操作区域，添加SetField命令，设置SCORE表的总分字段，被Stotal变量的内容替代，具体内容如图7-38所示。

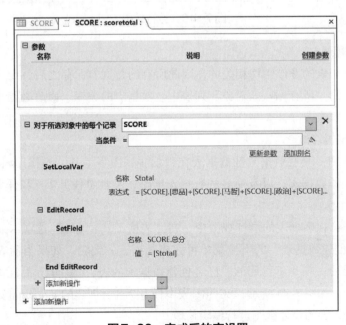

图7-38　完成后的宏设置

说明：宏命令的添加是有级别的，当出现多个级别的命令时，下方会出现多个“添加新操作”列表，在这个数据宏中，ForEachRecord即“对于所选对象中的每个记录”，是最外层的宏操作，它包含了两个宏操作：SetLocalVar和EditRecord，其中的EditRecord中又包含了SetField。整个宏有三个层次。

（5）保存已命名的宏。将数据宏保存为scoretotal，退出表的设计视图时，仍然需要保存设计的修改。

（6）运行已命名的数据宏。新建一个独立宏，添加RunDataMacro操作，设置如图7-39所示。保存新建的独立宏为“计算总分”。

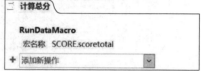

图7-39 调用已命名的数据宏

（7）运行并查看结果。运行独立宏“计算总分”，打开SCORE表的数据表视图，查看总分字段，总分字段被更新，如图7-40所示。

学号	思品	马哲	政治	政经	毛概	社科	总分
0349144	60	87	80	87	56	85	455
0349479	85	89	85	95	94	90	538
0350186	55	45	41	85	77	71	374
0350380	60	96	80	55	77	55	423
0350921	85	96	80	63	89	65	478
0351053	50	94	83	85	96	71	479
0351316	67	92	62	87	67	85	460
0351482	87	84	85	65	67	90	478
0351528	61	80	46	44	60	71	362
0352182	60	56	66	73	53	45	353

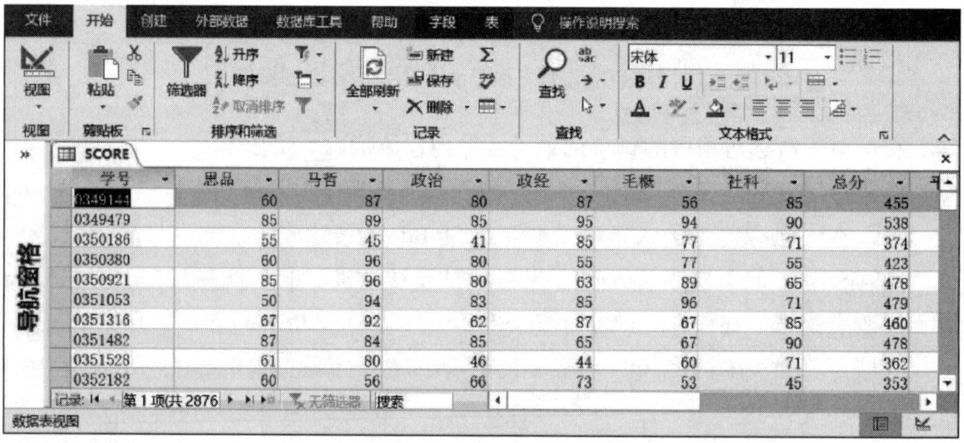

图7-40 运行结果

3. 数据宏的管理

由于数据宏是与表的操作密切相关的，因此所有的数据宏保存之后，无论是否命名，都不会出现在导航窗格的“所有Access对象”列表中。数据宏的编辑、修改必须是在相关表的数据表视图或设计视图才能进行。

1）数据宏的编辑修改

（1）数据表视图：具有数据宏的数据表在数据表视图下，其“表格工具-表”选项卡中，包含所有事件相关的数据宏，以及命名的数据宏操作，可参考任务7-7和任务7-8所涉及的相关操作与图7-33。

（2）设计视图：在数据表的设计视图中，在“表格工具-设计”选项卡“字段、记录和表格事件”组中，“创建数据宏”的下拉菜单可完成数据宏的编辑。如果当前表没有已命名的数据宏，菜单中的最后一项是不可用的。已经创建数据宏的表，“编辑已命名的宏”中，会有子菜单进行宏的选择。如图7-41所示，SCORE表中任务7-8所创建的scoretotal数据宏出现在子菜单中。选择后可进入宏的设计视图进行编辑修改。

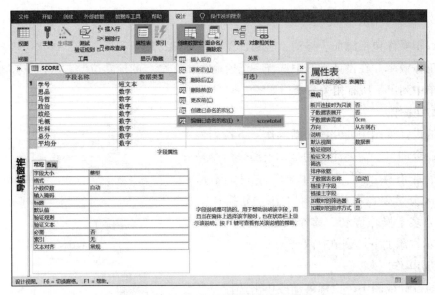

图7-41 设计视图下的数据宏编辑

2）删除数据宏

数据宏的删除与编辑方法类似，在"表格工具-设计"选项卡单击"重命名/删除宏"按钮，打开"数据宏管理器"对话框，如图7-42所示。

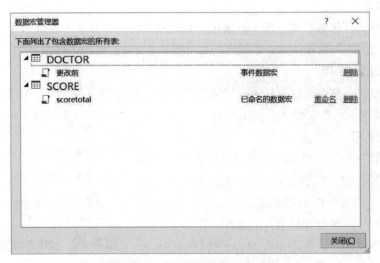

图7-42 "数据宏管理器"对话框

在数据宏管理器中，可看到数据库中所有表的相关数据宏，以及数据宏的类别。在图7-42中可看到任务7-7为DOCTOR表生成的事件数据宏，也可看到任务7-8为SCORE表生成的已命名的数据宏。事件数据宏只有删除操作，已命名的数据宏除删除操作外，还可进行重命名。

在数据宏管理器进行的操作，相关的数据表在打开的状态下不会立即生效，需要关闭相关数据表并保存数据表才可生效。这一特性在进行操作后，会有对话框进行提示。

7.2.4 宏的编辑操作

宏的编辑操作包括添加、移动、删除、复制、粘贴、展开和折叠等，掌握这些方法可提高宏编辑的工作效率。在设计视图中选择一个宏命令，在命令的标题位置右击，在弹出的宏的编辑快捷菜单中列出了所有相关命令，如图7–43所示。

1. 添加操作

在宏的设计视图中的"添加新操作"下拉列表中选择操作命令即可。需要注意的是，宏操作命令是可以嵌套的，带有 ✚ 的"添加新操作"有可能不是一个，需要区分是要在哪一个级别上添加新操作。任务7–8即为多个操作嵌套，多个级别的宏操作，如图7–43所示，添加下拉菜单有两个。

2. 移动操作

在宏的设计视图中，鼠标移动或单击选择一个宏操作，该操作的右上角会出现移动按钮和删除按钮，单击➊按钮会将当前宏操作的操作顺序向上移一位，单击➋按钮会将当前宏操作的操作顺序向下移一位。

图7–43 宏编辑快捷菜单

选择一个宏操作后，鼠标指向其标题行，直接拖动鼠标，即可实现此宏操作的上下移动。

3. 删除操作

删除宏操作的方法有三种：单击✖按钮将会删除当前宏操作，若宏仅包含一个宏操作，则该宏操作只有"删除"按钮；选中要删除的宏，按Delete键；使用快捷菜单。

4. 复制和粘贴操作

宏操作的复制、粘贴操作可以通过快捷菜单完成。在宏操作上右击，在弹出的快捷菜单中选择相关命令即可。

5. 展开与折叠

在宏的设计视图中，带有嵌套分级的宏操作，可以通过折叠或展开操作，调整宏的显示方式，使整个宏的内容更清晰。单击宏操作名称前的减号，可将其折叠，同时减号变为加号，单击加号展开宏操作。图7–44所示为任务7–5所生成的"快捷菜单"宏，折叠后结构显示更加清晰。

图7–44 宏操作的折叠显示效果

▌7.3 宏的运行与调试

宏可以被看作是一种操作命令，与其他的数据库操作不同，运行的方法也有多种。宏的运行过程中也有可能出现各种问题，或者创建的宏不能满足用户的设计需求。因此，创建宏之后，需要对宏运行调试，只有宏的执行效果与用户的需求一致，才可看作宏的设计是成功的。

7.3.1　宏的运行

宏的运行方式有多种，常用的有如下几种。

1. 使用导航窗格直接运行

在导航窗格中，选中并双击要运行的宏即可运行。或者选中要运行的宏，右击，在弹出的快捷菜单中选择"运行"命令。

2. 使用"执行宏"对话框

在"数据库工具"选项卡的"宏"组中单击"运行宏"按钮，在打开的"执行宏"对话框的下拉列表中选择要运行的宏，单击"确定"按钮后可开始宏的运行，如图7-45所示。

图7-45　执行宏对话框中选择要运行的宏

3. 在宏的设计视图中运行宏

在宏的设计视图中，单击"宏工具–设计"选项卡"工具"组中的"运行"按钮，可运行当前的宏，参见图7-1。

4. 在宏中调用其他宏

已经创建完成的独立宏和已命名的数据宏，可以在其他宏中被调用从而运行。调用其他宏时需要区别被调用的宏的类型，调用独立宏使用的宏操作是RunMacro，调用已命名的数据宏使用的宏操作是RunDataMacro。

这两种宏操作虽然名称不同，调用的宏类型不同，但操作的设置方法是相似的，可参考任务7-8中已命名的数据宏的运行方法及设置内容。

5. 事件响应形式运行宏

事件驱动的宏是指通过响应窗体、报表或控件中发生的事件而运行的宏。实际就是嵌入宏的运行方式，作为某一事件的属性，当窗体、报表等对象发生相应事件时宏被运行。表事件所驱动的数据宏，也是事件响应形式运行的宏。本章的任务7-6和任务7-7分别叙述了嵌入宏和事件响应的数据宏的运行方式。

6. VBA模块调用宏

向VBA模块中添加宏的具体做法是，在程序中添加DoCmd对象的RunMacro方法，然后在RunMacro方法中指定要运行的宏名。RunMacro可以调用和运行其他的宏或宏组，它经常与其他调用方式一起使用，如嵌入式宏、VBA程序调用等。

任务 7-9 创建系统启动时自动运行的宏。当进入Access系统时，将自动打开任务7-4所生成的"登录窗体"。

操作步骤：

（1）打开"医学信息"数据库，创建一个独立宏。添加宏操作OpenForm，打开登录窗体，设置如图7-46所示。

（2）将宏保存并命名为AutoExec。

图7-46　自动运行宏的内容设置

（3）运行宏。退出 Access 系统，重新打开"医学信息"数据库，可直接打开登录窗体。

说明：Access 在打开指定的数据库时，会自动运行名为 AutoExec 的宏，这个宏是一个普通的独立宏，创建、编辑和保存的方法完全等同于独立宏，只是保存时定义的名字是特定的。这种宏常被用来启动数据库系统，只要将数据库系统的第一个窗体的调用操作写在这个宏当中即可。

7.3.2　宏的调试

设计好的宏，必须通过运行才能看到操作结果，与程序的运行调试类似。宏的执行过程，不一定永远顺利，有时会出现运行错误，或者异常现象，也有可能运行后发现与设计初衷相悖，因而在宏功能的实现过程中，调试是必需的步骤。

Access 提供的单步调试工具，即每执行一个操作就暂停，可以帮助用户看到每个宏操作的运行效果，这个结果会显示在专门的"单步执行宏"对话框中。如果遇到宏内的错误，会弹出错误提示信息。

任务 7-10　在医学信息数据库中创建宏对象，使用单步运行的形式：打开包含医生信息的 DOCTOR 表，筛选出外科的医生，再次筛选挂号费大于 30 的记录。

操作步骤：

（1）在"医学信息"数据库中，通过"创建"选项卡"宏与代码"组中的"宏"按钮，创建一个独立宏，并进入宏的设计视图。

（2）添加宏命令。依次添加宏命令 OpenTable、ApplyFilter，使用 OpenTable 打开 DOCTOR 表，使用 ApplyFilter 对 DOCTOR 表进行两次筛选，宏的具体设置如图 7-47 所示。

（3）保存并设置宏的运行。将宏命名为"单步运行"保存，同时在单击"宏工具-设计"选项卡"工具"组中的"单步"按钮，使其处于被按下的状态，如图 7-48 所示。

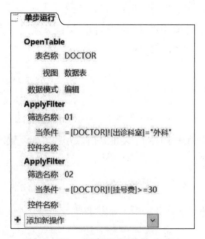

图 7-47　单步运行宏的内容

图 7-48　按下的"单步"按钮

说明：必须先保存宏，才能设置单步运行，否则，单步设置无法执行，同时系统会给出相关提示。

（4）运行宏。单击"宏工具-设计"选项卡"工具"组中的"运行"按钮，打开"单步执行宏"第一步的对话框，如图7-49（a）所示，提示即将操作的内容为OpenTable，单击"单步执行"按钮，弹出第二步即将操作的内容ApplyFilter，如图7-49（b）所示，再次单击"单步执行"按钮，出现第三步操作提示，如图7-49（c）所示，单击"单步执行"按钮，直到宏执行完成。

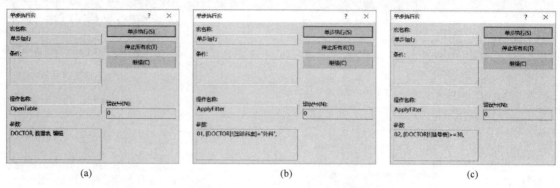

| (a) | (b) | (c) |

图7-49　单步执行的过程提示

说明：单步执行过程中，可单击"停止所有宏"按钮，终止宏的运行，则余下的操作不再执行；单击"继续"按钮，将执行余下的宏操作，并且关闭单步功能。

可使用单步运行测试宏出错情况，单步运行过程中，将会在出现错误的步骤中断，并提示错误信息，有助于在宏的调试过程中快速发现错误。

在单步执行对话框中，有三个按钮，决定宏的下一步走向：

- 单步执行：一步一步地执行宏操作。
- 停止所有宏：终止宏，并关闭此对话框。
- 继续：关闭单步运行，并继续执行其余的宏操作。

▌ 小　　结

本章主要介绍了宏的基本概念，包括宏的类型、宏的创建与应用的基本方法、宏运行与调试的操作。宏的使用可以使数据库的操作更加方便快捷。

独立宏是可以作为独立对象出现在导航窗格中的宏。可以通过使用宏组，将多个简单的宏命令整合成一个独立对象，便于宏的调用和管理。嵌入宏是绑定到数据库窗体对象的事件中的宏，嵌入宏的使用使得窗体中的对象有更灵活、直接的交互控制。嵌入宏的编辑和修改与对象的事件状态密切相关，嵌入宏保存后不会出现在导航窗格中。数据宏是将操作附加到特定的表格事件中，数据宏的创建及应用都是与表相关的，是在表的设计视图下进行的，数据宏的运行也与表的事件密切相关。

宏操作允许在宏中的任何点进入单步模式，以便能够观察宏每次是如何执行一项操作的。

第8章

VBA 编程

【本章内容】

通过本章学习，掌握VBA作为Access 2016数据库的七大对象之一所具备的主要功能，主要包括掌握VBA编程的过程与模块等基本概念，熟悉数据类型、语法规则、程序调试与错误处理和面向对象编程等常用VBA编程技术，了解ADO数据库编程等方法。

【学习要点】

- VBA的主要功能。
- 过程和模块的概念。
- 数据类型和语法规则。
- 运算符和常用函数。
- 程序结构和面向对象编程。
- 程序调试和错误处理。
- ADO数据库编程。

本书前一章的宏可以实现一部分基本应用，但对于复杂数据问题的处理能力有限。Access 2016 提供了VBA（Visual Basic for Applications）编程技术，通过VBA在开发中的应用，大大加强了对数据管理应用功能的扩展，可以开发出更灵活、更复杂的应用系统。

▎8.1 VBA 概述

Access是面向对象的数据库，提供了VBA编程技术。VBA是基于Visual Basic的一种宏语言，是微软公司于1993年开发的。它是在其桌面应用程序中执行通用的自动化任务的编程语言，其主要功能是扩展Windows的应用程序功能，特别是Microsoft Office软件。

VBA与VB具有相似的语言结构。从语言结构上讲，VBA是VB的一个子集，它们的语法结构是一样的，两者的开发环境也几乎相同。但是，VB是独立的开发工具，它不需要依附于任何其他应用程序，有自己完全独立的工作环境和编译、连接系统。VBA却没有自己独立的工作环境，它必须依附于某一个主应用程序，专门用于 Office 的各应用程序中，如 Word、Excel、Access 等。在 Access 中，可以通过 VBA 编写模块来满足特定的需要。VBA 程序的编写单元是子过程和函数，在 Access 中以模块形式组织和存储。

需要注意的是，2020 年 3 月 11 号，微软 .NET 团队在 *Visual Basic Support Planned for .NET 5.0* 中提到会在 .NET 5 上继续支持 Visual Basic，但未来不会继续发展 VB 语言了，仅在 .NET Core 和 .NET Framework 上维持 VB 的稳定性和兼容性。

8.1.1　VBA 编程环境

进入 Access 中的 VBA 编程环境后，可以看到 VBA 编程界面 VBE（Visual Basic Editor，VBA 编辑器）。VBE 提供了完整的开发和调试工具，是进行 VBA 程序编辑、调试和运行的环境。

1. VBE 界面

VBE 窗口如图 8-1 所示，主要由标准工具栏、工程资源管理器、属性窗口和代码窗口等组成。

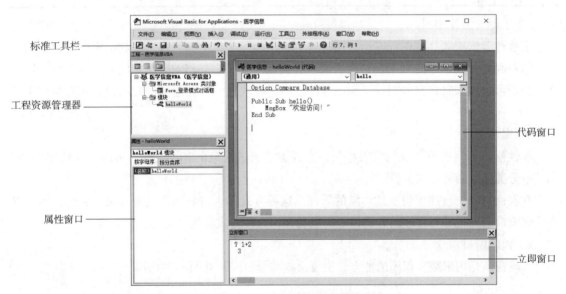

图 8-1　VBA 的编辑器 VBE

1）标准工具栏

标准工具栏是 VBE 中最常用到的工具栏，如图 8-2 所示。

图 8-2　标准工具栏

标准工具栏中各个按钮的功能具体介绍如表 8-1 所示。

表 8-1　标准工具栏功能说明

按　钮	名　称	功　能
	视图 Microsoft Access	切换回 Access 数据库窗口
	插入模块	用于模块、类模块和过程的插入
	运行子模块/用户窗体	运行模块程序
	中断	中断正在运行的程序
	重新设置	结束正在运行的程序
	设计模式	打开或关闭设计模式
	工程资源管理器	打开"工程资源管理器"窗口
	属性窗口	打开"属性"窗口
	对象浏览器	打开"对象浏览器"窗口
行7, 列1	行列	代码窗口中光标当前所在的行号和列号

2）工程资源管理器

工程资源管理器又称工程窗口，用树状层次结构图来显示和管理当前数据库中所包含的工程。第一次打开数据库的 VBE 窗口时，系统会自动产生一个与当前数据库同名的空工程，用户在工程下可以插入自定义的模块、编写程序。双击模块名，其程序代码在右边的代码窗口中显示。

3）属性窗口

属性窗口与当前所选取的对象相关，它列出了所选对象的各个属性，可以分"按字母序"和"按分类序"两种方式查看。

在属性窗口中直接编辑所选对象的属性，这种方式称为"静态"设置方法；为此，还可以在代码窗口中通过编写程序的方式设置对象属性，这种方式称为"动态"设置方法。

4）代码窗口

代码窗口是用来编写程序的地方，主要由四部分组成，如图 8-3 所示。

图8-3　代码窗口

（1）对象列表框：单击下拉框可以看到所有的对象。选择某个对象，可以快速定位到该对象的程序段。

（2）事件列表框：根据模块类型的不同显示会有所不同。对于类模块，显示当前所选对象的事件列表；对于标准模块，显示当前模块的过程列表。

（3）声明区：用于声明常量、变量、用户自定义类型和外部过程等，这些内容可以被该模块中的所有过程调用。

（4）过程或函数区：用于编写过程代码的地方。

5）立即窗口

立即窗口是用来进行快速表达式计算、程序测试等的工作窗口。

2. 进入 VBE

进入 VBA 编辑器主要有两种方式：直接开启方式和对象事件方式。

1）直接开启方式

在 Access 2016 的"数据库工具"选项卡中，单击"宏"组的 Visual Basic 按钮，如图 8-4（a）所示；或者单击"创建"选项卡"宏与代码"组中的 Visual Basic 按钮，如图 8-4（b）所示。

图 8-4　直接开启 VBE

2）对象事件方式

在窗体或报表的设计视图中，选择某控件对象，然后在"设计"选项卡的"工具"组中单击"查看代码"按钮，如图 8-5（a）所示。或者在控件的"属性表"窗口中，单击某一对象事件的 ⋯ 按钮，在"选择生成器"中选择"代码生成器"，单击"确定"按钮即可进入，如图 8-5（b）所示。

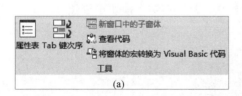

图 8-5　对象事件方式开启 VBE

8.1.2　模块和过程

模块是 Access 的重要对象之一，它以 VBA 为基础编写，以子过程或函数过程为单元的集合方式存储，它是将 VBA 声明和过程作为一个单元进行保存的集合体。通过模块的组织和 VBA 代码设计，可以大幅提高Access数据库应用的处理能力。

1. 模块

一个模块包含一个声明区，可以包含一个或多个子程序（以Sub开头）或函数（以Function开头）。Access中，模块可分为标准模块和类模块。

1）标准模块

标准模块一般用于存放供其他Access数据库对象使用的公共过程。标准模块中的公共变量和公共过程具有全局特性，其作用范围在整个应用程序里，生命周期是伴随着应用程序的运行而开始、关闭而结束。标准模块中也可以定义私有变量或私有过程仅供本模块内部使用。

标准模块存储在"工程资源管理器"的"模块"下面，如图8-1中的helloWorld模块。

2）类模块

类模块包括系统对象类模块和用户自定义类模块。系统对象类模块包括窗体模块和报表模块。系统对象类模块就是专门为窗体和报表设置的事件过程组成的模块，它可以响应窗体或报表的各种事件。

Access窗体对象和报表对象都可以有自己的事件代码和处理模块。窗体模块和报表模块通常含有事件过程，而过程的运行用于响应窗体或报表上的事件，使用事件过程可以控制窗体或报表的行为以及它们对用户操作的响应，如登录窗体的"确定"按钮的"单击"事件。

窗体模块和报表模块可以调用标准模块中已经定义好的过程。而窗体模块和报表模块的作用范围局限在所属窗体或报表内部，其生命周期伴随着所属窗体或报表的打开而开始、关闭而结束。

系统对象类模块存储在"工程资源管理器"的"Microsoft Access 类对象"下面，如图8-1中的"Form_登录模式对话框"就是一个窗体模块。

用户自定义类模块是以类的形式封装的模块，用户可以自己定义属性及操作属性的方法，可以在其他模块中使用。用户自定义类模块存储在"工程资源管理器"的"类模块"下面，图8-1中的helloWorld就是一个用户自己定义的类模块。

2. 过程

过程是模块的单元组成，由VBA代码编写而成。过程分为两类：Sub过程和Function过程。进入VBE后，如果要创建过程，首先要新建一个模块，然后在这个模块中创建。

1）Sub过程

Sub过程又称子过程，是由一系列程序代码构成，无返回值。定义格式如下：

```
Sub 过程名（参数1，参数2…）
    [程序代码]
End Sub
```

各部分说明如下：

Sub：表示Sub子过程开始，是系统关键字；过程名是定义的Sub子过程的名称；括号内的参数是Sub子过程在运行时需要的数据；程序代码是子过程执行的主要内容；End Sub表示Sub子过程结束。

说明：每一个Sub中必须应对一个End Sub，End Sub是一个过程的结束代码。如果想在Sub

过程的中途退出程序执行，可以使用 Exit Sub 语句。Exit Sub 是在过程内代码执行时，结束当前的过程，不执行 Exit Sub 之后的代码。

2）Function 过程

Function 过程又称函数过程，是由一系列程序代码构成，有返回值。定义格式如下：

```
Function 过程名（参数 1，参数 2…） As （返回值）类型
    [ 程序代码 ]
End Function
```

3. 创建模块和过程

VBA 编写程序的流程通常是：先创建模块，然后在模块中创建子过程或函数、保存、运行。

任务 8-1　创建一个 VBA 标准模块，编写 Sub 子过程，实现弹出一个对话框显示 "Welcome！"。

操作步骤：

（1）打开 "医学信息" 数据库。

（2）选择 "数据库工具" 选项卡，单击 Visual Basic 按钮，进入 VBE，界面如图 8-6（a）所示。用鼠标在窗口左上的 "工程资源管理器" 中选择系统自动创建的工程名 "Database2（医学信息）"，在窗口左下的 "属性窗口" 的 "名称" 处，修改工程名称为 "医学信息 VBA"，效果如图 8-6（b）所示。

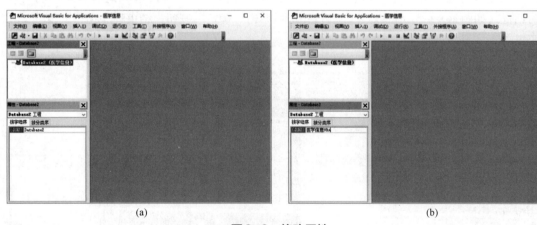

(a)	(b)

图 8-6　修改属性

（3）选择 "插入" | "模块" 命令，系统新建一个标准模块并打开一个新的代码窗口，单击工具栏中的保存按钮 ⊟，保存模块名为 helloWorld。此时在 "工程资源管理器" 窗口的树状结构中多了一个 "模块" 分支，该分支下有一个 helloWorld 模块。单击 helloWorld，可以再次打开 helloWorld 模块的代码窗口，如图 8-7 所示。

（4）选择 "插入" | "过程" 命令，在打开的对话框中输入过程名 hello[见图 8-8（a）]，单击 "确定" 按钮，系统自动在程序中添加子程序框架，如图 8-8（b）所示。用户也可以直接在代码窗口中手动输入完整的子过程代码。

（5）在子程序体框架的中间输入该程序内容。在输入代码时，所有的符号都是英文符号的，英文字母不分大小写，关键字首字母系统会自动转换为大写。另外，采用层次缩进格式书写程序，以增加程序的可读性。

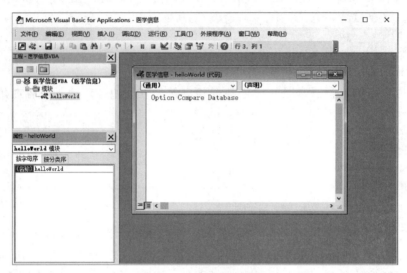

图8-7　创建标准模块

（6）把光标定位在该子过程代码段中，单击工具栏中的运行按钮 ▶ 运行程序，打开信息对话框，如图8-8（c）所示。程序运行完最后单击"确定"按钮，结束程序运行，返回VBE代码窗口。

（a）　　　　　　　　　　　　（b）　　　　　　　　　　　　（c）

图8-8　添加子过程

说明：
- Sub：是标识Sub子过程的开始。
- hello()：hello是子过程的名字，括号内为空，表示该子过程没有参数。
- MsgBox：为VBA的内置函数，作用是弹出信息对话框。
- End Sub：标识Sub子过程的结束。

任务 8-2　创建一个VBA类模块，在"登录模式对话框"窗体中单击"确定"按钮实现打开一个对话框显示"Hello！"。

操作步骤：

（1）在"医学信息"数据库中，创建或使用第5章中的登录窗体，"登录模式对话框"。（2）以设计视图方式打开"登录模式对话框"窗体，选中"确定"按钮，名称为Command1。在属性表中选择"事件"选项卡，将"单击"行右侧文本框中的数据删除后，再单击文本框右侧的 [...] 按钮，打开"选择生成器"对话框，选择"代码生成器"，最后单击"确定"按钮，打开VBE，进入窗体模块的子过程编写。具体过程如图8-9所示。

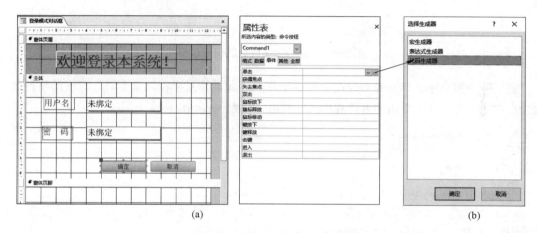

图8-9　创建窗体模块对象事件

（2）在VBE中，系统自动地在类对象下面以"Form_"开头，加上窗体名，新建一个窗体模块；在代码窗口中，系统以按钮Command1开头，加上"_"，再加上单击事件名Click，自动新建一个私有的子过程框架。在该子过程框架中输入要执行的具体程序即可，如图8-10所示。

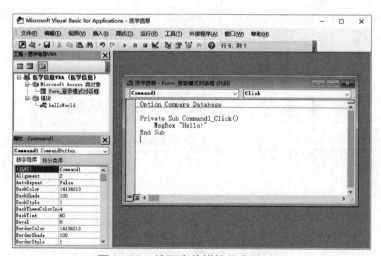

图8-10　编写窗体模块的事件过程

（3）程序执行。返回 Access 数据库窗口，以窗体视图方式打开"登录模式对话框"窗体，见图 8-11（a）；单击"确定"按钮，则会弹出一个对话框显示"Hello！"，单击"确定"按钮完成单击事件，如图 8-11（b）所示。

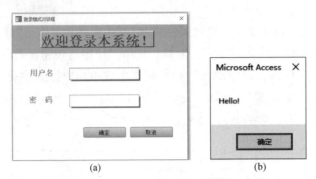

（a） （b）

图8-11 运行窗体模块的事件过程

在窗体或报表中，事件是对象能检测的动作，当此动作发生在对象上时，对应的事件便会触发，调用事件过程。常用的事件有单击、双击、获取焦点和鼠标按下等。

8.1.3 程序书写规则

程序书写规则如下：

（1）采用层次缩进格式书写程序，这样可以使代码结构清晰，方便理解和修改。

（2）通常将一条程序语句写在一行。当语句较长，一行写不下时，可以使用续行符"_"（空格加下画线），将语句连续地写在下一行。

（3）当多条语句很短时，可以使用冒号":"将几条语句分隔写在一行。

（4）一个好的程序一般都有注释语句，用来对程序中某些语句进行注释说明，也可以在程序调试过程中暂时屏蔽某些不用的语句。在 VBA 中，注释可以通过使用 Rem 语句或者使用英文的单引号来"'"来实现。

（5）在输入代码时，所有的符号都是英文符号，关键字首字母会自动转换为大写。

（6）当输入一行语句并按下 Enter 键后，如果该行代码颜色变为红色，则表明该行语句存在错误，需要更正。

（7）一般情况下是不区分字母大小写。

▌8.2 VBA 程序设计基础

Access 数据库系统创建的表对象所涉及的常用字段数据类型，在 VBA 中都有相对应的数据类型。

8.2.1 数据类型

根据数据描述信息含义的不同，可以将数据分为不同的数据类型。不同的数据类型，在计算机内存中的存储结构和占用空间也不同。VBA 的基本数据类型包括数值型（整型、长整型、单精度型、双精度型）、货币型、字符串型、布尔型、日期型和变体型。

VBA的基本数据类型如表8-2所示。

表 8-2　VBA 的基本数据类型

数据类型	类型标识	标　识　符	字段类型	取值范围
整型	Integer	%	字节/整数/是否	-32 768 ~ 32 767
长整型	Long	&	长整数/自动编号	-2 147 483 648 ~ 2 147 483 647
单精度型	Single	!	单精度数	负数：-3.402 823E38 ~ -1.401 298E-45 正数：1.401 298E-45 ~ 3.402 823E38
双精度型	Double	#	双精度数	负数：-1.797 693 134 862 31E308 ~ -4.940 656 458 412 47E-324 正数：4.940 656 458 412 47E-324 ~ 1.797 693 134 862 31E308
货币型	Currency	@	货币	-922 337 203 685 477.580 8 ~ 922 337 203 685 477.5807
字符串型	String	$	文本	0 ~ 65 500字符
布尔型	Boolean	无	逻辑值	True 或者 False
日期型	Date	无	日期/时间	100年1月1日 ~ 9999年12月31日
变体型	Variant	无	任何	数字与双精度相同，文本和字符串相同

1. 数值型（Integer，Long，Single，Double）

数值型是可以进行数学计算的数据，数值型的数据又分为整型（Integer）、长整型（Long）、单精度型（Single）、双精度型（Double）。

整型和长整型表示整数，不含小数；单精度和双精度型表示包含小数在内的实数。

2. 字符串型（String）

字符串型用于存储字符或文字，如字母、数字、标点符号、汉字、空格等。字符串型的数据必须使用英文的双引号（""）将其括起来，如"123"、"首医"等。

3. 布尔型（Boolean）

布尔型数据只有2个值：True和False，分别表示真和假。布尔型数据转换为其他类型，True为-1，False为0；若将其他类型数据转换为布尔型数据，0为False，其他值转换为True。

4. 日期型（Date）

日期型是用来存储日期和时间，占用8个字节的存储空间。日期型数据前后用号"#"封住，日期中间用"/ 或 -"隔开，时间中间用"："隔开，如#08/18/2020#或#2020-8-18#、#21:30:00 AM#、#2020-8-18 08:28:58 AM #。

5. 货币型（Currency）

货币型数据是用来表示货币值，占用8字节的存储空间，精确到小数点后4位，小数点前15位，而小数点后4位的数字都将被舍去。

6. 变体型（Variant）

变体型数据是一种特殊的数据类型，可以表示多种数据类型，并且可以根据要求进行多次改变。改变的过程中，可以是数值型，也可以是字符串型等。

8.2.2 变量

变量是指在程序运行时，值会发生改变的数据。程序要从变量中取值，需要通过变量名找到相应的内存地址，然后再从对应的内存空间读取数据。变量是由变量名、数据类型和变量值组成。

1. 变量的命名

变量名以字母或者下画线开头，不能包含空格和其他标点字符，可以包含汉字，长度不超过255个字符，VBA中变量名不区分字母大小写。变量名不能使用系统关键字。

2. 变量的声明

变量声明是指定义变量名称及类型，使系统为变量分配存储空间。VBA声明变量有两种方式：显式声明和隐含声明。

1）显式声明

显式声明是指变量先定义后使用。变量的声明格式：

```
Dim 变量名 As 数据类型
```

其中，Dim是定义词，As是变量声明中的关键字。例如：

```
Dim x as String        '表示声明了一个变量名为x的字符串变量
    x="doctor"         '表示给x赋值为"doctor"
```

显式声明也可以连起来声明多个变量。例如，Dim x as String, i As Integer , sum As Single ，表示声明了一个字符串型变量x、一个整型变量i和一个单精度变量sum。

2）隐含声明

隐含声明是指没有直接定义而通过直接给变量赋值来定义，或者在Dim定义中省略了"As数据类型"。例如：

```
Dim i, sum            '变量i，sum为变体类型
    x="doctor"        '变量x为变体类型，值为"doctor"
```

在VBA中允许不进行事先声明而直接使用变量，所有隐含声明的变量类型均指定为变体（Variant）类型。

如果希望模块中的所有变量必须先声明再使用，则需要在模块上方的声明区中加上Option Explicit语句。

3. 变量的作用域

当变量声明的位置和方式不同时，它存在的时间和起作用的范围也会不同。作用域是指变量、常量等在其他过程中的可用性。变量在声明时使用的关键字以及声明时的位置就已经决定了它的作用域。

1）局部范围（Local）

在模块的某个过程内声明的变量，只有在该过程执行时才有效，过程一结束，该变量也就消失了。在子过程或函数过程中定义的或直接使用的变量作用范围都是局部的。

2）模块范围（Module）

变量定义在模块的所有过程之外的起始位置，运行时在模块包含的所有子过程或函数过程中有效。在模块的变量定义区域，用Private关键字来声明。

3）全局范围（Public）

变量定义在标准模块的所有过程之外的起始位置，运行时在所有类模块和标准模块的所有子过程或函数过程中有效。在标准模块的变量定义区域，用Public关键字来声明。

4. 数据库对象变量

Access数据库建立的数据库对象及其属性，都可以用VBA变量来加以引用。

Access窗体对象引用的格式为：Forms!窗体名称!控件名称[.属性名称]；报表对象引用的格式为：Reports!报表名称!控件名称[.属性名称]。Forms和Reports为系统关键字，用来表示窗体或报表对象集，感叹号"!"用来分隔对象和控件名称，如[.属性名称]省略，则为该控件的基本属性。

例如，图8-11（a）中，"用户名"文本框的赋值：Forms!登录模式对话框!username="abc"。

8.2.3　常量

常量是指数据在整个程序运行过程中固定不变。VBA中有两类常量：符号常量和系统常量。

1. 符号常量

在程序中，如果某些值被多次使用，则可以使用一个符号来代替该常量，这样不仅书写方便，而且方便对该值进行统一修改。

符号常量使用关键字Const，格式为：

```
Const 常量名 [As 类型]=常量值
```

例如：

```
Const PI As Double=3.1415926
    Const uName="首都医科大学"
```

2. 系统常量

VBA系统提供了应用程序和控件的系统定义常量，如Yes、No，True、False、Null、vbLf（换行）或颜色指定值（如红色vbRed、蓝色vbBlue）等。系统常量位于对象库中，可以通过点击VBE工具栏中的"对象浏览器 "查找，如图8-12所示。

图8-12　对象浏览器

8.2.4 数组

数组是由一组具有相同数据类型的数据构成，数组变量由数组名和数组下标构成。数组中每一个变量的排列顺序由下标定义，系统默认下标从0开始。例如，Age(0)、Age(1)、Age(2)表示数组变量Age中的前三个数组元素。

数组的定义格式为：

```
Dim 数组名（[下标下限 to] 下标上限） As 数据类型
```

例如：

```
Dim StuAge(9) As Integer          '定义包含10个整型数构成的数组StuAge，
                                  '数组元素为StuAge(0)至StuAge(9)
    StuAge(0)=22                  '第一个数组元素StuAge(0)赋值为22
```

又例如：

```
Dim DocAge (1 To 10) As Integer   '定义包含10个整型数构成的数组DocAge，
                                  '数组元素为DocAge(1)至DocAge(10)
```

8.2.5 运算符和表达式

在VBA中有许多运算符，可以用来完成各种形式的运算和处理。运算符分为算术运算符、关系运算符、逻辑运算符和连接运算符。

1. 运算符

1）算术运算符

算术运算符主要用于算术计算，常用的算术运算符如表8-3所示。

说明： 运算符功能的测试，可以通过在"立即窗口"中执行看结果。在"立即窗口"中输入命令按Enter键后就立即运行，在下一行显示运算结果。常用命令方法：用英文"？"开头，接具体命令后按Enter键。

表8-3　常用的算术运算符

运　算　符	功　　能	示　　例	结　　果
+	加法	3+2	5
-	减法	3-2	1
*	乘法	3*2	6
/	浮点除法	7/3	2.33333333333333
\	整数除法	7\3	2
Mod	取余	7 Mod 3	1
^	幂运算	3^2	9

任务 8-3 在"立即窗口"求半径为3的圆面积，π取3.14。

操作步骤：

（1）在"医学信息"数据库中，选择"数据库工具"选项卡，单击"Visual Basic"按钮，进入VBE。

（2）选择"视图"|"立即窗口"命令，在VBE的主窗口下方，会打开"立即窗口"。在"立

即窗口"中输入命令"? 3.14 * (3 ^ 2)"后按 Enter 键,如图 8-13 所示。

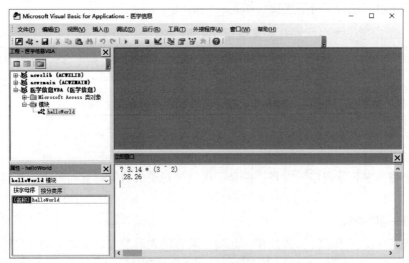

图 8-13 立即窗口

2)关系运算符

关系运算用来进行两个表达式的比较,运算结果为逻辑值。如果关系成立则返回 True,否则返回 False。常用的关系运算符如表 8-4 所示。

3)逻辑运算符

逻辑运算符也称布尔运算,可以对两个逻辑量进行逻辑运算。逻辑运算的结果是逻辑值,结果为真时 True、结果为假时 False。常用的逻辑运算符如表 8-5 所示。

表 8-4 常用的关系运算符

运 算 符	功 能	示 例	结 果
>	大于	3>5	False
>=	大于或等于	3>=5	False
<	小于	3<5	True
<=	小于或等于	3<=5	True
=	等于	3=5	False
<>	不等于	3<>5	True
Like	字符串比较 (字符串 Like 模式)	"abc" like "a" "abc" like "a*"	False True

表 8-5 常用的逻辑运算符

运 算 符	功 能	示 例	结 果
And	与:两边均为 True 时,结果为 True	1<2 and 3>2 1<2 and 3>4	True False
Or	或:两边有一个为 True 时,结果为 True	1>2 or 3>2 1>2 or 3>4	True False
Not	非:将 True 变为 False,或将 False 变 True	Not(3>2) Not(3>4)	False True

4）连接运算符

连接运算符可以进行字符串连接，如表8-6所示。

表8-6　连接运算符

运　算　符	功　能	示　例	结　果
&	强制两个表达式连接	"ab" & 12	"ab12"
+	连接字符串	"ab" + "12"	"ab12"

当连接运算符两边都是字符串时，"+"和"&"功能相同。

2. 表达式

表达式是将数字、字符串、常量、变量、函数、对象成员等运算对象用运算符连接起来的式子。

3. 运算符的优先级

当一个表达式由多个运算符连接在一起时，运算的先后顺序由运算符的优先级决定。优先级高的运算先执行，优先级相同的运算从左向右执行。可以通过括号改变优先顺序。

优先级：算术运算符>连接运算符>比较运算符>逻辑运算符。

8.2.6　常用的标准函数

在VBA中，除模块创建中可以自定义子过程或函数过程外，系统提供了许多内置的标准函数，可以方便快捷地完成许多功能。每个函数被调用时，都会返回一个返回值。

标准函数常用于表达式中，其使用格式为：

```
函数名（<参数1><, 参数2>[, 参数3]…）
```

1. 数学函数

数学函数用于数学计算，表8-7所示为常用的数学函数，x为数值表达式，n为整数。

表8-7　常用的数学函数

函　数	功　能	示　例	结　果
Abs(x)	返回x的绝对值	Abs(-3.14)	3.14
Int(x)	返回x的整数部分。当x为负数时，返回小于或等于x的第一个负数	Int(3.54) Int(-3.54)	3 -4
Fix(x)	返回x的整数部分。当x为负数时，返回大于或等于x的第一个负数	Fix(3.54) Fix(-3.54)	3 -3
Sqr(x)	返回x的平方根	Sqr(9)	3
Round(x,n)	对x保留n位小数，并进行四舍五入	Round(3.1415,3) Round(3.1415,0)	3.142 3
Rnd(x)	产生一个0~1之间的随机数	Rnd(1)或Rnd Int(100*Rnd)	0~1之间的随机数； 0~100之间的随机数

2. 字符串函数

字符串函数实现对字符串的处理，表8-8所示为常用的字符串函数，str、s1为字符串表达式，n为整数。

表 8-8　常用的字符串函数

函　数	功　能	示　例	结　果
Trim(str)	去掉 str 左右两端空白	Trim(" a bc ")	"a bc"
Ltrim(str)	去掉 str 左端空白	Ltrim(" a bc ")	"a bc "
Rtrim(str)	去掉 str 右端空白	Rtrim(" a bc ")	" a bc"
Len(str)	计算 str 长度	Len（"a bc")	4
Left(str,n)	取 str 左边 n 个字符组成的字符串	Left("a bc",2)	"a "
Right(str,n)	取 str 右边 n 个字符组成的字符串	Right("a bc",2)	"bc"
Mid(str,start,n)	取 str 从左边起 start 位开始的 n 个字符组成的字符串。 如果省略 n，则返回 start 位开始的所有字符。 如果 start 大于字符串长度，则返回零长度的字符串	Mid("a bcd",3,2) Mid("a bcdefg",3) Mid("a bcd",30)	"bc" "bcdefg" ""
InStr(str,s1)	返回 s1 在 str 中最早出现的位置，没找到则返回 0。 函数返回结果为整型	InStr("abcdbc", "bc") InStr("abcdbc", "cb")	2 0
Ucase(str)	转换为大写	Ucase("abc")	"ABC"
Lcase(str)	转换为小写	Lcase（"Abc")	"abc"
Space(n)	返回由 n 个空格构成的字符串	Space(3)	" "

3. 日期/时间函数

日期/时间函数实现对日期和时间的处理，表 8-9 所示为常用的日期/时间函数，d 为日期表达式，t 为时间表达式。

表 8-9　常用的日期/时间函数

函　数	功　能	示　例	结　果
Now()	返回当前系统时间	Now()	2020-8-18 18:28:58
Date()	返回当前系统日期	Date()	2020-8-18
Time()	返回当前系统时间	Time()	18:28:58
Year(d)	返回 d 的年份	Year(Now())	2020
Month(d)	返回 d 的月份	Month(Now())	8
Day(d)	返回 d 的日期	Day(Now())	18
Weekday(d)	返回一个星期中的第几天。 返回 1~7 的整数。 始于周日，周日为 1，2~6 分别为周一~周五，7 为周六	Weekday(Now())	3
Hour(t)	返回 t 的小时数	Hour(Now())	18
Minute(t)	返回 t 的分钟数	Minute(Now())	28
Second(t)	返回 t 的秒数	Second(Now())	58

4. 类型转换函数

类型转换函数可将数据类型转换为指定的类型。表 8-10 所示为常用的类型转换函数，str 为字符串表达式，n 为数值表达式。

表 8-10　常用类型转换函数

函　数	功　能	示　例	结　果
Val(str)	转换为数值型数字	Var("12.34")	12.34
Str(n)	转换为字符串	Str(12.34)	"12.34"
Asc(str)	返回一个字符串中首字符的 ASCII 码	Asc("abc")	97
Chr(<字符代码>)	将 ASCII 码转换成对应的字符	Chr(97)	"a"
DateValue(str)	转换为日期型	DateValue("August 18，2020")	#2020-8-18#

5. 测试函数

测试函数用来测试函数参数表达式的状态，函数返回值为布尔值（真为 True，假为 False）。表 8-11 所示为常用的测试函数，d 为日期表达式，n 为数值表达式，x 为表达式。

表 8-11　常用测试函数

函　数	功　能
IsNumeric(n)	判断 n 是否为数字，是为 True，否为 False
IsDate(d)	判断 n 是否是日期，是为 True，否为 False
IsEmpty(x)	判断 x 是否为 Empty（Empty 指变量未经初始化），空为 True，非空为 False
IsNull(x)	判断 x 是否不包含任何有效数据（Null 指变量不包含有效数据），是为 True，否为 False

6. 其他常用函数

1）VarType 函数

VarType(表达式) 用来测试参数表达式的数据类型，函数返回值为整数，其所代表的数据类型如表 8-12 所示。例如，VarType(1)=2，VarType(Date())=7。

表 8-12　VarType 函数返回值所代表的数据类型

返　回　值	数据类型	返　回　值	数据类型
0	空（未初始化）	9	对象型
1	Null（没有有效数据）	10	错误类型
2	整数型	11	布尔型
3	长整数型	12	变体型
4	单精度型	13	数据对象型
5	双精度型	14	小数点型
6	货币型	17	字节型
7	日期型	36	用户自定义型
8	字符串型	8912	数组

2）InputBox 函数

InputBox 函数的作用是显示一个输入框，并提示用户在文本框中输入信息，当单击"确定"按钮后返回包含文本框内容的字符串。

函数格式：

> InputBox(< 提示信息 >)[, < 标题 >][, < 默认值 >][, <x 坐标 >][, <y 坐标 >])

函数返回值：为文本框内容的字符串，无论在对话框中输入的是数字还是字符，其返回值始终都是字符型。

说明：除第一项参数 < 提示信息 > 不能省略外，其余参数均可省略。

< 提示信息 >：不能缺省。通常为字符串常量、变量和字符串表达式。

< 标题 >：字符串表达式。决定对话框标题区显示的信息，若省略，则以工程名作为对话框的标题。

< 默认值 >：通常为数值常量、字符串常量或常量表达式。输入文本编辑区默认值，如果省略，则默认为空。

<x 坐标 >、<y 坐标 >：确定对话框在屏幕上显示的位置，为整型表达式，用来确定对话框左上角在屏幕上的位置。

3）MsgBox 函数

使用 MsgBox 函数可以在对话框中显示消息，常用来显示程序运行结果。

函数格式：

> MsgBox(提示 [, 按钮][, 标题])

函数返回值：由在对话框中按下哪种按钮决定，如表 8–13 所示。

说明："标题"和"提示"与 InputBox 函数中对应的参数相同；"按钮"是整型表达式，决定信息框中按钮形式（见表 8–14），默认值为 0。

表 8–13　MsgBox 函数的返回值

返 回 值	按下的按钮
1	确定
2	取消
3	中止
4	重试
5	忽略
6	是
7	否

表 8–14　MsgBox 函数中按钮的参考值

按 钮 值	按 钮 样 式
0	确定
1	确定、取消
2	中止、重试、忽略
3	是、否、取消
4	是、否
5	重试、取消

此外，VBA中有一个与MsgBox函数格式和功能非常类似过程——MsgBox过程，其格式为：

```
MsgBox 提示 [, 按钮] [, 标题]
```

若程序中需要返回值，则使用MsgBox函数，否则可调用MsgBox过程。

4）DLookup函数

DLookup函数是从指定记录集中查找特定字段的值。

函数格式：

```
DLookup(<表达式>, <记录集>[, <条件表达式>])
```

函数返回值：从指定记录集中查找特定字段的值。如果没有找到满足条件的记录，则返回Null。如果多个字段满足条件，则返回第一个匹配项。

说明：

<表达式>：需要查找的字段名。

<记录集>：所要查找的记录集，可以是表或查询。

<条件表达式>：一般为SQL表达式中的Where子句部分，但是不含Where这个关键字，是可选项。

例如：DLookup("pwd", "USER", "login='a1'")，表示从USER表中查找login字段值为a1的这条记录的pwd字段所对应的字段值。

5）Format函数

Format函数的作用是根据所指定的格式对数据进行样式转换。

函数格式：

```
Format (<表达式>[,<指定格式>])
```

函数返回值：Variant（String）值，根据指定格式设置格式后的表达式。

说明：

<表达式>：需要设置格式的数据。

<指定格式>：有效的命名表达式或用户自定义格式表达式。

Format函数有很多种系统命名格式，用户也可以自定义格式。常用的格式设置有：

（1）数字格式：

- Fixed：格式设置为两位小数，且进行四舍五入。例如：Format(123.456789, "Fixed")="123.46"；查看Format函数返回结果的数据类型：VarType(Format(123.456789, "Fixed"))=8。
- Currency：设置为货币显示风格，添加千位分隔号和货币符号，保留两位小数点。例如：Format(1234567, "Currency")="￥1,234,567.00"。
- 0：占位格式化，不足位时，在相应位置上补足0。Format(123, "00000")="00123"。
- @：占位格式化，不足位时，在相应位置上补足空格。例如：Format(123, "@@@@@")="123"。

（2）文本格式：

- <：强制将所有字符以小写格式显示。例如：Format("CCMU", "<")="ccmu"。
- >：强制将所有字符以大写格式显示。例如：Format("ccmu", ">")="CCMU"。

（3）日期和时间格式：

- yyyy：返回四位数的年份（0100—9999）。例如：Format("2020-7-1", "yyyy")="2020"，Format(Date, "yyyy")="2020"（Date 为系统当前日期）。

- y：返回一年中的第几天（1~366）。例如：Format("2020-7-1", "y")="183"。

- yyyy 与 y 结合使用。例如：Format（"2020-7-1"，"yyyy 年第 y 天 ")="2020 年第 183 天 "。

- w：返回一个星期中的第几天（1~7，始于周日，周日为 1），类似 Weekday 函数。例如：Format("2020-7-1", "w")="4"。

- h：返回小时数（0~23）。例如：Format("2020-7-1 8:18:48", "h")=8。

任务 8-4 根据用户输入的圆半径数据，求圆的面积（保留 2 位小数）。

操作步骤：

（1）在"医学信息"数据库中，选择"数据库工具"选项卡，单击 Visual Basic 按钮，进入 VBE。

（2）新建子过程。打开模块 helloWorld 的代码窗口，在已有的 hello 子过程代码的末尾处，按 Enter 键另起一行，输入以下程序并保存。

```
Sub cArea()
    Const PI=3.1415926                              '定义常量 PI
    Dim r As Double, a As Double                    '定义变量 r 和 a
    r=InputBox("请输入圆的半径", "求圆面积", 0)      '输入圆半径, 并赋值给变量 r
    a=PI*Val(r)^2                                    '计算圆面积, 并赋值给变量 a
    MsgBox ("圆的面积为: " & Format(a,"Fixed"))      '显示圆面积, 保留 2 位小数
End Sub
```

（3）运行程序。把光标定位在该子过程代码段中，单击工具栏中的运行按钮 运行程序，输入圆半径，单击"确定"按钮，程序运行结果如图 8-14 所示。

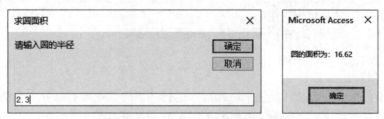

图 8-14　cArea 子过程运行结果

▌8.3　流程控制语句

VBA 程序由大量语句构成，每一条语句能够完成某项特定的功能。VBA 程序语句按照功能可分为两大类：声明语句和执行语句。

（1）声明语句：用于给变量、常量或过程定义命名。

（2）执行语句：用于执行赋值操作、调用过程和实现各种流程控制。

程序的执行顺序由程序结构决定，VBA 中的程序有三种结构：顺序结构、分支结构和循环结构。顺序结构按顺序依次执行程序语句。但是在实际应用中，只有顺序结构远不能完成复杂

的问题，经常会用到分支结构和循环结构。分支结构是根据条件判断来选择相应的程序运行，循环结构可以实现多次运行一条或多条语句。

8.3.1 顺序结构

顺序结构是最简单的一种程序结构，它是按照顺序依次执行程序中的每一条语句，参见任务8-4。

在VBA中可以不事先声明而直接使用变量，这种隐含声明的变量类型均指定为变体（Variant）类型。

任务 8-5 输入学生的身高和体重，计算该学生的BMI值。BMI=体重（千克）除以身高（米）的平方。

操作步骤：

（1）打开"医学信息"数据库，进入VBE。

（2）新建模块expMoudle，在代码窗口中新建子过程exp5并输入如下代码：

```
Sub exp5()
    w=InputBox("请输入体重（千克）")      '输入体重，并赋值给变量w
    h=InputBox("请输入身高（米）")        '输入身高，并赋值给变量h
    bmi=Val(w)/(Val(h)^2)               '计算年龄，并赋值给变量bmi
    MsgBox "BMI 为：" & Round(bmi, 2)    '用MsgBox过程显示BMI值，保留2位小数
End Sub
```

（3）运行程序，输入相应数据，单击"确定"按钮，结果如图8-15所示。

图8-15　exp5运行结果

8.3.2 分支结构

分支结构是根据条件表达式的值来选择程序运行的语句，主要有单分支结构、双分支结构和多分支结构。条件表达式的值为布尔（Boolean）型，真为True，假为False。

1. 单分支结构：If...Then语句

1）语法结构

```
If  <条件表达式> Then  <语句序列>
```

或

```
If  <条件表达式> Then
    <语句序列>
End If
```

2）功能

当条件表达式的值为True时，执行Then后面的语句序列。否则跳过If结构，继续执行If结构后面的语句。单分支结构流程图如图8-16所示。

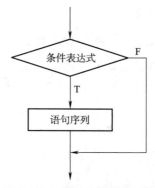

图8-16　单分支结构流程图

任务 8-6　根据当前系统时间，如果不到中午12点，则显示"上午好！"，而且不论什么时间都会显示"加油！"。

操作步骤：

（1）打开"医学信息"数据库，进入VBE。

（2）打开模块expMoudle，在代码窗口中新建子过程exp6并输入如下代码：

```
Sub exp6()
    MsgBox Time      ' 显示系统当前时间
    If Hour(Time)<12 Then MsgBox "早上好！"        ' 单分支结构
    MsgBox "加油！"
End Sub
```

（3）运行程序，查看结果。如果系统时间小于12点，则显示图8-17中的（a）、（b）和（c）；如果系统时间大于或等于12点，则显示图8-17中的（c）和（d）。

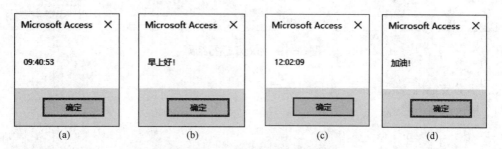

图8-17　exp6子过程运行结果

2. 双分支结构：If...Then...Else语句

1）语法结构

```
If  <条件表达式> Then
    <语句序列1>
Else
    <语句序列2>
End If
```

2）功能

当条件表达式的值为True时，则执行Then后面的语句序列1；否则执行Then后面的语句序列2。双分支结构流程图如图8-18所示。

任务 8-7 在任务8-5的基础上，根据BMI的值进行分类显示。如果18.5 ≤ BMI<24，则显示"正常"，否则显示"异常"。

操作步骤：

（1）打开"医学信息"数据库，进入VBE。

（2）打开模块expMoudle，在代码窗口中复制exp5代码，粘贴并改名为exp7。修改代码如下：

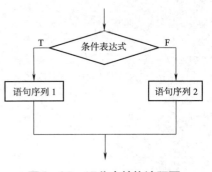

图8-18 双分支结构流程图

```
Sub exp7()
    w=InputBox("请输入体重（千克）")
    h=InputBox("请输入身高（米）")
    bmi=Val(w)/(Val(h)^2)
    s="BMI为: " & Round(bmi, 2)
    If (bmi>=18.5) And (bmi<24) Then
        MsgBox s+"，正常"
    Else
        MsgBox s+"，异常"
    End If
End Sub
```

（3）运行程序，输入相应数据，查看运行结果，如图8-19所示。

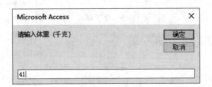 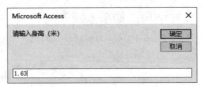

图8-19 exp7运行结果

3. 多分支结构：If...Then...ElseIf语句

1）语法结构

```
If  <条件表达式1> Then
    <条件表达式1为真时，执行语句序列1>
ElseIf  <条件表达式2> Then
    <条件表达式1为假，且条件表达式2为真时，执行语句序列2>
…
ElseIf  <条件表达式n> Then
    <前面n-1个条件表达式都为假，且条件表达式n为真时，执行语句序列n>
Else
    <前面n个条件表达式都为假时，执行语句序列n+1>
End If
```

2）注意事项

ElseIf中间没有空格。该结构流程图如图8-20所示。

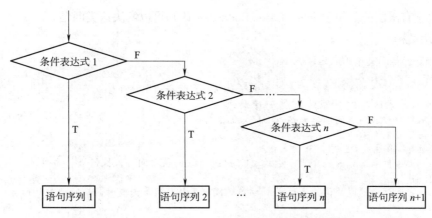

图8-20　If...Then...ElseIf多分支结构流程图

任务 8-8　在任务8-7的基础上，对BMI的值再进行细分，并完善程序。如果BMI<18.5，显示"偏瘦"；$18.5 \leqslant BMI<24$，则显示"正常"；$24 \leqslant BMI<28$，则显示"过重"；$BMI \geqslant 28$，则显示"肥胖"。

操作步骤：

（1）打开"医学信息"数据库，进入VBE。

（2）打开模块expMoudle，在代码窗口中复制exp7代码，粘贴并改名为exp8。修改代码如下：

```
Sub exp8()
    w=InputBox("请输入体重（千克）")
    If Not (IsNumeric(w)) Then
        MsgBox "体重值不是数字！"
        Exit Sub
    End If
    h=InputBox("请输入身高（米）")
    If Not (IsNumeric(h)) Then
        MsgBox "身高值不是数字！"
        Exit Sub
    End If
    bmi=Val(w)/(Val(h)^2)
    s="BMI 为: " & Round(bmi, 2)
    If(bmi< 18.5) Then
        MsgBox s+", 偏瘦"
    ElseIf(bmi<24) Then
        MsgBox s+", 正常"
    ElseIf (bmi < 28) Then
        MsgBox s+", 过重"
    Else
        MsgBox s+", 肥胖"
    End If
End Sub
```

（3）运行程序，输入相应数据，查看运行结果。

4. 多分支结构：Select Case...End Select语句

当条件选项比较多时，使用If...Then...ElseIf会使程序结构变得复杂，而且VBA对条件结构的嵌套层次是有限制的。使用Select Case...End Select语句可以解决这类问题。

1）语法结构

```
Select Case <条件表达式>
    Case  表达式A
        <条件表达式的值与表达式1的值相同时，执行语句序列1>
    [Case  表达式B1，表达式B2，表达式B3，… ]
        <条件表达式的值与表达式B1或表达式B2或表达式B3…其中的一个值相同时，执行
语句序列2>
    [Case  表达式C1 To 表达式C2]
        <条件表达式的值介于表达式C1的值和C2的值之间时，执行语句序列3>
    [Case  Is 关系运算符表达式D]
        <条件表达式的值与表达式D的值之间满足关系运算为真时，执行语句序列4>
    …
    [Case Else]
        <当上面情况都不符合时，执行语句序列n>
End Select
```

2）功能

Select Case结构运行时，先计算Select Case后的<条件表达式>的值，然后依次判断表达式的值与每条Case语句后的表达式是否匹配，如果匹配则执行该Case后的语句序列，然后跳出Select Case语句结构。该结构流程图如图8-21所示。

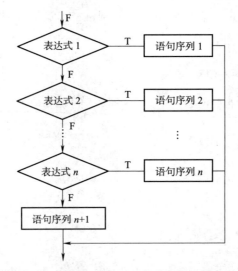

图8-21 Select Case多分支结构流程图

3）说明

Select Case后的<条件表达式>的值主要有4种匹配格式：

（1）单一值。

（2）多个值：需用逗号隔开。

（3）To分隔开的两个表达式：取值范围在它们之间。

（4）Is 关系运算符：关系运算符<、<=、>=、>、=、<>，后面接变量或具体值。

任务 8-9 用Select Case结构，根据时间情况进行问候，并保存为exp9。

代码如下：

```
Sub exp9()
    ' 获取当前时间的小时数
    dt=Hour(Time)
    ' 根据小时数，进行分类判断
    Select Case dt
        Case 6 To 11
            w=" 早上好！"
        Case 12
            w=" 中午好！"
        Case 13 To 18
            w=" 下午好！"
        Case Else
            w=" 晚上好！"
    End Select
    MsgBox w
End Sub
```

任 务　8-10　用 Select Case 结构改写任务 7，并保存为 exp10。

代码如下：

```
Sub exp10()
    w=InputBox(" 请输入体重（千克）")
    If Not (IsNumeric(w)) Then
        MsgBox " 体重值不是数字！"
        Exit Sub
    End If
    h=InputBox(" 请输入身高（米）")
    If Not (IsNumeric(h)) Then
        MsgBox " 身高值不是数字！"
        Exit Sub
    End If
    bmi=Val(w)/(Val(h)^2)
    s="BMI 为：" & Round(bmi, 2)
    Select Case bmi
        Case Is<18.5
            s=s+"，偏瘦 "
        Case Is<24
            s=s+"，正常 "
        Case Is<28
            s=s+"，过重 "
        Case Else
            s=s+"，肥胖 "
    End Select
    MsgBox s
End Sub
```

8.3.3　循环结构

循环结构是指在程序中需要反复执行某个功能而设置的一种程序结构。它由循环体中的条件，判断继续执行某个功能还是退出循环。

根据判断条件，循环结构又分为两种形式：先判断后执行的循环结构和先执行后判断的循环结构。

1. For...Next循环

For...Next循环又称For循环，常用于循环次数固定且有规律变化时。For循环是一种先判断后执行的循环结构。For...Next循环结构流程图如图8-22所示。

1）语法结构

```
For 循环变量=初值 To 终值 [Step 步长]
    <循环体>
Next [循环变量]
```

2）循环步骤

（1）For表示循环开始，给循环变量赋初值。

（2）循环变量与终值比较，判断是否可继续循环。

（3）步长是每次循环时，循环变量的改变量。默认步长为1。当步长>0，循环变量值>终值时，循环结束；当步长<0，循环变量值<终值时，循环结束。

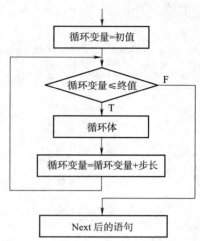

图8-22 For...Next循环结构流程图

（4）执行循环体。若想中间退出循环，可用Exit For语句，它一般和条件语句结合使用。循环体中的一部分语句也可以是一个循环结构，即循环体内又有循环体，这样可以构成双重循环、三重循环等。

（5）Next语句是循环的结束标志。每执行一次Next，循环变量=循环变量+步长，然后程序再跳转到步骤（2）。当只有单循环时，Next后面的循环变量常省略不写。

任务 8-11 用For...Next循环结构计算1~100的和，并保存为exp11。

代码如下：

```
Sub exp11()
    sum=0
    For i=1 To 100
        sum=sum+i
    Next
    MsgBox "1 到 100 的和 =" & sum
End Sub
```

任务 8-12 用For...Next循环结构计算1~10之间的偶数的积，并保存为exp12。

代码如下：

```
Sub exp12()
    p=1
    For i=2 To 10 Step 2
        p=p*i
    Next
    MsgBox "1 到 10 的偶数积 =" & p
End Sub
```

任务 8-13 读以下代码，程序运行结果是_____。

```
Sub exp13()
    r=0
    For i=1 To 10
```

```
            Select Case i
                Case 1
                    r=r+i
                Case 2, 3
                    r=r*2
                Case 4 To 7
                    r=r+i*2
                Case Else
                    r=r-i
            End Select
        Next
        MsgBox "result=" & r
End Sub
```

答案：result=21

3）循环嵌套

很多情况下，单层 For...Next 循环并不能满足现实的复杂需求，如制作九九乘法表（见图 8-23），此时就可以通过循环嵌套来实现。

循环嵌套是指在一个循环语句中再定义一个循环语句的语法结构，例如在 For...Next 循环语句中，可以再嵌套一个 For...Next 循环，这样的 For...Next 循环语句称为双重 For...Next 循环。

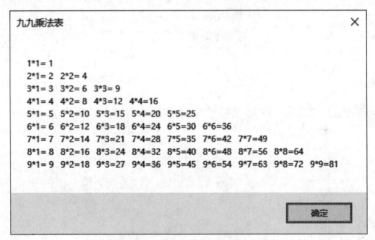

图 8-23　九九乘法表

任务 8-14　用 For...Next 循环结构制作九九乘法表，保存为 exp14。

代码如下：

```
Sub exp14()
    s=""
    For i=1 To 9
        For j=1 To i
            s=s & Space(3) & i & "*" & j & "=" & Format((i*j), "@@")
        Next j
        s=s & vbLf
    Next i
    MsgBox s, , "九九乘法表"
End Sub
```

2. Do While...Loop 循环

Do While...Loop循环是在条件表达式为真时执行循环体，并持续到条件表达式为假时或遇到Exit Do语句才结束循环。其循环结构流程图如图8-24所示。

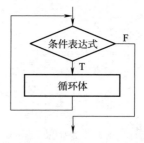

图8-24　Do While...Loop结构流程图

1）语法结构

```
Do While <条件表达式>
    <循环体>
Loop
```

2）说明

一般情况下，程序在进入循环之前，会设置循环变量，通过在循环体中改变循环变量的值，使之不符合循环条件而结束循环。

任务 8-15 用Do While...Loop循环结构实现任务12，并保存为exp15。

代码如下：

```
Sub exp15()
    p=1
    i=2                     '设置循环变量i初值
    Do While i<=10
        p=p*i
        i=i+2               '更新循环变量i的值
    Loop
    MsgBox "1到10的偶数积=" & p
End Sub
```

任务 8-16 用Do While...Loop循环结构制作九九乘法表，保存为exp16。

代码如下：

```
Sub exp16()
    i=1
    s=""
    Do While i<10
        j=1
        Do While j<=i
            s=s & Space(3) & i & "*" & j & "=" & Format((i*j), "@@")
            j=j+1
        Loop
        s=s & vbLf
        i=i+1
    Loop
    MsgBox s, , "九九乘法表"
End Sub
```

8.4　面向对象程序设计

Access采用面向对象程序开发环境，数据库窗口可以方便访问和处理表、查询、窗体、报表、宏和模块对象，也可以在VBA中通过程序语句对这些对象进行访问和处理。

1. 对象

数据库窗口中的每个对象都有属性和方法，对象不同，其所具有的属性和方法也会有所不同。在编程时，引用对象的属性或方法时，采用的方法为"对象.属性"。在 VBE 中编写代码时，输入"对象."后，系统会自动弹出该对象的属性和方法列表，用户可以快速选择，以提高编程效率。

关键字 Me 在 Access 面向对象编程中常会用到，代表的是当前对象。在类模块中，Me 代表当前窗体或报表。如 Me.Label1.Caption="夏天"，表示设置当前窗体中的 Label1 标签的"标题"属性值为"夏天"。

Access 中除数据库的 7 个对象外，还提供了一个重要对象 DoCmd，它的主要功能是通过调用内置方法实现 VBA 对数据库的访问和处理，如关闭窗口、打开窗体和设置控件值等。

DoCmd 对象的调用格式为：

```
DoCmd.方法名 <参数表>
```

DoCmd 对象的常用方法如表 8-15 所示。

表 8-15　DoCmd 对象的常用方法

方　　法	功　　能	示　　例
OpenTable	打开表	DoCmd.OpenTable"USER"
OpenQuery	打开查询	DoCmd.OpenQuery"选课成绩"
OpenForm	打开窗体	DoCmd.OpenForm"登录模式对话框"
OpenReport	打开报表	DoCmd.OpenReport　"STUDENT"
Close	关闭对象	DoCmd.Close（关闭当前窗口） DoCmd.Close　acForm，"登录模式对话框" （关闭指定窗口）

2. 事件

事件是 Access 数据库中窗体或报表上的控件等对象的动作，如单击、窗体打开等。可以通过为某个事件编写 VBA 程序来实现动作的响应，这样的代码过程称为事件过程。前面任务 8-2 就是一个事件过程。

当用户的操作触发了对象的事件，系统会自动调用事件过程，这个事件过程可以用 VBA 程序实现。

1）事件过程的语法结构

```
Sub 控件名_事件名()
    语句序列
End Sub
```

2）说明

在从数据库窗口的控件设置事件方式所创建的事件过程中，类模块名以及事件过程的过程名都是系统根据用户操作自动创建的。这些自动创建的模块属于类模块，如窗体模块、报表模块。本书中常用到的事件如表 8-16 所示。

表 8-16　常用事件

分　类	事　件	说　明
窗体	Open	打开窗体
	Load	加载窗体
	Close	关闭窗体
鼠标	Click	单击
	DbClick	双击

任务 8-17 实现"登录模式对话框"窗体中"确定"按钮的身份验证功能。系统登录用的用户名及密码数据存储在 USER 表中。

任务8-17

操作步骤：

（1）在"医学信息"数据库中，以设计视图方式打开"登录模式对话框"窗体，选择"确定"按钮Command1。在属性表中选择"事件"选项卡，单击"单击"行右侧的 ⋯ 按钮，打开VBE，进入窗体模块的事件过程代码窗口。具体过程如图8-25所示。

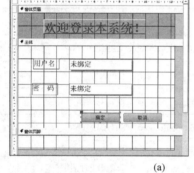  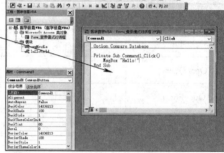

(a)　　　　　　　　　　　　　　　　　(b)

图8-25　创建窗体模块对象事件

（2）修改程序并保存，具体程序如下：

```
Private Sub Command1_Click()
    If IsNull(username) Or username="" Then
        MsgBox "请输入用户名! "
        username.SetFocus
    ElseIf IsNull(passwd) Or passwd="" Then
        MsgBox "请输入密码! "
        passwd.SetFocus
    ElseIf (passwd=DLookup("pwd", "USER", "login='" & username & "'"))
    Then
        DoCmd.Close
        DoCmd.OpenForm "学生情况表"
    Else
        MsgBox "密码错误! "
        passwd.SetFocus
    End If
End Sub
```

（3）运行程序。返回 Access 数据库窗口，以窗体视图方式打开"登录模式对话框"窗体，如图 8-26（a）所示；输入用户名和密码，单击"确定"按钮，系统则会根据输入情况进行的相应反馈。

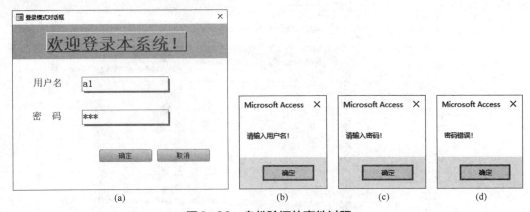

图8-26　身份验证的事件过程

如果用户名或密码没有输入，则会显示错误提示信息，如图 8-26（b）（c）所示。

如果用户名和密码都正确，则会关闭登录窗体，打开"学生情况表"窗体。

如果用户名和密码不正确，会出现显示错误提示信息对话框，如图 8-26（d）所示。

任务 8-18　编写程序，在"学生多个项目窗体"中，根据所输入的性别信息，显示相应的学生信息。

操作步骤：

（1）在"医学信息"数据库中，选择 STUDENT 表，创建"学生多个项目窗体"。

（2）以设计视图方式打开"学生多个项目窗体"窗体，在窗体页眉中添加一个按钮，设置按钮标题为"按性别查找"，系统给该按钮设置的名称为 Command34。打开属性表"事件"选项卡，单击"单击"右侧的 … 按钮，打开"选择生成器"对话框，选择"代码生成器"，最后单击"确定"按钮，打开 VBE，进入窗体模块的事件过程代码窗口。具体过程如图 8-27 所示。

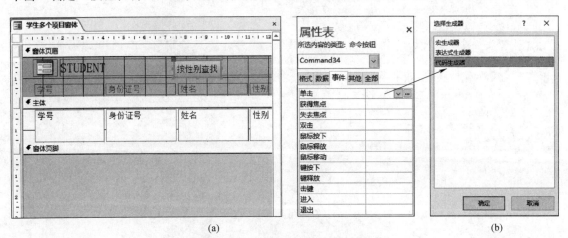

图8-27　创建窗体模块对象事件

（3）在VBE中，系统会自动在类对象下面新建一个以"Form_学生多个项目窗体"为名的窗体模块；在代码窗口中，系统自动新建了一个以Command34_Click()为名的事件过程的代码框架，如图8-28所示。

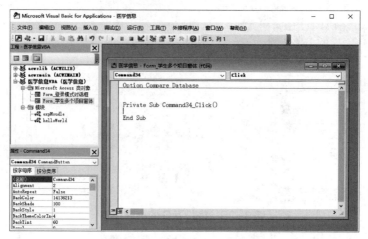

图8-28　窗体模块的事件过程

（4）在代码窗口输入如下代码：

```
Private Sub Command34_Click()
    '根据小时数，进行问候
    dt=Hour(Time)
    Select Case dt
        Case 6 To 11
            w="早上好！"
        Case 12
            w="中午好！"
        Case 13 To 18
            w="下午好！"
        Case Else
            w="晚上好！"
    End Select
    '进行对话框查找，*代表显示全体数据
    s=InputBox(w + "请输入性别（男/女/*）：", "查找学生信息", "女")
    If (IsNull(s) Or Not (s="男" Or s="女" Or s="*")) Then
        MsgBox "性别输入错误！"
    Else
        '设置筛选器条件
        Form.Filter="性别 like '" & s & "'"
        '应用筛选
        Form.FilterOn=True
    End If
End Sub
```

（5）运行程序。以窗体视图方式打开"学生多个项目窗体"窗体，单击窗体页眉中的"按性别查找"按钮，打开如图8-29（a）所示的对话框。输入数据，查看程序运行结果。

如果输入错误，则出现如图8-29（b）所示的提示信息；如果输入正确，则显示相应的学生信息，如图8-29（c）所示。

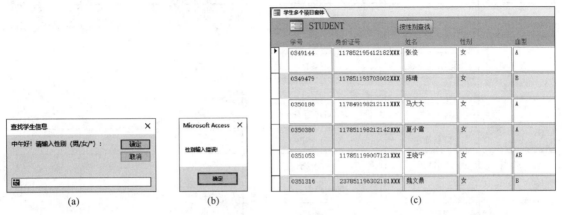

(a)　　　　　　　(b)　　　　　　　　　　　(c)

图8-29　运行结果

任务 8-19 制作学生查询工具（见图8-30），输入学生姓名的部分信息，实现模糊查找。

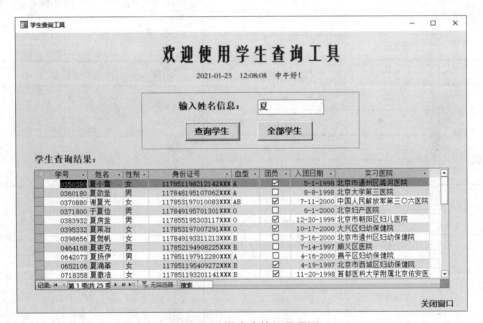

图8-30　学生查找工具界面

操作步骤：

（1）创建主窗体。单击"创建"选项卡"窗体"组中的"窗体设计"按钮，创建一个新的空白窗体，并进入设计视图，保存窗体名为"学生查询主窗体"。

（2）主窗体中添加控件并设置属性。在属性表中选择"窗体"，在"格式"选项卡"标题"文本框输入"学生查询工具"。在主窗体的主体中添加控件，主要控件及其属性如表8-17所示。窗体设计视图及主要控件的类型及名称如图8-31所示。

表 8-17　主要控件及其属性

对　象	属　性	属　性　值	说　明
窗体	标题	学生查询工具	窗体显示风格设置
	弹出方式	是	
	记录选择器	否	
	导航按钮	否	
	滚动条	两者均无	
主体	背景颜色	#EDF7F9	
标签	名称	welcome	学生查询工具大标题
	标题	欢迎使用学生查询工具	
	背景样式	透明	
	边框样式	透明	
标签	名称	dt	显示系统当前时间，再对应添加"早上/中午/下午/晚上 好！"等信息
	标题	你好	
	背景样式	透明	
	边框样式	透明	
文本框	名称	sv	用于输入查找姓名的部分信息
按钮	名称	Search	进行学生信息查询
	标题	查询学生	
按钮	名称	AllStu	显示全部学生信息
	标题	全部学生	
子窗体	名称	subForm	用于显示学生详细信息的子窗体
	源对象	学生查询子窗体	
标签	名称	CloseW	点击后，可以关闭该窗体
	标题	关闭	
	背景样式	透明	
	边框样式	透明	

（3）创建子窗体。单击"创建"选项卡"窗体"组中的"窗体设计"按钮，创建一个新的空白窗体，并进入设计视图，保存窗体名为"学生查询子窗体"。设置子窗体的记录源为 STUDENT。子窗体以数据表视图显示学生的相关信息：学号、姓名、性别、身份证号、血型、团员、入团日期和实习医院，如图 8-32 所示。

（4）主窗体的加载事件设置：在窗体运行时，根据当前时间，在 dt 标签显示当前日期和时间，再对应添加"早上/中午/下午/晚上好！"信息。

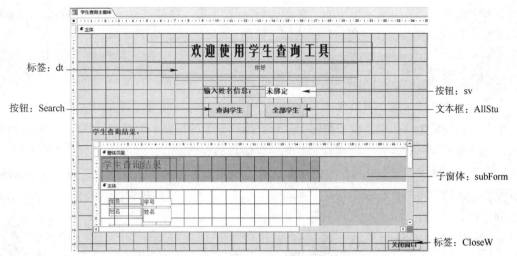

图 8-31　设计视图及主要控件的类型与名称

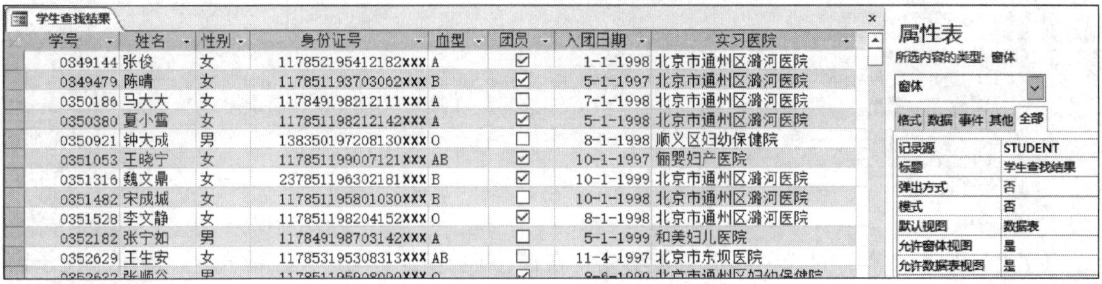

图 8-32　子窗体

在窗体设计视图下，属性表中选择"窗体"，单击"事件"选项卡"加载"右侧的▦按钮，打开"选择生成器"对话框，选择"代码生成器"，最后单击"确定"按钮，打开 VBE，系统自动创建 Form_Load 对象事件代码框架。在代码窗口输入如下代码：

```
Private Sub Form_Load()
    Dim w As String
    Select Case Hour(Time)
        Case 6 To 11
            w="早上好！"
        Case 12
            w="中午好！"
        Case 13 To 18
            w="下午好！"
        Case Else
            w="晚上好！"
    End Select
    dt.Caption=Date & Space(4) & Time & Space(4) & w
    sv=""
    sv.SetFocus
End Sub
```

（5）实现主窗体中的"关闭窗口"功能：在窗体运行时，单击"关闭窗口"文字，可以关闭当前窗体。

操作步骤类似第（4）步的方法，在窗体设计视图下，选择"关闭窗口"标签（CloseW），在属性表中选择"事件"选项卡中的"单击",实现"单击"事件过程。系统自动创建CloseW_ Click对象事件代码框架,在代码窗口输入如下代码:

```
Private Sub CloseW_Click()
    DoCmd.Close
End Sub
```

（6）实现主窗体中的"查询学生"功能:在窗体运行时,输入所要查询学生姓名的部分信息,单击"查询学生"按钮,在子窗体中显示查询到学生的信息。主要通过VBA代码来设置窗体的"记录源（RecordSource）"属性来实现学生信息的查询。

操作步骤类似第（4）步的方法,在窗体设计视图下,选择"查询学生"按钮（Search）,在属性表中选择"事件"选项卡中的"单击",实现"单击"事件过程。系统自动创建Search_ Click对象事件代码框架,在代码窗口输入如下代码:

```
Private Sub Search_Click()
    If IsNull(sv) Or sv="" Then
        MsgBox "请输入查询信息"
        sv.SetFocus
        Exit Sub
    End If
    Dim str As String
    str="select * from STUDENT where 姓名 like '*" & sv & "*'"
    subForm.Form.RecordSource=str
    subForm.Form.Refresh
    Exit Sub
End Sub
```

（7）实现主窗体中的"全部学生"功能:在窗体运行时,单击"全部学生"按钮,在子窗体中显示全体学生的信息,并把查询姓名输入框中的信息清空。

操作步骤类似第（4）步的方法,在窗体设计视图下,选择"全部学生"按钮（AllStu）,在属性表中选择"事件"选项卡中的"单击",实现"单击"事件过程。系统自动创建AllStu_ Click对象事件框架,在代码窗口输入如下代码:

```
Private Sub AllStu_Click()
    sv=""
    subForm.Form.RecordSource="select * from STUDENT"
    subForm.Form.Refresh
End Sub
```

（8）运行程序。用窗体视图方式打开窗体,输入数据,单击相关按钮查看结果。

▌8.5 程序调试与错误处理

在编写及运行程序过程中,出现错误是不可避免的,这就需要进行程序调试与测试,需要对程序错误进行跟踪及相关处理。

8.5.1 程序调试

为了方便程序调试,VBE提供了一个"调试"工具栏,把常用的调试命令都集中在一起,如图8-33所示。在窗口菜单中选择"视

图8-33 调试工具栏

图"|"工具栏"|"调试"命令，可打开调试工具栏。

调试工具栏中各个按钮的功能具体介绍如表8-18所示。

表 8-18　调试工具栏功能说明

按　钮	名　称	功　能
	设计模式	打开或关闭设计模式
	运行子模块/用户窗体	运行模块程序
	中断	中断正在运行的程序
	重新设置	结束正在运行的程序
	切换断点	在光标所在行设置或取消断点
	逐语句	逐行执行程序
	逐过程	逐个过程执行
	跳出	执行当前执行点开始一直到所在过程结束
	本地窗口	打开"本地窗口"，在中断模式下可以显示程序运行过程中变量在断点时的值
	立即窗口	打开"立即窗口"，通过程序中的Debug.Print语句，可以把变量值输出到立即窗口，以检查程序运行过程是否正确
	监视窗口	打开"监视窗口"，在中断模式下，可以通过添加监视来监视数据的变化
	快速监视	打开"快速监视窗口"，在中断模式下，可查看选中表达式的值

8.5.2　错误处理

尽管程序在编写及测试过程中，进行过调试与错误排查，但当程序比较复杂、代码量比较大时，程序错误仍可能潜伏在代码中，以至于在程序运行过程中出现异常。为尽可能地处理各种出现的异常，VBA 提供了 On Error GoTo 语句来对错误进行控制与处理。

1. 语法结构

```
On Error GoTo 自定义标号
    <正常程序序列>
    Exit Sub
自定义标号：
    <异常程序处理>
End Sub
```

2. 说明

VBA 中系统对应还提供了 Err 对象，通过它的属性可以获取错误的相关信息。例如，可以用 Err.Description 来获取错误信息，用 Err.Number 来获取错误代码等。

任务 8-20　根据输入的学生生日，计算学生年龄。应用错误处理，并保存为exp20。

代码如下：

```
Sub exp20()
On Error GoTo xhErr
    bd=InputBox("请输入生日（如1900-1-31）：")
    age=Year(Date)-Year(bd)
    MsgBox "年龄为：" & age
    Exit Sub
xhErr:
    MsgBox "输入的生日有误：" & Err.Description & "（代码=" & Err.Number & "）"
End Sub
```

▌8.6 VBA 数据库编程

在Access数据库开发过程中，仅利用VBA自带的函数可以通过编程来实现一些简单的数据库应用。但是，当需要对数据库进行复杂的应用开发时，就需要掌握VBA的数据库编程方法。

VBA一般是通过数据库引擎工具来支持对数据库的访问的。数据库引擎以一种接口的方式，在应用程序和数据库之间建立连接的通路来实现对数据库的访问，这个数据库引擎实际上是一组动态链接库（Dynamic Link Library，DLL）。

目前，访问Access数据库的接口技术主要有ODBC、DAO、ADO、OLEDB等。由于ADO是Microsoft通用的数据访问技术，它用较少的对象、更多的属性和事件等来处理各种复杂需求，简单易用，所以在Access数据库中，VBA主要用ADO技术来开发数据库应用。

8.6.1 ADO概述

ADO（ActiveX Data Objects，Active数据对象）是一种面向对象的、基于组件思想的数据库访问接口。ADO用简单的格式，可以方便地连接任何符合ODBC标准的数据库以及Excel、文本文件等数据文件。

在Access中，在使用ADO访问数据库的各个数据对象之前，需要对ADO库进行引用。ADO库引用只需设置一次，当前数据库中的各个模块就都可以使用。

任务 8-21 设置ADO库的引用。

操作步骤：

（1）打开"医学信息"数据库，进入VBE。

（2）在窗口菜单中选择"工具"|"引用"命令，打开"引用"对话框。

（3）在"可使用的引用"中选中Microsoft ActiveX DataObjects 6.1 Library复选框，如图8-34所示。

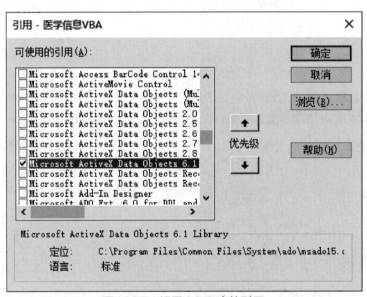

图8-34 设置ADO库的引用

8.6.2　ADO 对象模型

ADO 对象模型是一系列对象的集合，通过对象变量设置这些对象的属性、调用对象的方法，从而实现对数据库的各种访问。常用 ADO 对象有 Connection、Command、Recordset、Field 和 Error 等对象。

在编程过程中，要先声明对象变量，然后才能使用调用它的属性和方法。声明对象的语法格式：

```
Dim 对象变量名称 as ADOB.对象类型
```

1. Connection 对象

Connection 对象用于创建与数据库的连接。在对数据库操作之前，需要先连接数据库。Connection 对象的常用方法如下：

1）Open 方法

Open 方法用于创建与数据库的连接，需要先定义一个连接对象变量，然后再对这个连接对象变量进行方法调用。

连接未打开的数据库，语法格式：

```
Dim 连接对象变量名 as New ADODB.connection
连接对象变量名.Open ConnectionString, UserID, Password, OpenOptions
```

连接当前已打开的数据库，语法格式：

```
Dim 连接对象变量名 as New ADODB.Connection
Set 连接对象变量名=CurrentProject.Connection
```

2）Close 方法

Close 方法用于关闭当前数据库的连接。关闭连接后，还需要对连接对象进行释放。语法格式：

```
连接对象名.Close
Set 连接对象变量名=nothing
```

2. Command 对象

Command 对象代表一个命令，用来执行各种具体操作命令，如 SQL 语句等。语法格式：

```
Dim 对象变量名 as ADODB.Command
Set 对象变量名=New ADODB.Command
```

3. Recordset 对象

Recordset 对象用于保存执行查询命令所获得的数据集。语法格式：

```
Dim 记录集对象变量名 as ADODB.RecordSet
Set 记录集对象变量名=New ADODB.RecordSet
```

1）常用属性

（1）AbsolutePage：当前记录所在的页。

（2）AbsolutePostion：当前记录的序号位置。

（3）BOF：当前记录位置位于第一条记录之前。

（4）EOF：当前记录位置位于最后一条记录之后。

2）常用方法

（1）Open：打开记录集。

（2）Close：关闭记录集。

（3）AddNew：添加一个新记录。

（4）Delete：删除记录。

（5）Update：更新数据。

（6）Find：查找满足指定条件的记录。

（7）Move：移动记录指针到指定位置，具体为MoveFirst、MoveLast、MovePrevious、MoveNext。

4. Field对象

Field对象是记录集中的字段。

5. Error对象

Error对象是程序出错时的扩展信息。

8.6.3 用ADO访问数据库

下面通过一个具体的任务介绍ADO数据库访问的一般方法。

任务 8-21 制作学生成绩查询窗体（见图8-35），实现输入学生的学号或姓名，查找该学生的选课成绩。

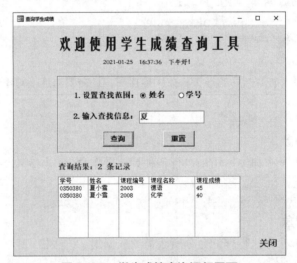

图8-35 学生成绩查询运行界面

操作步骤：

（1）创建窗体。单击"创建"选项卡"窗体"组中的"窗体设计"按钮，创建一个新的空白窗体，并进入设计视图，保存窗体名为"成绩查询窗体"。

（2）设置窗体属性。在属性表中选择"窗体"，在"格式"选项卡"标题"文本框输入"查询学生成绩"。

（3）添加控件及设置属性。在该窗体的主体中添加控件，主要控件及其属性如表8-19所示。窗体设计视图及主要控件的类型及名称如图8-36所示。

表 8-19　主要控件及其属性

对　象	属　性	属　性　值	说　　明
窗体	标题	查询学生成绩	窗体显示风格设置
	弹出方式	是	
	记录选择器	否	
	导航按钮	否	
	滚动条	两者均无	
主体	背景色	#EDF7F9	主题背景色设置
标签	名称	dt	显示系统当前日期时间，并对应添加"早上/中午/下午/晚上好！"信息
	标题	欢迎	
	背景样式	透明	
	边框样式	透明	
选项组	名称	sc	用于选择所要查询的范围。选择组内设有两个选项按钮，"姓名"选项的选项值为1，"学号"选项的选项值为2
	背景样式	透明	
	边框样式	透明	
文本框	名称	sv	用于输入索要查询的信息，可以支持模糊查询
标签	名称	reCount	显示查询到的记录数据
	标题	查询结果：	
	背景样式	透明	
	边框样式	透明	
列表框	名称	reList	用于显示查询的结果
	列标题	是	
	行来源类型	值列表	
按钮	名称	Search	查询学生选课成绩
	标题	查询	
按钮	名称	Reset	清空所输入的查找信息和查找结果，方便下一次查询
	标题	重置	
标签	名称	CloseW	关闭该窗体
	标题	关闭	
	背景样式	透明	
	边框样式	透明	

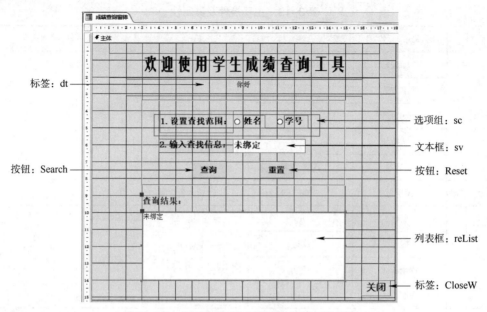

图8-36　设计视图及主要控件的类型与名称

（4）窗体加载事件设置：在窗体运行时，根据当前时间，dt标签显示系统当前日期时间，并对应添加"早上/中午/下午/晚上好！"信息等工作。

在窗体设计视图下，属性表中选择"窗体"，单击"事件"选项卡"加载"文本框右侧的 按钮，打开"选择生成器"对话框，选择"代码生成器"，最后单击"确定"按钮，打开VBE，系统自动创建Form_Load对象事件代码框架，具体过程如图8-37所示。

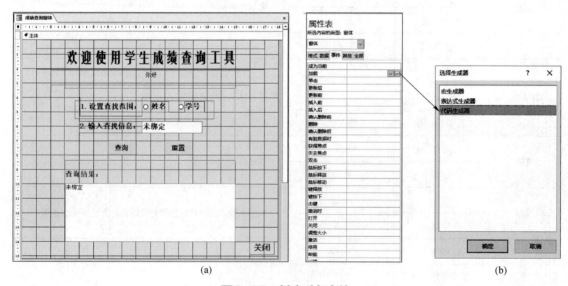

图8-37　创建对象事件

在代码窗口输入如下代码：

```
Private Sub Form_Load()
```

```
On Error GoTo xhErr
    '--1.显示当前系统日期、时间 -----
    Select Case Hour(Time)
        Case 6 To 11
            w="早上好!"
        Case 12
            w="中午好!"
        Case 13 To 18
            w="下午好!"
        Case Else
            w="晚上好!"
    End Select
    dt.Caption=Date & Space(4) & Time & Space(4) & w
    sv=""
    '--2.初始化 -----
    reCount.Caption="查询结果："
    For i=0 To reList.ListCount-1
        reList.RemoveItem (0)
    Next
    reList.ColumnCount=5
    reList.AddItem "学号,姓名,课程编号,课程名称,课程成绩"
    Exit Sub
xhErr:
    MsgBox "程序有误1: " & Err.Description & "(代码=" & Err.Number & ")"
End Sub
```

（5）实现"关闭"功能：在窗体运行时，单击"关闭"文字，可以关闭该窗体。

操作步骤类似第（4）步的方法，在窗体设计视图下，选择"关闭"标签（CloseW），在属性表中选择"事件"选项卡中的"单击"，实现"单击"事件过程。系统自动创建CloseW_Click对象事件代码框架，在代码窗口输入如下代码：

```
Private Sub CloseW_Click()
    DoCmd.Close acForm, Me.name
End Sub
```

（6）实现"查询"功能：在窗体运行时，选择查找"姓名"或"学号"、填写查找数据，单击"查询"按钮，如果输入有误，则显示提示信息；如果输入无误，则将查询到的记录个数显示在标签reCount中，将对应的成绩信息显示在列表框reList中。

操作步骤类似第（4）步的方法，在窗体设计视图下，选择"查询"按钮（Search），在属性表中选择"事件"选项卡中的"单击"，实现"单击"事件过程。系统自动创建Search_Click对象事件代码框架，在代码窗口输入如下代码：

```
Private Sub Search_Click()
On Error GoTo xhErr
    '--1.输入信息检查 -----
    If IsNull(sv) Or sv="" Then
        MsgBox "请输入查找信息"
        sv.SetFocus '
        Exit Sub
    End If
    '--2.设置查询结果列表框格式 -----
    For i=0 To reList.ListCount-1
```

```
        reList.RemoveItem (0)
    Next
    reList.ColumnCount=5        '查询结果为 5 列
    reList.AddItem "学号,姓名,课程编号,课程名称,课程成绩 "  '设置表头
    '--3.进行数据库查询-----
    Dim con As New ADODB.Connection
    Dim rs As New ADODB.Recordset
    '--(1)建立数据库连接--
    Set con=CurrentProject.Connection
    Set rs=New ADODB.Recordset
    Dim strSql, sr As String
    '--(2)数据库查找--
    strSql="SELECT STUDENT.学号, 姓名, SELECTION.课程编号, 成绩, 课程名称
FROM SELECTION,STUDENT,CURRICULUM where SELECTION.学号 =STUDENT.学号 and
SELECTION.课程编号 =CURRICULUM.课程编号 "
    If(sc="1") Then
        strSql=strSql & " and 姓名 like '%"+sv+"%'"
    Else
        strSql=strSql & " and STUDENT.学号 like '%"+sv+"%'"
    End If
    rs.Open strSql, CurrentProject.AccessConnection, adOpenKeyset,
adLockOptimistic, adCmdText
    '--(3)查找结果显示--
    reCount.Caption="查询结果: " & rs.RecordCount & " 条记录 "
    If Not rs.EOF Then
        rs.MoveFirst
        Do While Not rs.EOF
            sr = rs("学号") & "," & rs("姓名") & "," & rs("课程编号") &
"," & rs("课程名称") & "," & rs("成绩")
            reList.AddItem sr
            rs.MoveNext
        Loop
    End If
    '--4.关闭数据库连接--
    rs.Close
    con.Close
    Set rs=Nothing
    Set con=Nothing
    Exit Sub
xhErr:
    MsgBox "程序有误2: " & Err.Description & "(代码=" & Err.Number & ")"
End Sub
```

（7）实现"重置"功能：在窗体运行时，单击"重置"按钮，将窗体恢复到初始状态。

操作步骤类似第（4）步的方法，在窗体设计视图下，选择"查询"按钮（Reset），在属性表中选择"事件"选项卡中的"单击"，实现"单击"事件过程。系统自动创建Reset_Click对象事件框架，在代码窗口输入如下代码：

```
Private Sub Reset_Click()
    sv=""
    reCount.Caption="查询结果: "
    For i=1 To reList.ListCount-1
```

```
        reList.RemoveItem (1)
    Next
End Sub
```

（8）运行程序。用窗体视图方式打开"成绩查询窗体"窗体，设置查找条件，单击"查找"按钮查看结果。

‖ 小　结

本章着重讲述了与VBA相关的内容，主要包括VBA的基本概念、编辑环境、过程与模块等基本概念，以及VBA的基本语法、程序结构、程序的运行与调试等面向对象编程知识。此外，本章还介绍了ADO数据库编程的基本概念和常用方法。

第9章

数据库应用系统的设计与开发实例

【本章内容】

本章通过创建一个《医院住院管理系统》，初步掌握数据库应用系统设计与开发的一般步骤。

【学习要点】

- 数据库应用系统的系统分析、设计与实现的基本方法。
- Access 2016数据库及表的设计与实现。
- 利用查询、窗体、报表实现基本功能。
- 利用宏和VBA编程实现复杂功能。
- 系统的调试、运行与应用。

9.1 系统分析

住院管理是医院服务的窗口，是医院业务的重要组成部分。医院住院管理是医院管理系统的一个子系统，也是医院管理系统的重要组成部分。系统操作要简便，信息录入要快捷，同时要便于跟踪患者的出入院过程。因此，系统最基本的要求是通过尽量简单的操作过程，快速准确地进行信息录入与存储，并具有安全可靠的不间断服务。

9.1.1 需求分析

医院住院系统属于联机事物处理的范畴，系统的设计目标是：操作便捷、准确，避免和减少人为因素的差错；提高病房管理的工作效率，即通过住院系统可以缩短病房分配时间，减少排队等候；患者信息存储的唯一性，即每个患者有唯一的身份管理，进行患者信息录入时，能保持患者信息的唯一性；与其他子系统衔接紧密，各个环节操作计算机化，集成为一个统一的整体。

系统的主要需求有以下几点：

（1）患者信息管理：完成对患者的基本信息录入，查找、修改和删除等。

（2）医生信息管理：完成对医生的基本信息录入，查找、修改和删除等。

（3）床位信息管理：完成对床位的基本信息录入，查找、修改和删除等。还可以列出所有的空床位，具有查询患者病房和床位等功能。

（4）出入院管理：患者入院时，完成对患者按科室进行医生及床位的分配；患者出院时，实现对患者出院的信息登记。

（5）信息查询与统计：可对系统的一些信息进行查询、统计及形成报表。

9.1.2　概念结构设计

某医院住院管理系统中需要如下信息：

（1）医生：医生编号、姓名、性别、职称、出诊科室、特点、擅长。

（2）患者：患者编号、姓名、性别、出生日期、身份证号、联系电话、病史。

（3）床位：床位号、类别、所属科室、床位说明。

（4）出入院信息：记录号、医生编号、患者编号、床位号、住院日期、出院日期、病由。

9.1.3　逻辑结构设计

1. 确定所需要的表

本系统有四个实体：医生、患者、床位和出入院信息。系统的维护需要明确用户的身份，因此，在系统登录时对用户要进行身份确认，通过一个表来存储系统所有的用户名及密码。

2. E-R 图

医院住院管理信息系统的 E-R 图如图 9-1 所示。

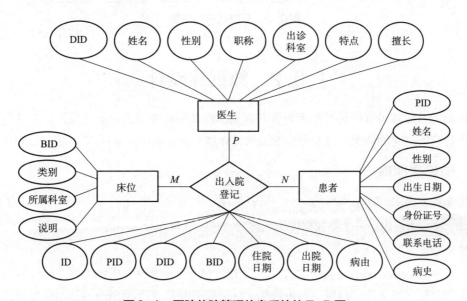

图9-1　医院住院管理信息系统的E-R图

3. 关系模型

关系模型如下：

（1）医生（DID，姓名，性别，职称，出诊科室，特点，擅长）。

（2）患者（PID，姓名，性别，出生日期，身份证号，联系电话，病史）。

（3）床位（BID，类别，所属科室，说明）。

（4）出入院登记（ID，PID，DID，BID，住院日期，出院日期，病由）。

9.1.4 系统功能设计

住院管理信息系统主要由两大功能模块构成：一类功能模块是基于基本信息管理，包括医生基本信息管理模块、患者基本信息管理模块和床位基本信息管理模块；另一类是基于出入院登记管理，包括入院登记管理、出院登记管理和住院情况统计。系统功能模块图，如图9-2所示。

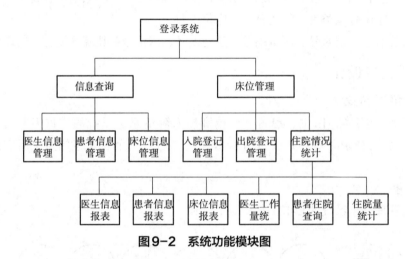

图9-2　系统功能模块图

9.2　数据库设计

明确功能目标就可以开始数据库设计。数据库设计中最重要的是表的设计，表结构设计好坏直接影响到数据库的性能。良好的表的结构设计是数据库系统开发过程中的重要一步。

9.2.1　创建数据库

数据库设计的第一步是要先建立一个空数据库，以便在其中建立自己的表及相关内容。

任务　9-1　建立一个空数据库，名称为"住院管理系统 .accdb"。

操作步骤：

（1）启动 Access 2016，选择"文件"|"新建"命令，如图9-3所示。

（2）保存数据库文件。在窗口右边选择"空白数据库"，打开如图9-4所示的对话框，在右下角"文件名"处输入所要创建的数据库名字"住院管理系统 .accdb"，单击文件名右边的小文件夹图标来确定数据库的存储位置。单击"创建"按钮完成。

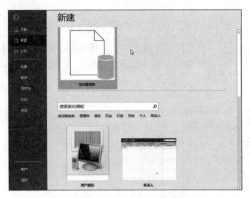

图9-3　建立空白数据库

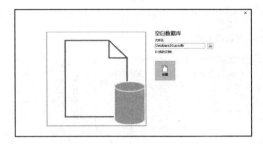

图9-4　文件名对话框

9.2.2　创建数据表

进入空数据库即可开始表的创建，在建立空数据库时，系统就已经自动创建了一个"表1"数据表，对其进行编辑可作为第一个表的建立方法。

任务 9-2　创建"医生"表。

操作步骤：

（1）"表1"的设计视图。在菜单"字段"选项卡左端的"视图"栏中单击"设计视图"，如图9-5（a）图所示，或者右击"表1"的标题，在弹出的快捷菜单中选择"设计视图"命令，如图9-5（b）图所示。

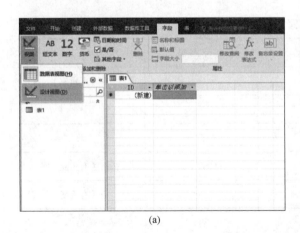

（a）

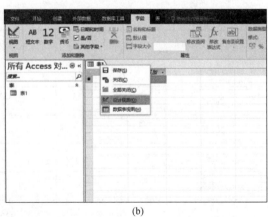

（b）

图9-5　表的设计视图转换

（2）保存表。在"另存为"对话框中，将表的名字改为"医生"，如图9-6所示。

（3）设计表结构。进入表结构的设计视图，输入表各个字段的名称、数据类型，设置DID字段为主键，如图9-7（a）

图9-6　保存新表

所示。

说明：

（1）"性别"字段设置验证规则为"男" Or "女"，默认值为"男"，如图9-7（b）所示。

（2）为了便于"性别"的快速输入，对该字段进行"查阅"设置，可实现输入时出现下拉列表进行数据的选择。进入"查阅"设置，在"显示控件"项选择"列表框"，在"行中源类型"项选择"值列表"，在"行来源"项输入"男";"女"，如图9-7（c）所示。

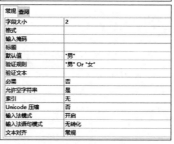 

（a) DID字段　　　　（b）"性别"字段"常规"设置　　　（c）"性别"字段"查阅"设置

图9-7　"医生"表结构设计

"医生"表中的各字段的具体设置如表9-1所示。

表 9-1　"医生"表结构

字 段 名	数 据 类 型	字 段 大 小	是 否 主 键	索 引
DID	短文本	5	是	有（无重复）
姓名	短文本	20	否	无
性别	短文本	2	否	无
职称	短文本	20	否	有（有重复）
出诊科室	短文本	20	否	有（有重复）
特点	短文本	255	否	无
擅长	长文本		否	无

其他表的创建，可通过单击"创建"选项卡"表格"组中的"表"按钮，创建新"表1"数据表，使用"任务9-2"的方法创建。"患者"表、"床位"表、"住院"表和"系统用户"表的结构设置如下：

1."患者"表结构（见表9-2）

表9-2 "患者"表结构

字 段 名	数据类型	宽 度	是否主键	索 引
PID	短文本	5	是	有（无重复）
姓名	短文本	20	否	有（有重复）
性别	短文本	2	否	无
身份证号	短文本	18	否	无
出生日期	计算		否	无
联系方式	短文本	255	否	无
病史	短文本	255	否	无

说明：

（1）"性别"字段设置验证规则为"男" Or "女"，默认值为"男"；为了便于"性别"的快速输入，对该字段进行"查阅"设置，如图9-8（a）所示。

（2）"身份证号"字段设置字段掩码为"00000000000000000999;;_"，如图9-8（b）所示。

（3）"联系方式"字段设置"计算"类型，其表达式为：Mid([身份证号],7,4)+"-"+Mid（[身份证号],11,2)+"-"+Mid（[身份证号],13,2），如图9-8（c）所示。

(a)"性别"字段"查阅"设置　　(b)"身份证号"字段掩码设置　　(c)"出生日期"字段计算表达式

图9-8 "患者"表结构设计

2."床位"表结构（见表9-3）

表9-3 "床位"表结构

字 段 名	数据类型	宽 度	是否主键	索 引
BID	数字	长整型	是	有（无重复）
类别	短文本	255	否	有（有重复）
所属科室	短文本	255	否	有（有重复）
说明	短文本	255	否	无

说明：

（1）"类别"字段设置验证规则："单间" Or "双人间" Or "四人间"，默认值为："单间"，并对该字段进行"查阅"设置，如图9-9（a）所示。

（a）"类别"字段的"查阅"设置 （b）"所属科室"字段的"查阅"设置

图9-9 "床位"表的两字段的"查阅"设置

（2）"所属科室"字段设置验证规则："外科" Or "内科" Or "妇科" Or "儿科"，默认值为："外科"，并对该字段进行"查阅"设置，如图9-9（b）所示。

3．"住院"表结构（见表9-4）

表9-4 "住院"表结构

字 段 名	数据类型	宽 度	是否主键	索 引
ID	自动编号	长整型	是	有（无重复）
PID	短文本	5	否	有（有重复）
DID	短文本	5	否	有（有重复）
BID	数字	长整型	否	有（有重复）
住院日期	日期/时间	常规日期	否	无
出院日期	日期/时间	常规日期	否	无
病由	短文本	255	否	无

说明：

（1）PID字段是"患者"表的外键，该字段"查阅"设置为：SELECT PID, 姓名, 性别 FROM 患者；（列数为3），如图9-10（a）所示。

（2）DID字段是"医生"表的外键，该字段"查阅"设置为：SELECT DID, 姓名, 出诊科室 FROM 医生；（列数为3），如图9-10（b）所示。

（3）BID字段是"床位"表的外键，该字段"查阅"设置为：SELECT BID, 类别, 所属科室 FROM 床位；（列数为3），如图9-10（c）所示。

(a) PID　　　　　　　　(b) DID　　　　　　　　(c) BID

图9-10　"住院"表的三字段的"查阅"设置

4．"系统用户"表结构（表9-5）

表 9-5　"系统用户"表结构

字　段　名	数据类型		宽　度	是否主键	索　引
login	短文本		50	是	有（无重复）
pwd	短文本		50	否	无

说明：该表用于存储登录本系统的有效用户，用户登录时通过login和pwd验证，如图9-11所示。

图9-11　"系统用户"表结构

9.2.3　建立数据表关系

数据库在设计时，为了避免冗余数据的产生，将数据表拆分成了较小单元，通过各个表之间建立关系来完成从各个数据库表中提取相应的操作字段。通常在表设计完成之后就需要进行表的关系设置。

任务　9-3　设置各个表之间的关系。

操作步骤：

（1）添加表。单击"数据库工具"选项卡"关系"组中的"关系"按钮，打开如图9-12所示的"显示表"对话框，选择要设置关系的表，这里添加除"系统用户"表之外的4个表，单击"添加"按钮，在"关系"工作区中显示这4个表，再单击"关闭"按钮关闭"显示表"对话框。系统进入关系的编辑状态。

（2）定义医生表与住院表的关系。选择"医生"表中的DID字段，拖动到"住院"表的DID字段，打开"编辑关系"对话框，如图9-13所示。选中"实施参照完整性"复选框，单击"创建"按钮，完成关系的创建。

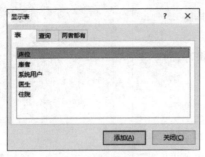

图9-12　显示表　　　　　　　　　　图9-13　编辑关系

（3）重复以上步骤，为其他表建立关系，如图9-14所示。

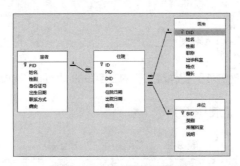

图9-14　表关系设置结果

（4）保存表关系。单击"关系工具-设计"选项卡"关系"组中的"关闭"按钮，在打开的保存提示对话框中选择"是"保存表关系。

9.3　查询设计

查询是以数据库中数据为数据源，根据指定条件从数据库中选取符合条件的记录，形成一个新的集合，这个集合可以是临时的，也可以转成永久的。表在设计时以减少冗余为目的，因此单靠一个表的信息通常不能满足一定的查询要求。要实现系统的设计功能，中间的临时集合需要事先建立，然后可在此基础上设计窗体实现数据操作，设计报表实现数据输出。

1."住院详细"查询

入院操作中需要确认入院患者的姓名、医生姓名、医生科室等信息，这些内容不包含在住院管理表中，因此需要与患者表和医生表连接后生成一个查询集合，以便于操作。

任务 9-4 创建多表查询，建立"住院详细查询"。

操作步骤：

（1）创建查询。单击"创建"选项卡"查询"组中的"查询设计"按钮，在打开的"显示表"对话框中添加"医生"表、"住院"表和"患者"表，进入设计视图。

（2）向查询设计网格中添加字段。分别双击上方三个表中的"住院"表中的ID字段、"患者"表中的"姓名"字段、"医生"表中的"姓名"字段、"住院"表中的"住院日期、出院日期、病由"字段。也可以在下方的设计网格中选择相应的字段。设置按"患者姓名"+"住院日期"进行升序排序，查询设计如图 9-15 所示。

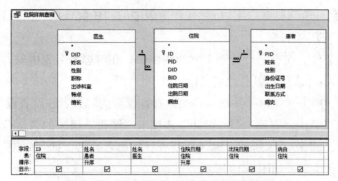

图 9-15 "住院详细查询"的查询设计

（3）保存查询。单击"保存"按钮，将当前查询保存为"住院详细查询"。

（4）运行查询。单击"查询工具–设计"选项卡"结果"组中的"运行"按钮，查询设计结果，如图 9-16 所示。

ID	患者.姓名	医生.姓名	住院日期	出院日期	病由
8	陈晴	艾学习	2020-06-07 09:47:29	2020-06-14 10:18:50	扭伤
19	陈晴	艾学习	2020-07-02 09:07:43	2020-07-09 10:28:05	骨折
21	陈晴	巨开心	2020-08-02 09:10:19		心律失常
2	马大大	薛宝钗	2020-05-12 07:42:53	2020-05-14 10:18:50	口腔溃烂
6	马大大	巨开心	2020-05-29 07:42:53	2020-05-30 11:08:15	心律失常
11	马大大	巨开心	2020-07-07 09:50:51	2020-07-10 10:16:06	高烧不退
16	马大大	常段练	2020-08-01 15:11:00		咳嗽
14	宋成城	常段练	2020-06-21 15:04:13	2020-06-25 09:08:15	高烧

图 9-16 "住院详细查询"的查询结果

任务 9-5 创建条件查询，根据输入的患者姓名查找"患者住院查询"。

操作步骤：

（1）创建查询。单击"创建"选项卡"查询"组中的"查询设计"按钮，进入设计视图，在"显示表"对话框中，添加"患者"表、"住院"表和"床位"表。进入设计视图，如图 9-17 所示。

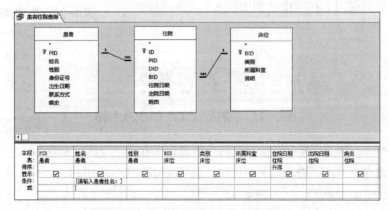

图 9-17 "患者住院查询"的查询设计

（2）向查询设计网格中添加字段。添加"患者"表中的"PID、姓名、性别"字段；"床位"表中的"BID、类别、所属科室"字段；"住院"表中的"住院日期、出院日期、病由"字段，且设置"住院日期"为"升序"。

（3）设置查询条件。在查询设计器下方的网格中，在"患者"表中的"姓名"字段的下方的"条件"栏中输入：[请输入患者姓名：]。

（4）保存查询。单击"保存"按钮，将当前查询保存为"患者住院查询"。

（5）运行查询。单击"查询工具–设计"选项卡"结果"组中的"运行"按钮，打开"输入参数值"对话框，如图9-18所示。输入所要查找的患者姓名，如"张俊"，单击"确定"按钮查看该查询的设计结果，如图9-19所示。

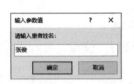

PID	姓名	性别	BID	类别	所属科室	住院日期	出院日期	病由
34914	张俊	女	2010202	双人间	外科	2020-05-01 08:42:23	2020-05-05 10:18:07	肛肠疾病
34914	张俊	女	2020101	单间	内科	2020-05-26 05:22:23	2020-05-28 11:08:37	心律失常
34914	张俊	女	2020101	双人间	内科	2020-06-07 09:49:25	2020-06-11 12:01:07	高烧不退
34914	张俊	女	2020101	单间	内科	2020-07-01 15:05:03	2020-07-03 10:10:06	高烧
34914	张俊	女	2020202	双人间	内科	2020-07-13 09:52:01	2020-07-16 10:28:37	咳嗽
34914	张俊	女	2020202	双人间	内科	2020-08-02 08:16:57		高烧

图9-18 输入参数值　　　　　　图9-19 查询结果

任务 9-6 用SQL方式创建"空床位查询"。

任务分析：空床位有两种情况，一种是该床位一直未占用过的；另一种是在当前查询日期前已出院的（该床位曾被多位患者用过，显示其最近一次出院日期）。由于这两种情况采用了不同的查询方式，分别得到不同的查询结果，故将两部分查询数据汇总时用union语句实现。

操作步骤：

（1）创建查询。单击"创建"选项卡"查询"组中的"查询设计"按钮，进入设计视图，直接关闭"显示表"对话框。

（2）切换到SQL视图。在"查询"工作区中右击，弹出如图9-20所示的快捷菜单，选择"SQL视图"命令，进入SQL视图。

（3）输入查询语句。在SQL视图中输入如图9-21所示的SQL语句。

图9-20 查询快捷菜单

```
(SELECT 床位.BID, max(住院.出院日期) as 空出日期 FROM 床位, 住院
WHERE 床位.BID=住院.BID and 出院日期<=now() group by 床位.BID)
UNION (SELECT 床位.BID, "一直空闲" FROM 床位 WHERE BID not in (select BID from 住院));
```

图9-21 "空床位查询"的SQL视图

（4）保存查询。单击"保存"按钮，将当前查询保存为"空床位查询"。

（5）运行查询。单击"查询工具–设计"选项卡"结果"组中的"运行"按钮，查看该查询设计结果，如图9-22所示。

图9-22　"空床位查询"的查询结果

9.4　窗 体 设 计

窗体是人机交流的主要工具，对数据库的访问、查看、数据的输入、输出都是通过窗体完成的。因此在系统设计中，窗体是实现系统功能的主要载体。一个系统中会建立多个窗体，每个窗体通常对应一个表或查询，可以通过添加嵌套的子窗体实现多个表的信息操作。

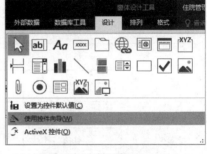

图9-23　取消控件向导

窗体的设计与功能设计是相关的，根据系统的功能设计，主要有以下窗体：

1."登录"窗体设计

登录窗体是系统运行的入口，应该完成检测用户名与密码的功能。

任务 9-7 设计系统管理用户的登录窗体。

操作步骤：

（1）创建窗体。选择"系统用户"表，单击"创建"选项卡"窗体"组中的"窗体"按钮，快速建立一个窗体。窗体自动进入"布局视图"。

（2）打开属性表。在"窗体设计工具–设计"选项卡的"工具"组中，单击"属性表"按钮打开属性表。

（3）添加控件。进入窗体的"设计视图"。在"窗体设计工具–设计"选项卡的"控件"组中，单击控件组右下角的"其他"下拉按钮，关闭"使用控件向导"功能，如图9-23所示。在窗体中添加两个按钮控件。

（4）设置标签控件属性。将名称为Label0标签的标题由系统自动生成的login改为"用户名"；将名称为Label3标签的标题由系统自动生成的pwd改为"密码"。将窗体页眉中的标签内容改为"登录住院管理信息系统"，设置相应的字体格式。

（5）设置文本框属性。选择窗体中的文本框，在属性表中设置其属性。

登录窗体中控件及属性设置如表9-6所示。图9-24（a）为窗体的设计视图，9-24（b）为窗体的运行视图。

表 9-6　登录窗体中的控件及属性设置

控　件	选 项 卡	属　　性	属 性 值	说　　明
文本框	数据	控件来源	[空]	手动删除系统自动生成的myusername字样
	其他	名称	myusername	
文本框	数据	控件来源	[空]	手动删除系统自动生成的mypassword字样
	其他	名称	mypassword	
	数据	输入掩码	密码	
按钮	其他	名称	Command1	
	格式	标题	登录	
按钮	其他	名称	Command2	
	格式	标题	取消	
窗体	格式	标题	系统登录	
	数据	记录源	[空]	手动删除系统自动生成的"系统用户"字样
	其他	弹出方式	是	
	其他	模式	是	
	格式	记录选择器	否	
	格式	导航按钮	否	
	格式	滚动条	两者均无	

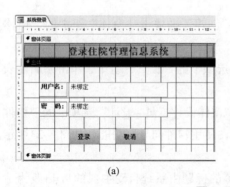

(a)

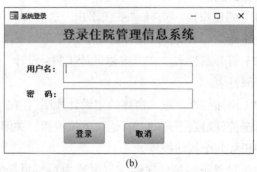

(b)

图9-24　登录窗体

（6）保存窗体。单击"保存"按钮，将当前窗体保存为"系统登录"。该窗体的具体功能实现见本章的任务9-22。

2."主菜单"窗体设计

主菜单窗体上为系统功能模块的显示，分别对应一个按钮，单击按钮进入相应的功能模块。

任务 9-8 创建"主菜单"窗体。

操作步骤：

（1）进入窗体设计视图。单击"创建"选项卡"窗体"组中的"窗体设计"按钮，进入窗体设计，设置窗体的背景图片。

（2）添加控件。选择"设计"选项卡"控件"组中的控件，向窗体中添加控件：标题和8个按钮。设置各个控件的相关属性，如表9-7所示。

表 9-7　控件及其属性

控　件	选　项　卡	属　性	属　性　值
按钮	全部	名称	Command0
	全部	标题	医生信息管理
按钮	全部	名称	Command1
	全部	标题	患者信息管理
按钮	全部	名称	Command2
	全部	标题	床位信息管理
按钮	全部	名称	Command3
	全部	标题	入院登记管理
按钮	全部	名称	Command4
	全部	标题	出院登记管理
按钮	全部	名称	Command5
	全部	标题	住院情况统计
按钮	全部	名称	Command6
	全部	标题	退出系统
窗体	其他	弹出方式	是
	其他	模式	是
	格式	标题	主菜单
	格式	图片	bg.jpg
	格式	记录选择器	否
	格式	导航按钮	否

（3）调整控件位置。可通过"排列"选项卡上的"调整大小和排序"组中的相关功能，调整窗体中控件的位置。窗体视图下如图9-25所示。

（4）保存窗体。单击"保存"按钮，将当前窗体保存为"主菜单"。窗体各个按钮的具体功能实现见任务9-18。

3."医生信息管理"窗体设计

医生信息管理模块主要实现对医生基本信息的增加、修改、删除和查询等操作，所涉及的表是医生表。因此，使用窗体向导建立一个表的记录显示窗体是很便捷的。

任务 9-9 创建"医生信息管理"窗体。

操作步骤：

（1）打开窗体向导。单击"创建"选项卡"窗体"组中的"窗体向导"按钮。

（2）窗体向导中定义：选择医生表，选中全部字段；布局为"纵栏表"；标题为"医生信息管理"。选择"修改窗体设计"，单击"完成"按钮，进入窗体设计视图。

（3）设置窗体外观。在"设计"选项卡的"主题"组中选择"波形"主题，并设置窗体属性，具体属性值设置如表9-8所示。

（4）添加记录操作按钮。在"设计"选项卡的"控件"组中打开"使用控件向导"功能。添加按钮，在按钮的控件导航中"类别"选择"记录操作"，添加"保存记录""删除记录""添加新记录"按钮，如图9-26所示。

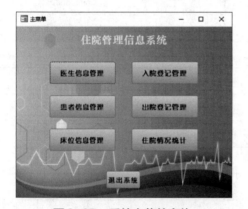

图9-25 系统主菜单窗体

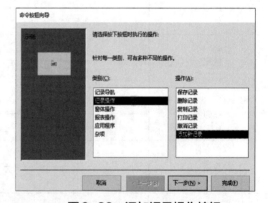

图9-26 添加记录操作按钮

（5）添加窗体操作按钮。与步骤（4）类似，控件向导中"类别"选择"窗体操作"中的"关闭窗体"。

表9-8 窗体属性设置

选 项 卡	属 性	属 性 值
其他	弹出方式	是
其他	模式	是
格式	标题	医生信息管理
格式	记录选择器	否
格式	导航按钮	是

（6）保存窗体。保存当前窗体为"医生信息管理"，如图9-27所示。该窗体即可以实现医生信息的增加、修改和删除。

4."患者信息管理"窗体设计

患者信息管理模块主要完成对患者基本信息的增加、修改、删除和查询等操作，所涉及的表是"患者"表。创建方法类似任务9-9，但布局采用"表格"。添加无向导按钮"患者住院查询"，窗体如图9-28所示。

图9-27　医生信息管理窗体

图9-28　患者信息管理窗体

5."床位信息管理"窗体设计

床位信息管理模块主要完成对床位基本信息的增加、修改、删除和查询等操作，所涉及的表是"床位"表。创建方法类似任务9-9，但布局采用"表格"，窗体如图9-29所示。

6."入院登记管理"窗体设计

入院登记管理模块主要完成对患者办理入院手续时，进行信息的增加、修改、删除和查询等操作，所涉及的表是"住院""医生""患者""床位"四个表。

任务 9-10　创建"入院登记管理"窗体。

操作步骤：

（1）使用窗体向导创建"患者"表信息的窗体。必须包含的字段为PID，其余可任选，这里选了"姓名""性别""出生日期"，布局设置为"纵栏表"。窗体标题为"入院登记"，进入设计视图。

（2）添加记录导航按钮。打开控件向导功能，分别添加"转至第一项记录""转至前一项记录""转至下一项记录""转至最后一项记录""查找患者"五个按钮。这五个按钮功能系统自动完成。

（3）绘制一个边框。绘制后取消控件向导，单击"设计"选项卡"控件"组中的"选项组"按钮，修改配套标签的标题为"患者信息"，窗体的设计视图如图9-30所示。

（4）添加就诊科室组合框。单击"设计"选项卡"控件"组中的"组合框"按钮，进入控件向导，选中"自行键入所需的值"单选按钮，如图9-31所示。单击"下一步"按钮，输入组合框的取值，如图9-32所示。

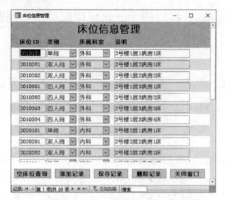

图9-29　床位信息管理窗体

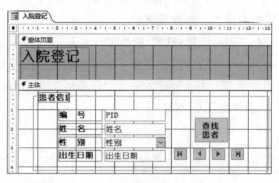

图9-30　添加患者信息部分的控件

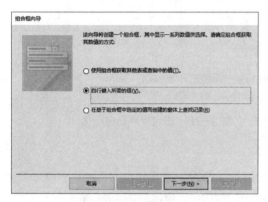

图9-31　组合框选项

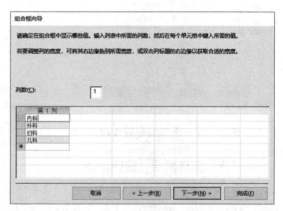

图9-32　组合框的取值定义

单击"下一步"按钮，设置组合框选择结果的存放方式。选择"记忆该数值供以后使用"，如图9-33所示。

单击"下一步"按钮，定义配套标签框的标题为"选择科室"，设置组合框的名称为keshi。窗体的设计视图如图9-34所示。

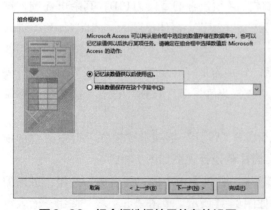

图9-33　组合框选择结果的存放设置

图9-34　窗体设计视图

（5）控件属性设置。除患者信息部分外的所有要添加的控件及属性设置如表9–9所示，窗体的设计视图如图9–35所示。

表 9–9 添加控件及其属性

控 件	属 性	属 性 值	说 明
组合框	名称	keshi	（1）列表框将用来显示可选择的科室列表。 （2）配套标签框："1.选择科室"。 （3）添加时需取消控件向导，直接放置在窗体中即可
文本框	名称	dtime	（1）显示系统当前日期和时间。 （2）设置背景色和边框均为透明
列表框	名称	ys	（1）列表框将用来显示所属科室的医生信息。 （2）"数据"中的"行来源"为空，"行来源类型"为"值列表"。 （3）配套标签框：医生列表。 （4）添加时需取消控件向导，直接放置在窗体中即可
列表框	名称	cw	（1）用来显示当前空余床位情况。 （2）"数据"中的"行来源"为空，"行来源类型"为"值列表"。 （3）配套标签框：空床位。 （4）添加时需取消控件向导，直接放置在窗体中即可
按钮	名称	ruyuan	添加时需取消控件向导，直接放置在窗体中即可
	标题	生成入院信息	
按钮	名称	sx	添加时需取消控件向导，直接放置在窗体中即可
	标题	刷新	
文本框	名称	bingyou	（1）用来接收输入的患者入院的病由。 （2）配套标签框："2.住院病由"。 （3）添加时需取消控件向导，直接放置在窗体中即可
按钮	名称	Command1	使用控件向导添加的类型为"窗体操作"的"关闭窗体"
	标题	关闭窗口	

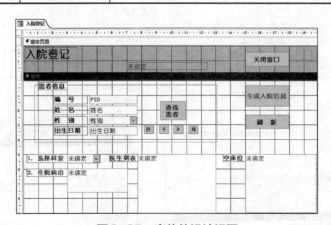

图9–35 窗体的设计视图

（6）添加住院表子窗体控件。单击"设计"选项卡"控件"组中的"子窗体"按钮，绘制子窗体，并进入控件向导。"数据来源"选择"使用现有的表和查询"，如图9–36所示。

单击"下一步"按钮，选择"住院"表，并选中其所有字段，如图9–37所示。

单击"下一步"按钮，定义子窗体与主窗体的连接。以"患者表"的PID为连接字段，即当主窗体中患者的PID编号发生变化时，子窗体中的记录进行相应的调整，如图9-38所示。

单击"下一步"按钮，指定子窗体名称为"住院子窗体"，完成子窗体设置。

图9-36　子窗体的控件向导

图9-37　选择"住院"表

（7）窗体的属性设置。属性设置如表9-10所示，完成后的窗体设计视图如图9-39所示，窗体视图如图9-40所示。窗体具体功能实现见任务9-23。

表 9-10　窗体属性设置

选 项 卡	属 性	属 性 值
其他	弹出方式	是
其他	模式	是
格式	标题	入院登记管理
格式	记录选择器	否
格式	导航按钮	是
格式	滚动条	两者均无

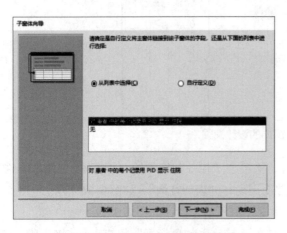

图9-38　定义子窗体的连接方式

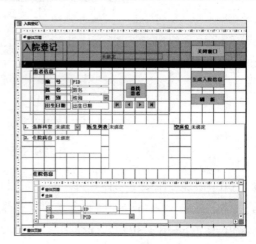

图9-39　设计视图

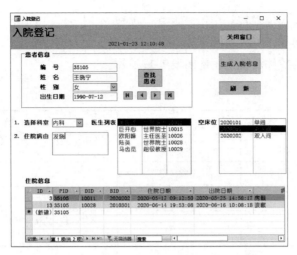

图 9-40　窗体视图

7."出院登记管理"窗体设计

出院登记管理模块主要完成对患者办理出院手续时，主要是对住院信息的"出院日期"进行当前日期及时间填写的操作，所涉及的表是"住院"表。创建方法类似任务 9-10，本窗体所采用的按钮的功能均由系统自动完成。

任务 9-11　创建"出院登记管理"窗体。

操作步骤：

（1）使用窗体向导创建"患者"表信息的窗体。必须包含的字段为 PID，选择全部字段，布局设置为"纵栏表"。窗体标题为"出院登记"，进入设计视图。

（2）添加记录导航按钮。打开控件向导功能，分别添加"转至第一项记录""转至前一项记录""转至下一项记录""转至最后一项记录""查找患者"五个按钮。该五个按钮功能系统自动完成。

（3）绘制一个边框。绘制后取消控件向导，单击"设计"选项卡"控件"组中的"选项组"按钮，修改配套标签的标题为"患者信息"，窗体的设计视图如图 9-41 所示。

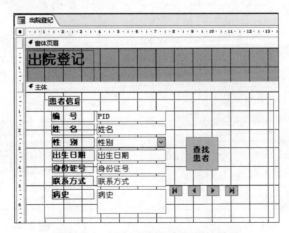

图 9-41　添加患者信息部分的控件

（4）添加住院表子窗体控件。单击"设计"选项卡"控件"组中的"子窗体"按钮，绘制子窗体，并进入控件向导。方法同任务9-10第（6）步。

（5）其他要添加的控件及属性设置如表9-11所示。

表 9-11　添加控件及其属性

控　件	属　性	属 性 值	说　明
按钮	名称	chuyuan	使用控件向导添加的类型为"记录操作"的"保存记录"
	标题	出院登记	
按钮	名称	Command2	
	标题	关闭窗口	使用控件向导添加的类型为"窗体操作"的"关闭窗体"

（6）窗体的属性设置如表9-12所示，完成后的窗体设计视图如图9-42所示，窗体视图如图9-43所示。

表 9-12　窗体属性设置

选 项 卡	属　性	属 性 值
其他	弹出方式	是
其他	模式	是
格式	标题	出院登记管理
格式	记录选择器	否
格式	导航按钮	是
格式	滚动条	两者均无

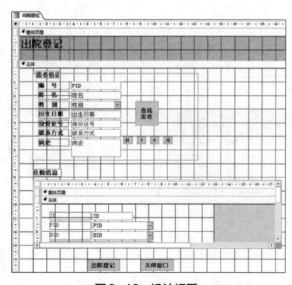

图9-42　设计视图

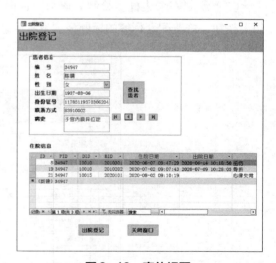

图9-43　窗体视图

8. "住院情况统计"窗体设计

住院情况统计模块主要打开完成各种信息统计报表，分别对应一个按钮，单击按钮进入相应的报表模块。创建方法同任务9-8。

任务 9-12 创建"住院情况统计"窗体。

操作步骤：

（1）新建窗体。单击"创建"选项卡"窗体"组中的"窗体设计"按钮，进入窗体设计。

（2）向窗体中添加控件。选择"设计"选项卡"控件"组中的控件，控件属性设置如表9-13所示。其中，"关闭窗口按钮"使用控件向导，添加的类型为"窗体操作"的"关闭窗体"，其余各按钮具体功能实现见任务9-19。

表 9-13　控件及其属性

控　件	选 项 卡	属　性	属　性　值
按钮	全部	名称	Command0
	全部	标题	医生信息报表
按钮	全部	名称	Command1
	全部	标题	患者信息报表
按钮	全部	名称	Command2
	全部	标题	床位信息报表
按钮	全部	名称	Command3
	全部	标题	医生工作量统计
按钮	全部	名称	Command4
	全部	标题	患者住院查询
按钮	全部	名称	Command5
	全部	标题	住院量统计
按钮	全部	名称	Command6
	全部	标题	关闭窗口
窗体	其他	弹出方式	是
	其他	模式	是
	格式	标题	住院情况统计
	格式	记录选择器	否
	格式	导航按钮	否

（3）调整控件位置。可通过"排列"选项卡"调整大小与排序"组中的相关功能，调整窗体中控件的位置。

（4）设计窗体外观。在"设计"选项卡"主题"组，选择"切片"主题，对系统进行风格重新设置。再对按钮背景色、字体颜色等进行格式设置。

（5）保存窗体。将当前窗体保存为"住院情况统计"。窗体视图如图9-44所示。

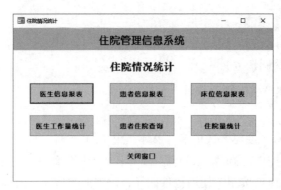

图9-44 “住院情况统计”窗体

9.5 报表设计

报表是将查询统计结果进行输出的主要载体。通过Access的报表向导工具，可快速、方便地建立多种复杂的报表。

在本章中共建立四个报表，其中处方报表对应于开具处方模块，将生成的电子处方打印输出。其余三个报表分别对应系统查询统计的三个模块，即住院量的查询、医生工作量的统计、药品情况的显示。

1. 医生信息显示报表

医生信息显示报表是将当前医生表中的信息显示出来，只涉及一个医生表。

任务 9-13 创建“医生信息报表”。

操作步骤

（1）指定报表数据源。在左侧的导航窗体中选择“医生”表。

（2）创建报表。单击“创建”选项卡“报表”组中的“报表”按钮，生成以当前表内容为数据源的报表。

（3）对列宽、单元格的对齐方式等进行格式设置。将报表的“弹出方式”和“模式”均改为“是”。保存报表为“医生”，报表视图如图9-45所示。

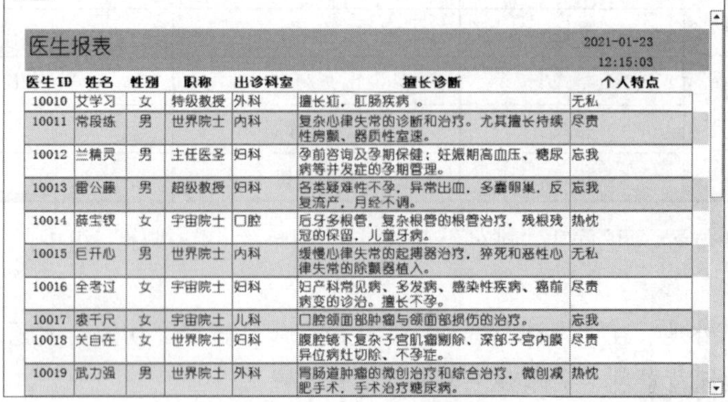

医生

医生报表　2021-01-23 12:15:03

医生ID	姓名	性别	职称	出诊科室	擅长诊断	个人特点
10010	艾学习	女	特级教授	外科	擅长疝，肛肠疾病 。	无私
10011	常段练	男	世界院士	内科	复杂心律失常的诊断和治疗。尤其擅长持续性房颤、器质性室速。	尽责
10012	兰精灵	男	主任医圣	妇科	孕前咨询及孕期保健；妊娠期高血压、糖尿病等并发症的孕期管理。	忘我
10013	雷公藤	男	超级教授	妇科	各类疑难性不孕，异常出血，多囊卵巢，反复流产，月经不调。	忘我
10014	薛宝钗	女	宇宙院士	口腔	后牙多根管，复杂根管的根管治疗，残根残冠的保留，儿童牙病。	热忱
10015	巨开心	男	世界院士	内科	缓慢心律失常的起搏器治疗，猝死和恶性心律失常的除颤器植入。	无私
10016	全考过	女	宇宙院士	妇科	妇产科常见病、多发病、感染性疾病、癌前病变的诊治。擅长不孕。	尽责
10017	裘千尺	女	宇宙院士	儿科	口腔颌面部肿瘤与颌面部损伤的治疗。	忘我
10018	关自在	女	世界院士	妇科	腹腔镜下复杂子宫肌瘤剔除、深部子宫内膜异位病灶切除、不孕症。	尽责
10019	武力强	男	世界院士	外科	胃肠道肿瘤的微创治疗和综合治疗，微创减肥手术，手术治疗糖尿病。	热忱

图9-45 医生信息报表

2. 患者信息报表

患者信息显示报表是将当前患者表中的信息显示出来，只涉及一个患者表。创建方法同任务12，保存报表为"患者"，如图9-46所示。

3. 床位信息报表

床位信息报表是将当前床位表中的信息显示出来，只涉及一个床位表。创建方法同任务9-13，保存报表为"床位"。在报表页眉中，添加一个按钮"空床位信息"可以打开"空床位统计报表"，如图9-47所示。

图9-46　患者信息报表

图9-47　床位信息报表

4. 空床位统计报表

空床位统计报表的数据来源是"空床位查询"，可使用报表向导的方法生成。

任务 9-14　生成空床位统计报表。

操作步骤：

（1）打开报表向导。单击"创建"选项卡"报表"组中心"报表向导"按钮。指定数据源为任务6创建的"空床位查询"的全部字段，如图9-48所示；在后面的步骤中，布局选择"表格"。

（2）对列宽、单元格的对齐方式等进行格式设置。将报表的"弹出方式"和"模式"均改为"是"。保存报表为"空床位查询"，报表视图如图9-49所示。

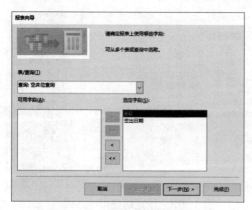

图9-48　向导指定数据源

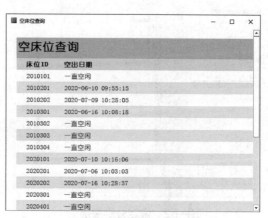

图9-49　床位信息报表

5. 医生工作量统计报表

医生工作量统计报表的内容依据医生工作量统计的详细查询，报表的创建过程要求以"所属科室"进行分组。

任务 9-15 创建"医生工作量统计"。

操作步骤：

（1）创建报表。单击"创建"选项卡"报表"组中的"报表向导"按钮。选择"医生"表中的"DID、姓名、性别、职称、出诊科室"字段；选择"住院"表中的"住院日期、PID"字段；选择"患者"表中的"姓名"字段，如图9-50所示。

单击"下一步"按钮，查看数据方式选择"通过 医生"，如图9-51所示。

单击"下一步"按钮，分组选择"出诊科室"，选择后如图9-52所示。

单击"下一步"按钮，明细排序方式选择"住院日期、PID"，如图9-53所示。

单击"下一步"按钮，布局选择"阶梯"，如图9-54所示。

单击"下一步"按钮，设置报表名为"医生工作量统计"，如图9-55所示。

图9-50 向导指定数据源

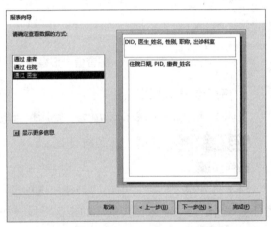

图9-51 设定查看数据方式

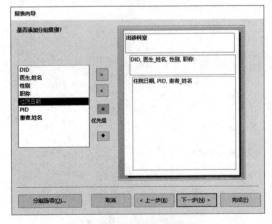

图9-52 设定分组级别

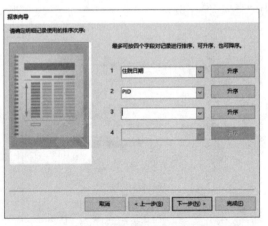

图9-53 设定明细排序方式

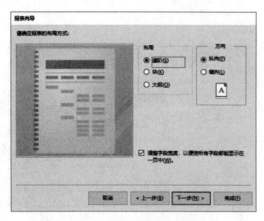

图9-54　设定布局方式

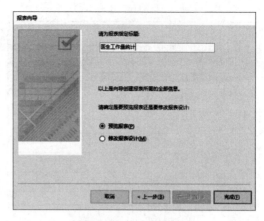

图9-55　设定文件名

（2）对列宽、单元格的对齐方式、字体颜色等进行格式设置。将报表的"弹出方式"和"模式"均改为"是"。此时报表视图如图9-56所示。

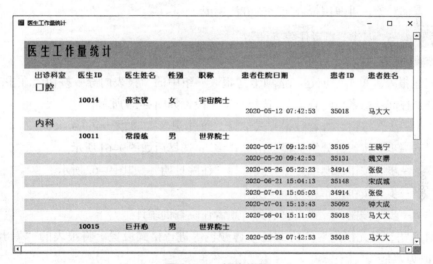

图9-56　报表视图

（3）统计每个医生所负责的患者、每个科室所接收的患者以及医院所接收全部患者的数量。将报表打开方式改为设计视图，选择PID组合框。单击"设计"选项卡"分组和汇总"中的求和按钮 Σ 合计 ，在弹出的下拉列表中选择"记录计数"。

系统自动在PID组合框下面的"DID页脚"中生成一个"=Count(*)"文本框。在该文本框前面添加一个标签"医生工作量统计："，并设置标签及该文本框的字体格式等。

系统自动在"出诊科室页脚"中生成一个"=Count(*)"文本框。在该文本框前面添加一个标签"科室工作量统计："，并设置标签及该文本框的字体格式等。

系统自动在"报表页脚"中生成一个"=Count(*)"文本框。在该文本框前面添加一个标签"医院总工作量统计："，并设置标签及该文本框的字体格式等。

最终完成后报表的设计视图如图9-57所示，显示的报表最终效果如图9-58所示。

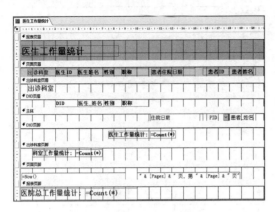

图9-57　设计视图

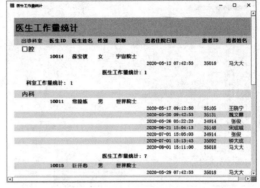

图9-58　报表视图

6. 患者住院查询报表

患者住院查询报表的内容依据所查患者的住院情况的详细查询，报表的数据来源是"患者住院查询"查询对象，可使用报表向导的方法生成。

任务 9-16 创建"患者住院查询"。

操作步骤：

（1）创建报表。单击"创建"选项卡"报表"组中的"报表向导"按钮。在报表向导里，数据源选择"查询：患者住院查询"，选择全部字段，如图9-59所示。

单击"下一步"按钮，查看数据方式选择"通过 患者"，如图9-60所示。

单击"下一步"按钮，分组选择"出诊科室"，选择后如图9-61所示。

单击"下一步"按钮，明细排序方式选择"住院日期"，如图9-62所示。

单击"下一步"按钮，布局选择"阶梯"。

单击"下一步"按钮，设置报表名为"患者住院查询统计"。

（2）对列宽、单元格的对齐方式、字体颜色等进行格式设置。将报表的"弹出方式"和"模式"均改为"是"。

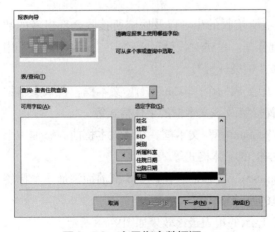

图9-59　向导指定数据源

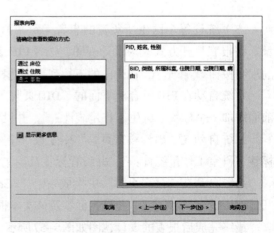

图9-60　设定查看数据方式

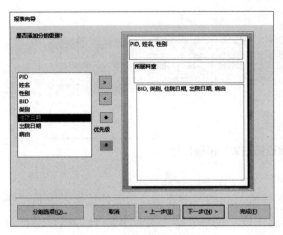 

图9-61 设定分组级别 图9-62 设定明细排序方式

（3）运行报表。报表视图在启动时，会弹出一个"请输入患者姓名："的对话框，在对话框中输入所要查找的患者姓名，如"王晓宁"，单击"确定"按钮，打开所要查询数据的报表，如图9-63所示。

图9-63 "患者住院查询"统计报表视图

7. 患者住院查询结果报表

患者住院查询结果报表的内容依据所查某个患者的住院情况而得到的报表，报表的数据来源是由任务9-5得到的"患者住院查询"对象，可使用快速报表的方法生成。

任务 9-17 创建"患者住院查询结果"报表。

操作步骤：

（1）创建报表。先选择"患者住院查询"，单击"创建"选项卡"报表"组中的"报表"按钮，系统会自动根据"患者住院查询"的结果信息生成报表。

（2）调整报表属性。打开报表设计视图，"属性表"的"数据"中的"记录源"，系统自动设置为"患者住院查询"，将"排序依据"设置为"住院日期"，并将报表的"弹出方式"和"模式"均改为"是"，效果如图9-64所示。

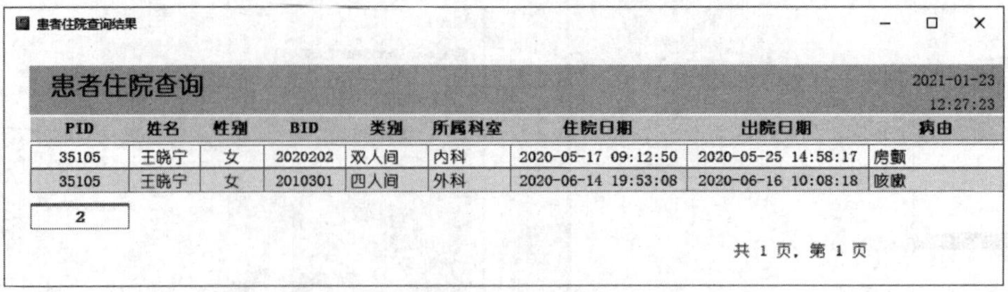

患者住院结果

患者住院查询

2021-01-23
12:27:23

PID	姓名	性别	BID	类别	所属科室	住院日期	出院日期	病由
35105	王晓宁	女	2020202	双人间	内科	2020-05-17 09:12:50	2020-05-25 14:58:17	房颤
35105	王晓宁	女	2010301	四人间	外科	2020-06-14 19:53:08	2020-06-16 10:08:18	咳嗽

2

共 1 页，第 1 页

图9-64 “患者住院查询结果”报表设计

8. 住院量统计报表

住院量统计报表的内容依据的是所查患者的住院情况的详细查询，报表的数据来源是“住院详细查询”查询对象，可使用报表向导的方法生成。创建方法参考任务9-13，保存报表为“住院详细查询报表”，对列宽、单元格的对齐方式、字体颜色等进行格式设置。将报表的“弹出方式”和“模式”均改为“是”，效果如图9-65所示。

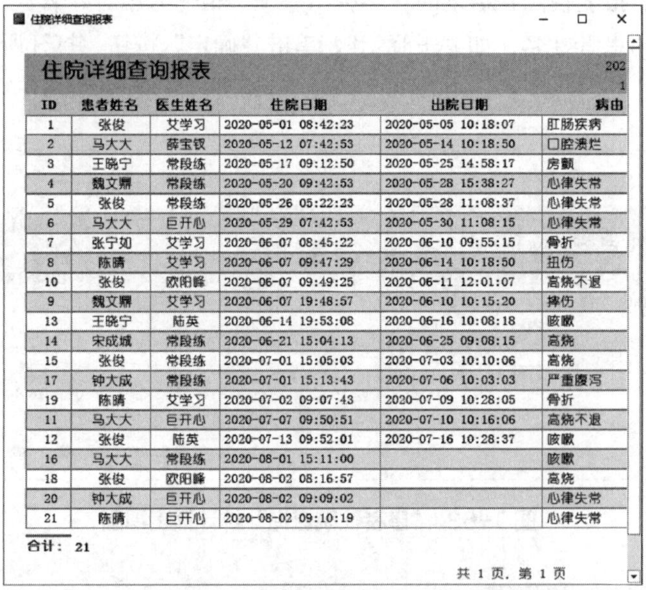

住院详细查询报表

住院详细查询报表

202
1

ID	患者姓名	医生姓名	住院日期	出院日期	病由
1	张俊	艾学习	2020-05-01 08:42:23	2020-05-05 10:18:07	肛肠疾病
2	马大大	薛宝钗	2020-05-12 07:42:53	2020-05-14 10:18:50	口腔溃烂
3	王晓宁	常段练	2020-05-17 09:12:50	2020-05-25 14:58:17	房颤
4	魏文鼎	常段练	2020-05-20 09:42:53	2020-05-28 15:38:27	心律失常
5	张俊	常段练	2020-05-26 05:22:23	2020-05-28 11:08:37	心律失常
6	马大大	巨开心	2020-05-29 07:42:53	2020-05-30 11:08:15	心律失常
7	张宁如	艾学习	2020-06-07 08:45:22	2020-06-10 09:55:15	骨折
8	陈睛	艾学习	2020-06-07 09:47:29	2020-06-14 10:18:50	扭伤
10	张俊	欧阳峰	2020-06-07 09:49:25	2020-06-11 12:01:07	高烧不退
9	魏文鼎	艾学习	2020-06-07 19:48:57	2020-06-10 10:15:20	摔伤
13	王晓宁	陆英	2020-06-14 19:53:08	2020-06-16 10:08:18	咳嗽
14	宋成城	常段练	2020-06-21 15:04:13	2020-06-25 09:08:15	高烧
15	张俊	常段练	2020-07-01 15:05:03	2020-07-03 10:10:06	高烧
17	钟大成	常段练	2020-07-01 15:13:43	2020-07-06 10:03:03	严重腹泻
19	陈睛	艾学习	2020-07-02 09:07:43	2020-07-09 10:28:05	骨折
11	马大大	巨开心	2020-07-07 09:50:51	2020-07-10 10:16:06	高烧不退
12	张俊	陆英	2020-07-13 09:52:01	2020-07-16 10:28:37	咳嗽
16	马大大	常段练	2020-08-01 15:11:00		咳嗽
18	张俊	欧阳峰	2020-08-02 08:16:57		高烧
20	钟大成	巨开心	2020-08-02 09:09:02		心律失常
21	陈睛	巨开心	2020-08-02 09:10:19		心律失常

合计： 21

共 1 页，第 1 页

图9-65 “住院量统计”报表视图

9.6 宏 设 计

前面所建立的各个查询、窗体、报表是相对独立的、静态的，要将它们有机地整合成一个完整的系统。

1.“主菜单”窗体中按钮功能实现

“主菜单”窗体中有7个按钮，除了“退出系统”按钮外，其余按钮均为打开相应的窗体。由于功能相对简单，可以利用嵌入的宏来快速实现相应的功能。

任务 9-18 利用嵌入的宏来实现“主菜单”窗体中的按钮功能。

操作步骤：

（1）打开窗体的宏定义。进入"主菜单"窗体（见图9-25所示）的设计视图。选择"医生信息管理"按钮，单击属性表"事件"选项卡"单击"行右边的▦按钮，选择"宏生成器"进入宏设计器。设置"操作"项为OpenForm，窗体名称为"医生信息管理"，其余选项不进行设置，如图9-66所示。

图9-66　"医生信息管理"宏设计器

（2）其他5个主要功能模块的按钮均用OpenForm打开对应的窗体。

"患者信息"按钮对应OpenForm的窗体名称为"患者信息管理"。

"床位信息"按钮对应OpenForm的窗体名称为"床位信息管理"。

"入院登记管理"按钮对应OpenForm的窗体名称为"入院登记"。

"出院登记管理"按钮对应OpenForm的窗体名称为"出院登记"。

"住院情况统计"按钮对应OpenForm的窗体名称为"住院情况统计"。

（3）退出系统的宏定义。"退出系统"按钮设置的宏操作为QuitAccess，实现的是退出整个Access系统。

2. "住院情况统计"窗体中按钮功能实现

"住院情况统计"窗体中有7个按钮，除了"关闭窗口"按钮的功能在向窗体添加该按钮时由向导完成对应的功能外，其余按钮均为打开相应的报表。由于功能相对简单，可以利用嵌入的宏来快速实现相应的功能。

任务 9-19 利用嵌入的宏来实现"住院情况统计"窗体中按钮功能。

操作步骤：

（1）打开报表的宏定义。进入"住院情况统计"窗体（见图9-44）的设计视图。选择"医生信息报表"按钮，单击属性表"事件"选项卡"单击"行右边的▦按钮，选择"宏生成器"进入宏设计器。设置"操作"项为OpenReport，报表名称为"医生"，其余选项不进行设置。

（2）其他5个主要功能模块的按钮均用OpenReport打开对应的报表。

"患者信息报表"按钮对应OpenReport的报表名称为"患者"。

"床位信息报表"按钮对应OpenReport的报表名称为"床位"。

"医生工作量统计"按钮对应OpenReport的报表名称为"医生工作量统计"。

"患者住院查询"按钮对应OpenReport的报表名称为"患者住院查询统计"。

"住院量统计"按钮对应OpenReport的报表名称为"住院详细查询报表"。

（3）"床位信息报表"按钮对应OpenReport的报表名称为"床位"报表。"在床位"报表中的上方有一个按钮"空床位信息"，如图9-47所示。同样方法设置该按钮对应OpenReport的报表名称为"空床位查询"。

3. "患者信息管理"窗体中"患者住院查询"按钮功能实现

"患者信息管理"窗体（见图9-28）中最左边有1个按钮"患者住院查询"，可以利用独立宏来实现相应的功能。

任务 9-20 利用独立的宏来实现"患者信息管理"窗体中"患者住院查询"按钮功能。

操作步骤：

（1）创建独立宏。单击"创建"选项卡"宏与代码"组中的"宏"按钮，在打开的宏设计中设置宏操作，保存宏名为"患者住院查询宏"，如图9-67所示。

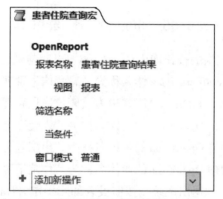

图9-67　宏设计器

（2）打开窗体的宏定义。用设计视图方式打开"患者信息管理"窗体，如图9-28所示。选择"患者住院查询"按钮，在属性表中的"事件"选项卡中"单击"行右边的按钮，选择已存在的独立宏"患者住院查询宏"。"患者信息管理"窗体设计视图及属性表设置如图9-68所示。

图9-68　"床位信息管理"窗体设计视图及属性表设置

4.“床位信息管理”窗体中“空床位查询”按钮功能实现

“床位信息管理”窗体（见图9-29）中最左边有1个按钮“床位信息管理”，可以利用独立宏来实现相应的功能。

任务　9-21　利用独立的宏来实现“床位信息管理”窗体中“空床位查询”按钮功能。

操作步骤：

（1）创建独立宏。单击“创建”选项卡“宏与代码”组中的“宏”按钮，在打开的宏设计界面设置宏操作，保存宏名为“空床位查询宏”，如图9-69所示。

图9-69　宏设计器

（2）打开窗体的宏定义。“床位信息管理”窗体（见图9-29）的设计视图。选择“空床位查询”按钮，在属性表中的“事件”选项卡“单击”行右边的 ☑ 按钮，选择已存在的独立宏“空床位查询宏”。“床位信息管理”窗体设计视图及属性表设置如图9-70所示。

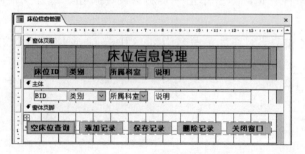

图9-70　“床位信息管理”窗体设计视图及属性表设置

▌9.7　VBA 编程

由于宏操作是 Access 预先所定义好了的功能，无法自定义，所以要实现复杂特殊的功能必须依靠 VBA 编程来实现。

尽管在 Access 中所需要的代码已经非常少，但是一些数据库的连接、系统信息的输入等还是需要自己编写程序的。

1. "系统登录"窗体中的VBA代码实现

图9-71所示的系统登录窗体在运行过程中，输入用户名和密码后，需要单击"登录"按钮，因此在"登录"按钮的单击事件中，进行登录身份认证。

如果没有输入"用户名"或"密码"，系统会提示输入；如果用户名和密码不匹配，则系统提示登录失败；如果用户名和密码匹配成功，则系统打开"主菜单"窗体，关闭"系统登录"窗体。

图9-71　系统登录窗体

任务 9-22 登录窗体中按钮中的代码设置。

操作步骤：

（1）"取消"按钮功能实现。在"系统登录"窗体的设计视图中，选择"取消"按钮，它的名称为Command2，单击属性表"事件"选项卡"单击"行右边的 ⋯ 按钮，选择"代码生成器"进入VBA编程环境。在系统自动生成的子过程头部和尾部的中间输入相应的程序，具体如图9-72所示。

图9-72　"床位信息管理"窗体设计视图及属性表设置

（2）密码验证功能实现。在"系统登录"窗体的设计视图中，选择"登录"按钮，它的名称为Command1，单击属性表"事件"选项卡"单击"行右边的 ⋯ 按钮，选择"代码生成器"进入VBA编程环境。

"系统用户"数据表中用户名和密码对应的字段名为login和pwd。窗体中两个文本框控件的名称分别为myusername和mypassword。具体代码如下：

```
Private Sub Command1_Click()
On Error GoTo xhErr
    If IsNull(myusername) Or myusername="" Then
        MsgBox "请输入用户名！"
        myusername.SetFocus
    ElseIf IsNull(mypassword) Or mypassword="" Then
        MsgBox "请输入密码！"
        mypassword.SetFocus
    ElseIf (mypassword = DLookup("pwd", "系统用户", "login='" & myusername
 & "'")) Then
        DoCmd.Close
        DoCmd.OpenForm "主菜单"
    Else
        MsgBox "密码错误！"
        mypassword.SetFocus
    End If
xhErr:
    MsgBox "程序异常1：" & Err.Description & "（代码＝" & Err.Number & "）"
```

```
End Sub
```

2."入院登记"窗体中的VBA代码实现

一些特殊功能的VBA实现,需要进行ADO库的引用设置,否则将不能对数据库信息进行操作,具体的操作方法,可参考前面章节。

"入院登记"窗体的操作过程:打开窗体后可看到患者的信息,通过"患者信息区域"的记录选择器可以查看第一条/上一条/下一条/最后一条记录,通过"查找患者"可以找到相应的患者。找到患者后最下面的"住院信息"子窗体中会显示该患者以往的住院记录,如有"住院日期"有值,而"出院日期"没有值,则说明该患者已住院,不能再办理入院手续。

如患者没有正在住院,在"1.选择科室"的列表中选择科室后,系统将该科室的出诊医生和空闲床位分别显示在对应的列表框中。

单击选择医生和空闲床位后,这时"生成入院信息"的按钮才被激活。填写"住院病由"后,单击"生成入院信息"按钮,则可以办理该患者的住院手续,下方的"住院信息"子窗体中会显示当前加入的住院记录,此时"住院日期"为当前日期及时间,而"出院日期"为空。

"入院登记"的运行界面如图9-73所示。

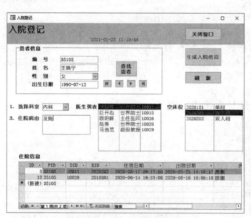

图9-73　入院登记窗体

要点分析:

(1)选择科室后,要自动显示"医生"和"空床位"列表信息。

(2)"医生"和"空床位"两个列表信息,采用了多列方式来展示相关信息。

(3)只有"医生"和"空床位"两个列表都进行了选择后,"生成入院信息"按钮才被激活。

(4)从界面上获取患者的PID、医生的DID、床位的BID和病由后,将相关信息添加到"住院"表中,并刷新界面,从而最终完成入院登记。

(5)数据库操作前,先要进行连接,操作完成后要释放数据库连接。

任务 9-23 "入院登记"窗体中的VBA代码实现。

操作步骤:

(1)进入VBA编辑。用设计视图方式打开"入院登记"窗体,在属性表中选择"窗体",单击"事件"选项卡"加载"输入行右边的□按钮,选择"代码生成器"进入VBA编程环境。

(2)通过属性表设置窗体"加载"事件中的VBA代码:

```
Private Sub Form_Load()
    Me.dtime=Now
End Sub
```

（3）选择科室事件中的VBA代码：

```
Private Sub keshi_Click()
On Error GoTo xhErr
    '-- 进行列表框初始化 --
    Me.ys.ColumnCount=3
    Me.cw.ColumnCount=2
    For i = 0 To Me.ys.ListCount-1
        Me.ys.RemoveItem (0)
    Next i
    For i=0 To Me.cw.ListCount-1
        Me.cw.RemoveItem (0)
    Next i
    Dim con As New ADODB.Connection
    Dim rs As New ADODB.Recordset
    Dim fiel As ADODB.Field
    Dim strsql, a, b, c, d As String
    '-- 建立数据库连接 --
    Set con=CurrentProject.Connection
    Set rs=New ADODB.Recordset
    '-- 将符合条件的医生信息加入列表框 --
    strsql="select * from 医生 where 出诊科室 ='" & Me.keshi & "'"
    rs.Open strsql, CurrentProject.AccessConnection, adOpenKeyset
    If rs.EOF Then
        MsgBox "此类型号源已用完"
        Me.keshi.SetFocus
    Else
        rs.MoveFirst
        Do While Not rs.EOF
            a=rs("DID")
            b=rs("姓名")
            c=rs("职称")
            d=a & ", " & b & ", " & c    '将符合条件的医生姓名加入列表框
            ys.AddItem d
            rs.MoveNext
        Loop
    End If
    '-- 将符合条件的空床位名加入列表框 --
    rs.Close
    Set rs=Nothing
    strsql="(SELECT 床位.BID, 类别 FROM 床位, 住院 WHERE 床位.BID= 住院
.BID and 出院日期<=now() and 出诊科室 ='" & Me.keshi & "' ) UNION (SELECT
BID, 类别 FROM 床位 WHERE  出诊科室 ='" & Me.keshi & "' and BID not in
(select BID from 住院)) "
    'MsgBox ("strsql=") & strsql
    rs.Open strsql, CurrentProject.AccessConnection, adOpenKeyset
    If rs.EOF Then
        MsgBox "无空床位"
        Me.keshi.SetFocus
    Else
        rs.MoveFirst
        Do While Not rs.EOF
```

```
            a=rs("BID")
            b=rs("类别")
            d=a & ", " & b
            cw.AddItem d
            rs.MoveNext
        Loop
    End If
    '-- 关闭数据库连接 --
    rs.Close
    con.Close
    Set rs=Nothing
    Set con=Nothing
    Exit Sub
xhErr:
    MsgBox "程序异常 2: " & Err.Description & "（代码 =" & Err.Number & "）"
End Sub
```

（4）从"医生列表"中选择医生的VBA代码：

```
Public ysxz As Boolean
Private Sub ys_Click()
    ysxz=True
    If (cwxz) Then Me.ruyuan.Enabled=True
End Sub
```

（5）从"空床位列表"中选择空床位的VBA代码：

```
Public cwxz As Boolean
Private Sub cw_Click()
    cwxz=True
    If (ysxz) Then Me.ruyuan.Enabled = True
End Sub
```

（6）"生成入院信息"按钮单击事件中的VBA代码：

```
Private Sub ruyuan_Click()
On Error GoTo xhErr
    If IsNull(Me.bingyou) Or Me.bingyou="" Then
        DoCmd.Beep
        MsgBox "请输入入院病由！"
        Me.bingyou.SetFocus
        Exit Sub
    End If
    Dim con As New ADODB.Connection
    Dim rs As New ADODB.Recordset
    '-- 建立数据库连接 --
    Set con=CurrentProject.Connection
    Set rs=New ADODB.Recordset
    Dim strsql As String
    strsql="select * from 住院 "
    rs.Open strsql, CurrentProject.AccessConnection, adOpenKeyset,
adLockOptimistic, adCmdText
    '-- 添加新记录 --
    rs.AddNew
    rs("PID")=Me.PID
    rs("DID")=Me.ys.ItemData(Me.ys.ListIndex)
    rs("BID")=Me.cw.Column(0)
    rs("住院日期")=Now
```

```
    rs("病由")=Me.bingyou
    rs.Update
    '-- 关闭数据库连接 --
    rs.Close
    con.Close
    Set rs=Nothing
    Set con=Nothing
    Me.住院子窗体.Requery
    Exit Sub
xhErr:
    MsgBox "程序异常3: " & Err.Description & "(代码=" & Err.Number & ")"
End Sub
```

9.8 程序运行

经过前面的步骤，应用程序系统已经基本建成，系统的运行可从运行"系统登录"窗体开始。但在实际应用中，如果能在Access系统中自动开始系统的运行则更为方便。同时，通过简单的设置，可以使系统更利于操作与数据安全。

9.8.1 解除运行限制

新安装的Access 2016的默认设置中是禁用宏和VBA代码的，因此，如果不进行更改设置，系统程序将无法运行。

任务 9-24 解除宏的禁用。

操作步骤：

（1）打开选项设置。选择"文件"|"选项"命令，打开"Access选项"对话框，如图9-74所示。

（2）信任中心设置。选择"信任中心"选项卡，如图9-75所示，单击"信任中心设置"按钮，打开"信任中心"对话框，选择"宏设置"选项卡，选择"启用所有宏"，如图9-76所示。单击"确定"按钮后，系统提示须重新打开数据库设置才能生效，单击"确定"按钮。

图9-74 "Access选项"对话框

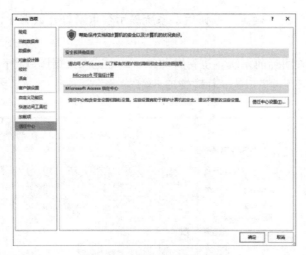

图9-75　"信任中心"设置

图9-76　启用宏设置

9.8.2　设置自动启动窗体

通过设置自动启动窗体的方法，可在进入 Access 的同时即进入应用程序，而不必要先打开相应的数据库文件，再启动开始的"登录"窗体。设置的方法有两种：一种是通过 Access 选项设置自动启动；另一种则是前文中介绍过的通过运行 AutoExec 来实现。

"Access选项"是"文件"选项卡中的"选项"功能，通过系统的选项对话框进行设置。除能设置系统自动启动以外，还可将 Access 的系统窗口的标题栏设置为自定义内容。

任 务 9-25　使用Access选项设置自动启动。

操作步骤：

（1）打开选项设置。选择"文件"|"选项"命令，打开"Access选项"对话框，如图9-77所示。

（2）设置选项。选择"当前数据库"选项卡，在"标题"中输入"住院管理系统"，在"显示窗体"下拉列表框中选择系统的入口窗体"系统登录"。

（3）设置确认。单击"确定"按钮后，系统提示须重新打开数据库设置才能生效，单击"确定"按钮。

（4）运行测试。关闭当前系统，重新启动Access，进入数据库后将首先看到"系统登录"窗体，且系统窗口的标题也显示为"住院管理系统"。

图9-77　"当前数据库"设置

‖ 小　　结

本章通过实例的分析，建立一个医院住院管理系统，通过对实例的分析、设计与代码应用，应重点掌握以下知识与技巧：

（1）系统的需求分析，系统的功能设计和模块设计。

（2）数据库及数据表的建立，以及在表的基础上生成适应各种不同目的的查询。

（3）向导与设计的结合完成查询、窗体、报表等数据库系统开发过程中的对象创建，掌握应用程序界面设计与开发方法。

（4）利用宏及VBA完成简单的程序编写，并进行简单的宏的应用。

（5）对Access系统进行简单设置，完成系统的整体设计。